KUNSTMASCHIN
EN
MASCHINENKU
NST

ART MACHIN
ES MACHINE
ART

Kunstmaschinen Maschinenkunst
Art Machines Machine Art

KEHRER

SCHIRN
KUNSTHALLE
FRANKFURT

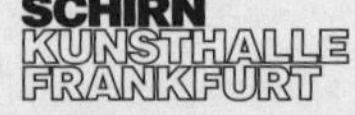
museum
Tinguely   ein kulturengagement
                von roche

Die Schirn Kunsthalle Frankfurt dankt den Förderern und Partnern dieser Ausstellung / Schirn Kunsthalle Frankfurt thanks the sponsors and partners of this exhibition.

Gefördert durch / sponsored by 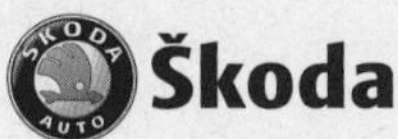 **ART MENTOR** FOUNDATION LUCERNE

Medienpartner / media partners **PRINZ** 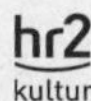

Grußwort

»[…] Weil Werkzeuge und Maschinen weder auf den Bäumen wachsen noch als Göttergeschenke fertig vom Himmel herabfallen, sondern, weil wir sie selbst gemacht haben, tragen sie […] das deutliche Gepräge des bald unbewusst findenden, bald bewusst erfindenden Geistes.« Diese grundlegende Eigenschaft von Maschinen wurde bereits 1877 in den *Grundlinien der Philosophie der Technik* beschrieben. Das heißt: So kalt, gefühllos, ungeheuerlich und unberechenbar uns Maschinen auch manchmal vorkommen mögen, sie bleiben immer Menschenwerk.

Die Möglichkeit, Produktionsabläufe einer Maschine nachzuvollziehen, übt dabei sehr oft große Faszination auf uns aus. Und hierbei offenbart sich auch schnell das Geheimnis einer jeden Maschine vor den Augen ihres Betrachters: Bestechend einfach und geradlinig in ihrer Funktion oder hochkomplex ist sie immer ein Beleg für menschliche Kreativität, ein Ergebnis jenes schöpferischen Potenzials, welches in unserem Alltag Innovation, Weiterentwicklung und Fortschritt ermöglicht. Auch die Maschinen in *Kunstmaschinen Maschinenkunst* gehen auf einen sie »erfindenden Geist« zurück und produzieren – Kunst. Bleibt nur die Frage, ob nicht die Kunst produzierende Maschine das eigentliche Kunstwerk ist?

Natürlich sind auch Autos Maschinen, hinter denen sogar ganz viele »erfindende Geister« vom Entwickler bis zum Designer stecken. Kreativität ist für Škoda – als eine der ältesten Automobilmarken der Welt – ein wesentlicher Baustein in unseren Prozessen. Zweckmäßigkeit und Effizienz paaren sich mit künstlerischer Formgebung. Und neben den vielfältigen Aspekten des Designs setzen wir uns Tag für Tag mit der diffizilen Problematik der Interaktion von Mensch und Maschine auseinander.

Aber auch der Produktionsprozess mit seiner Maschinenarbeit unterliegt einer besonderen Ästhetik. Im Škoda Werk im tschechischen Mladá Boleslav sprechen Mitarbeiter und Besucher oft vom »Ballett der Roboter«. Auch die Maschinen in der Ausstellung *Kunstmaschinen Maschinenkunst* bleiben Werkzeuge der Produktion. Sie liefern kunstvolle Grafiken oder gekleckste Zeichnungen ab, andere sind sich selbst genug und »produzieren« schlicht Erstaunen, Faszination. Wir sind daher gespannt auf das Zusammentreffen von Maschine und Kunst, von Produkt und Produktion und freuen uns, als Partner der Schirn Kunsthalle Frankfurt, dieses Projekt maßgeblich unterstützen zu können.

Nikolaus Reichert

Leiter Unternehmenskommunikation
Škoda Auto Deutschland GmbH

Welcome

"[…] because tools and machines neither grow on trees nor fall from the heavens as gifts from the gods, but because we make them ourselves, they bear […] the clear stamp of the spirit that sometimes unconsciously finds and sometimes consciously invents." This fundamental character of machines was described as early as 1877 in the *Grundlinien der Philosophie der Technik* (Outlines of the Philosophy of Technology). This means: However cold, unfeeling, monstrous, and unpredictable machines sometimes seem to be, they always remain the product of human beings.

The possibility of following a machine's production processes often greatly fascinates us. And in this, the secret of every machine is soon revealed to the eyes of its observer: impressively simply and straightforward in its function or highly complex, the machine is always evidence of human creativity, the result of the creating potential that makes innovation, development, and progress possible in our everyday life. The machines in *Art Machines Machine Art,* too, are based on an "inventive spirit" and produce: art. The only remaining question is whether the art-producing machine is the real work of art.

Of course cars, too, are machines. And behind them are a very great number of "inventive spirits", from the developer to the designer. For Škoda—one of the world's oldest automobile manufacturers—creativity is an essential building block in our processes. Fitness for purpose and efficiency are coupled with artistic form. And along with the diverse aspects of design, we deal with the subtle, difficult problems of the interaction between human and machine, day after day.

But Škoda's production process with its machine work is also suffused with a specific aesthetic. At the plant in Mladá Boleslav in the Czech Republic, employees and visitors often refer to the "ballet of the robots". The machines in the exhibition *Art Machines Machine Art* also remain tools of production. They provide artistic graphic art or spattered drawings; others are complete in themselves and "produce" simply astonishment and fascination. So we anticipate in suspense the meeting of machine and art, of product and production, and we are pleased to be able to decisively support this project as the partner of the Schirn Kunsthalle Frankfurt.

Nikolaus Reichert

Head, Company Communications
Škoda Auto Deutschland GmbH

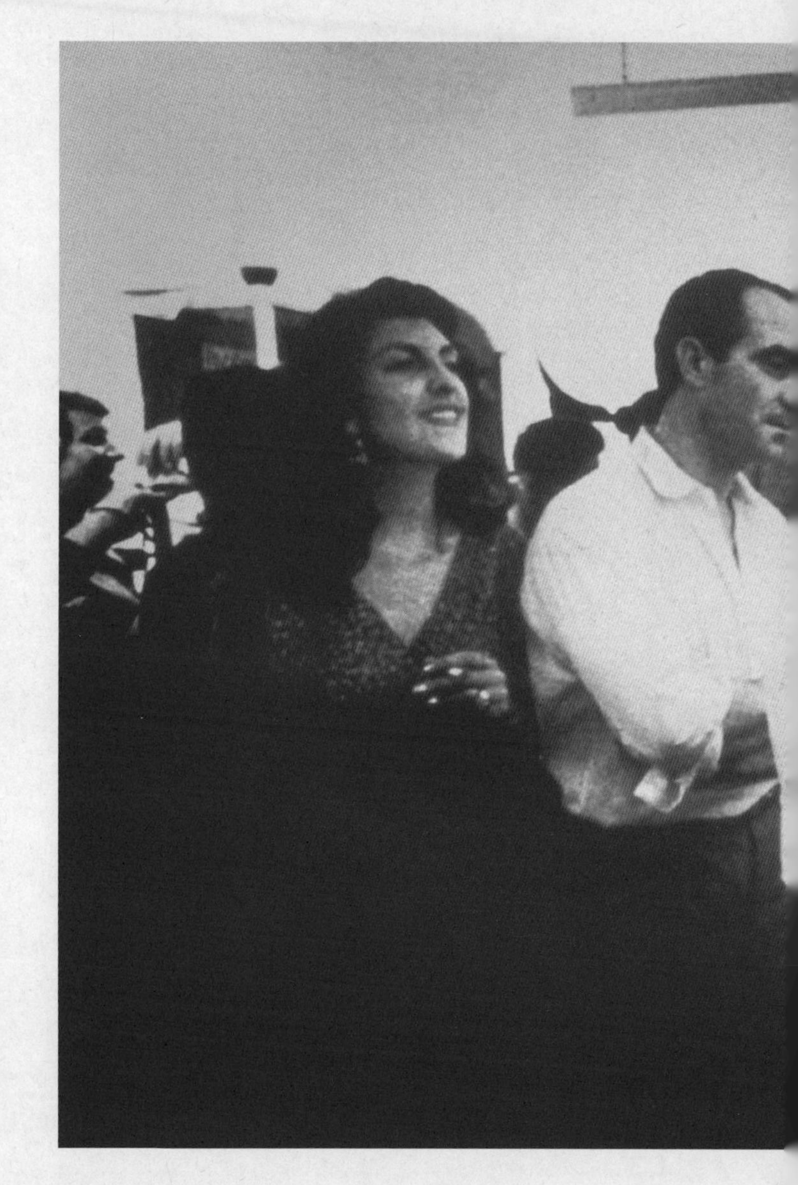

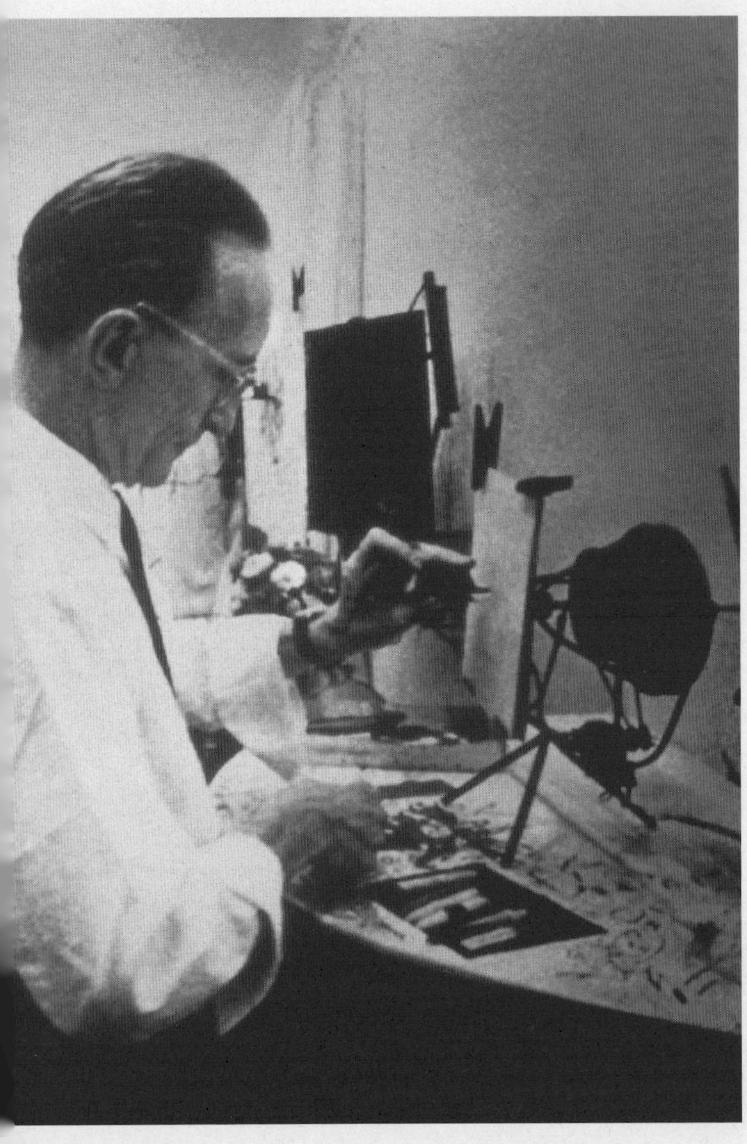

Iris Clert, Jean Tinguely und / and Marcel Duchamp
in der Ausstellung / at the exhibition »méta-matics«,
Galerie Iris Clert, Paris 1959

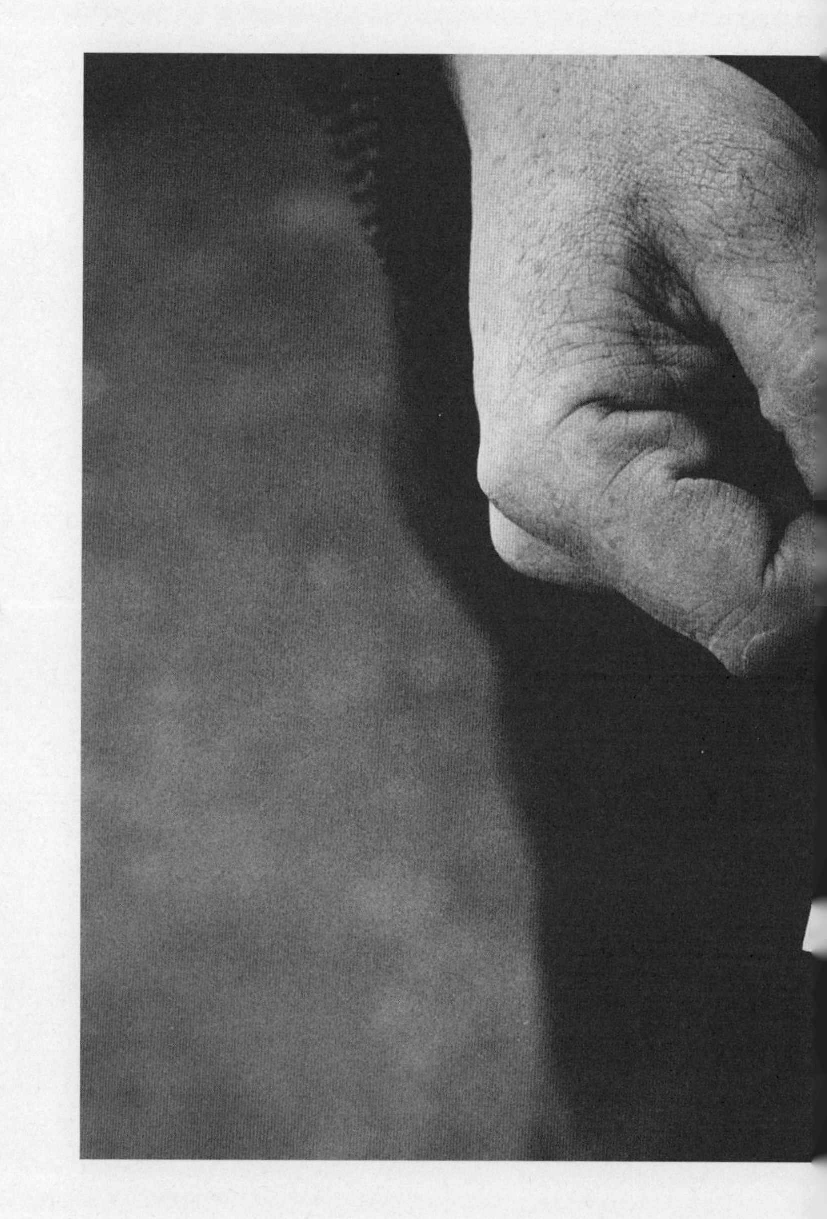

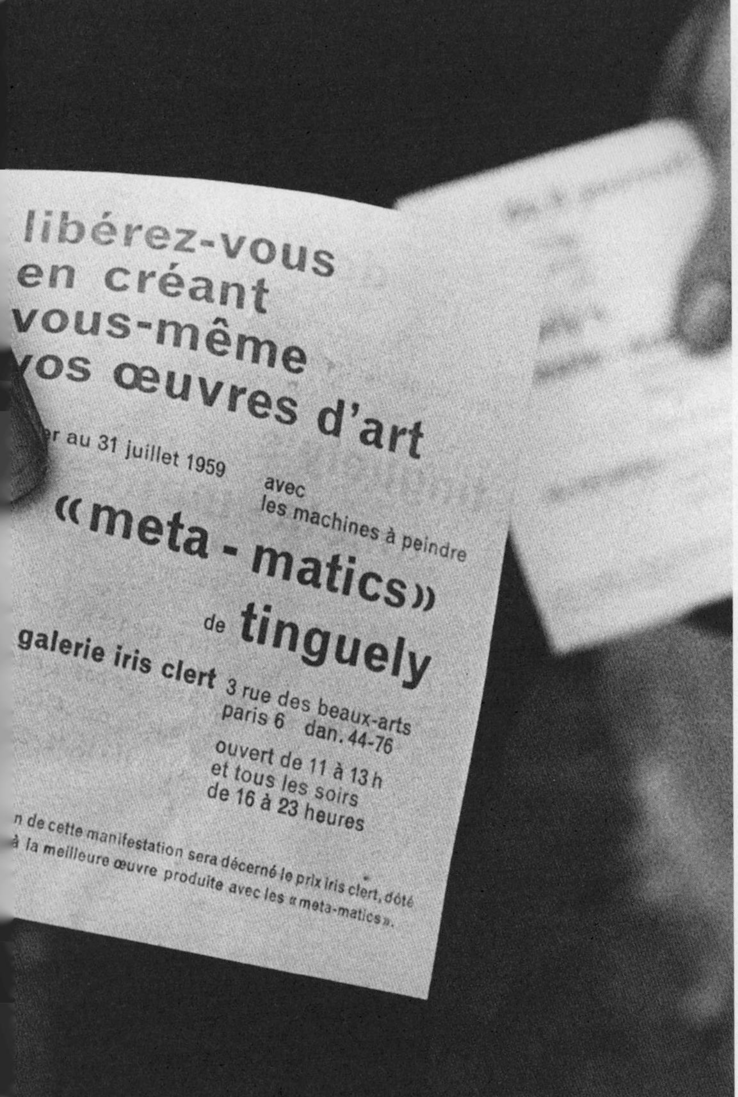

Flyer für Jean Tinguelys Ausstellung / for
Jean Tinguely's exhibition »méta-matics«,
Galerie Iris Clert, Paris 1959

Vorwort

Können wir in der Kunst Maschinen vertrauen? Können wir Maschinen die Entstehung von Kunst anvertrauen? Ist eine Kunstmaschine das effiziente Hilfs- und Arbeitsmittel des Künstlers – oder entwickelt sie ein Eigenleben, eine eigene formative, kreative Kraft? Das Grundvertrauen der Menschen in die maschinelle Tätigkeit, Basis unserer industriellen Revolution und unseres Wohlstands, ist dem künstlerischen Selbstverständnis grundsätzlich fremd – umso zögerlicher bediente sich die Kunst der Maschine zur Herstellung ihrer selbst. Aber eine Maschine als Kunstwerk zu schaffen und dieser die Verantwortung für die Entwicklung weiterer Kunstwerke zu übergeben, ist ein noch viel radikalerer Schritt. Es ist die Aufgabe der Autonomie des Künstlers und eine Überantwortung von Kreativität an eine Apparatur. Haben solche Kunstmaschinen dann eine Seele? Tatsächlich entwickeln sie eine eigenständige künstlerische Kraft und lassen ein Werk entstehen, das auch für sich alleine besteht – ohne es jedoch je beenden zu können. Der Maschine und ihrem automatisierten Prozess fehlen die Entscheidungskraft und die Möglichkeit der Selektion. Es entstehen maschinell gefertigte Kunstwerke, denen ein Moment der Endgültigkeit fehlt, die aber nichtsdestotrotz ein fundamentales Zugeständnis an die Souveränität der Maschine und einen grundlegenden Glauben an die Möglichkeiten der kreativen Schöpfung jenseits der individuellen Handlung darstellen.

Die intensivste und originärste Auseinandersetzung mit der Maschine als eigenständigen kreativen Apparat manifestiert sich im grundlegenden Werk des Künstlers Jean Tinguely. Mit seinen Zeichenmaschinen, den »Méta-Matics«, die erstmals 1959 in Paris ausgestellt werden, setzt sich der Künstler in ironischer Weise von der abstrakt-gestischen Malerei seiner Zeitgenossen ab und erwirbt damit internationales Renommee. Diese Werkgruppe bildet gewissermaßen als historischer Grundstock die unverzichtbare Basis der Ausstellung. Von hier aus haben Katharina Dohm an der Schirn Kunsthalle Frankfurt und Heinz Stahlhut am Museum Tinguely, Basel eine präzise Auswahl an Arbeiten zusammengestellt, die eines gemeinsam haben: Der schöpferische Akt wird vom Künstler an die Maschine delegiert – ein Vorgang, der in letzter Konsequenz wohl erst ab dem Ende des 2. Weltkriegs möglich ist, als eine Generation junger Künstler antritt, mit einem der bestgehütetsten Tabus der europäischen Kunst zu brechen: der Idee des Originalkunstwerks. Die Auswahl spiegelt diesen Vorgang in den verschiedenen künstlerischen Gattungen wie Malerei, Zeichnung, Skulptur, Video wider und endet offen bei der wohl größten »Kunstmaschine«, dem World Wide Web. So verbindet diese Ausstellung in beispielhafter Weise die spielerische, lustvolle Interaktion zwischen Kunstwerk und Betrachter mit zentralen Fragen der modernen und zeitgenössischen Kunst und Gesellschaft, wie diejenigen nach der Bedeutung von Individualität, Autorschaft und Authentizität.

Foreword

Can we trust machines in art? Can we entrust the creation of art to machines? Is an art machine the artist's efficient aid and tool—or does it develop a life of its own, its own forming, creative power? People's basic trust in machine activity, the basis of our industrial revolution and our affluence, is fundamentally alien to art's self-understanding—and so art was very reticent to use machines to create itself. But to create a machine as an artwork and to shift responsibility to it for the development of further works of art is an even more radical step. It abrogates the artist's autonomy and transfers creativity to an apparatus. Do such art machines have a soul? They indeed develop an independent artistic power and allow a work to come into being that can stand on its own—but they cannot end the process. The machine and its automated process lack the power of decision and the possibility of selection. What results are mechanically produced works of art that lack an aspect of finality, but that nonetheless represent a fundamental concession to the sovereignty of the machine and a fundamental belief in the possibility of creative production beyond individual action.

The most intense and original exploration of the machine as an autonomous creative apparatus is manifested in the foundational work of the artist Jean Tinguely. With his drawing machines, the "Méta-Matics" first exhibited in 1959 in Paris, the author distances himself in an ironic manner from the abstract-gestural painting of his contemporaries, thereby gaining an international reputation. This group of works provides a kind of historical basic inventory, the indispensable basis of the exhibition. Starting from here, Katharina Dohm at the Schirn Kunsthalle Frankfurt and Heinz Stahlhut at the Museum Tinguely, Basel have assembled a precise selection of works that have one thing in common: The artist delegates the creative act to the machine—a process that only becomes possible after the end of World War II, when a generation of young artists sets out to break one of the best-protected taboos of European art: the idea of the original work of art. The selection mirrors this process in the various artistic genres of painting, drawing, sculpture, and video and has an open end in what must be the greatest "art machine", the World Wide Web. This exhibition thus provides examples that combine the playful, pleasurable interaction between art work and beholder with central questions of modern and contemporary art and society, such as the significance of individuality, authorship, and authenticity.

We are very grateful above all to the participating artists, who have put their very elaborate works at our disposal: Pawel Althamer, Michael Beutler, Angela Bulloch, Olafur Eliasson, Tue Greenfort, Damien Hirst, Rebecca Horn, Jon Kessler, Tim Lewis, Lia, Miltos Manetas, Roxy Paine, Steven Pippin, Cornelia Sollfrank, Antoine Zgraggen, and Andreas Zybach.

Max Hollein / Guido Magnaguagno
Vorwort / Foreword

Unser größter Dank gilt vor allem den teilnehmenden Künstlerinnen und Künstlern, die uns ihre sehr aufwendigen Arbeiten zur Verfügung gestellt haben: Pawel Althamer, Michael Beutler, Angela Bulloch, Olafur Eliasson, Tue Greenfort, Damien Hirst, Rebecca Horn, Jon Kessler, Tim Lewis, Lia, Miltos Manetas, Roxy Paine, Steven Pippin, Cornelia Sollfrank, Antoine Zgraggen und Andreas Zybach.

Die Ausstellung *Kunstmaschinen Maschinenkunst* wäre ohne das Mitwirken und die großzügige Unterstützung zahlreicher Museen, Galerien und Sammler nicht realisierbar gewesen. Unser besonderer Dank gilt Dr. Andres Pardey für die großzügige Bereitstellung der zahlreichen Leihgaben aus der Sammlung des Museum Tinguely, Basel. Außerdem danken wir Dr. Christoph Becker, Kunsthaus Zürich; Elsa und Theo Hotz, Zürich/Meilen; Karin Weyrich, Rebecca Horn Workshop, Bad König-Zell; Martin Klosterfelde, Lena Kiessler und Dominique Wenzel, Klosterfelde, Berlin; Johann König, Kirsa Geiser sowie Timo Kapeller, Johann König, Berlin; Tim Neuger, Burkhard Riemschneider und Emilie Breyer, neugerriemschneider, Berlin; Joanna Render, GIMA-Gallery for Internet and Media Art, Berlin; Esther Schipper und Johannes Schön, Esther Schipper, Berlin; Felix Hallwachs, Studio Olafur Eliasson, Berlin; Michael Callies und Stephan Jaax, dépendance, Brüssel; Hans Mayer und Tonia Schulz, Galerie Hans Mayer, Düsseldorf; Michael Neff, NEFF, Frankfurt; Andry Moustras, Science Ltd, London; James Ulph, Flowers Central, London; Adriano Mei Gentilucci, Galleria L'Affiche, Mailand; James Cohan und Jessica Lin Cox, James Cohan Gallery, New York; Jaime Gecker, Gavin Brown's enterprise, New York; Andrzej Przywara, Foksal Gallery Foundation, Warschau, und allen Leihgebern, die nicht namentlich genannt werden möchten.

Bei der Realisierung dieses aufwendigen Vorhabens wurden sowohl die Schirn Kunsthalle Frankfurt als auch das Museum Tinguely, Basel großzügig unterstützt.

Mit Blick auf die Ausstellung in Frankfurt gilt der besondere Dank der Škoda Auto Deutschland GmbH, deren Engagement für die Schirn Kunsthalle Frankfurt erneut weit über eine ausschließlich finanzielle Unterstützung hinausgegangen ist. Im Besonderen dankt die Schirn Kunsthalle Frankfurt hierbei Alfred E. Rieck, Sprecher der Geschäftsführung, sowie Nikolaus Reichert und Christoph Ludewig. Auch die großzügige Förderung durch die Art Mentor Foundation Lucerne hat entscheidend zu der erfolgreichen Realisierung der Ausstellung in Deutschland beigetragen, dafür dankt die Schirn Kunsthalle Frankfurt dem Stiftungsrat unter Vorsitz von Dr. Hans Müller sowie der Geschäftsleiterin Doris Russi Schurter. Grundsätzlich gilt der Dank der Schirn Kunsthalle Frankfurt der Stadt Frankfurt und – stellvertretend für alle Entscheidungsträger – der Oberbürgermeisterin Petra Roth und dem Kulturdezernenten Prof. Dr. Felix Semmelroth.

Unseren Medienpartnern Prinz und hr2-Kultur in Frankfurt danken wir für die gute Kooperation und Unterstützung.

In Basel wurde die Ausstellung ermöglicht durch das großzügige Kulturengagement von Roche, welches das Museum Tinguely, Basel seit seiner Gründung vollumfänglich trägt.

The exhibition *Art Machines Machine Art* could not have been realized without the collaboration and generous support of numerous museums, galleries, and collectors. Our special thanks go to Dr. Andres Pardey for generously lending many works from the collection of the Museum Tinguely, Basel. We would also like to thank Dr. Christoph Becker, Kunsthaus Zurich; Elsa and Theo Hotz, Zurich/Meilen; Karin Weyrich, Rebecca Horn Workshop, Bad König-Zell; Martin Klosterfelde, Lena Kiessler, and Dominique Wenzel, Klosterfelde, Berlin; Johann König, Kirsa Geiser, and Timo Kapeller, Johann König, Berlin; Tim Neuger, Burkhard Riemschneider, and Emilie Breyer, neugerriemschneider, Berlin; Joanna Render, GIMA-Gallery for Internet and Media Art, Berlin; Esther Schipper and Johannes Schön, Esther Schipper, Berlin; Felix Hallwachs, Studio Olafur Eliasson, Berlin; Michael Callies and Stephan Jaax, dépendance, Brussels; Hans Mayer and Tonia Schulz, Galerie Hans Mayer, Dusseldorf; Michael Neff, NEFF, Frankfurt; Andry Moustras, Science Ltd, London; James Ulph, Flowers Central, London; Adriano Mei Gentilucci, Galleria L'Affiche, Milan; James Cohan and Jessica Lin Cox, James Cohan Gallery, New York; Jaime Gecker, Gavin Brown's enterprise, New York; Andrzej Przywara, Foksal Gallery Foundation, Warsaw; and all those lenders who wish to remain anonymous.

In the realization of this ambitious project, the Schirn Kunsthalle Frankfurt and the Museum Tinguely, Basel both received generous support.

In regard to the exhibition in Frankfurt, our special thanks go to Škoda Auto Deutschland GmbH, whose engagement for the Schirn Kunsthalle Frankfurt once again went far beyond solely financial help. In particular, the Schirn Kunsthalle Frankfurt thanks Alfred E. Rieck, spokesman for business management, as well as Nikolaus Reichert and Christoph Ludewig. The generous support from the Art Mentor Foundation Lucerne also contributed decisively to the successful realization of the exhibition in Germany, for which the Schirn Kunsthalle Frankfurt thanks the Foundation Board under the chairmanship of Dr. Hans Müller and Business Manager Doris Russi Schurter. The Schirn Kunsthalle Frankfurt is also grateful to the city of Frankfurt and—representing all the decision-makers—Governing Mayor Petra Roth and the Head of the Culture Department, Prof. Dr. Felix Semmelroth.

We thank our media partners Prinz and hr2-Kultur in Frankfurt for their outstanding cooperation and support.

In Basel, the exhibition was made possible by the generous cultural engagement of the Roche company, which has funded the Museum Tinguely, Basel since its founding.

Accompanying the exhibition is a publication extremely imaginatively and professionally designed by Christoph Steinegger, Interkool, Hamburg and produced by Kehrer Verlag, Heidelberg under the direction of Klaus Kehrer and Alexa Becker. Our gratitude goes to them as well as to Dr. Justin Hoffmann, who greatly enhanced the publication with his profound contribution to the topic. We also thank Katherine Stock-Ziegler for her painstaking editing and Mitch Cohen for translating the articles in the catalog.

Here we would also like to express our thanks to Katayoun Fathali-Nagel and Christian Schön, of fathalischoen in Frankfurt, for planning the advertising campaign in Frankfurt.

Die Ausstellung wird von einer Publikation begleitet, die von Christoph Steinegger, Interkool, Hamburg, äußerst ideenreich und professionell gestaltet und vom Kehrer Verlag, Heidelberg, unter der Leitung von Klaus Kehrer und Alexa Becker, produziert wurde. Ihnen gilt ebenso unser Dank wie Dr. Justin Hoffmann, der die Publikation durch seinen profunden Beitrag zum Thema sehr bereichert hat. Für das sorgfältige Lektorat danken wir Katherine Stock-Ziegler und Mitch Cohen für die Übersetzungen der Katalogbeiträge.

Für die Gestaltung der Werbekampagne in Frankfurt möchten wir an dieser Stelle auch Katayoun Fathali-Nagel und Christian Schön, fathalischoen, Frankfurt, danken.

Abschließend gilt unser Dank natürlich insbesondere allen Mitarbeitern in der Schirn Kunsthalle Frankfurt und dem Museum Tinguely, Basel, die in allen Phasen des Projekts überaus engagiert und einsatzbereit waren: Gedankt sei besonders Ronald Kammer mit Christian Teltz in Frankfurt und Urs Biedert in Basel für die technische Leitung sowie Stefan Schäfer und Stefan Zimmermann im Team der Technik an der Schirn Kunsthalle Frankfurt; Andreas Gundermann und dem Hängeteam an beiden Institutionen; für die Organisation der Leihgaben in Frankfurt Karin Grüning und Inga Weicke sowie Laurentia Leon im Museum Tinguely, Basel; den Restauratoren an beiden Häusern Stefanie Gundermann und Reinhard Bek; Inka Drögemüller mit Lena Ludwig und Anna Handschuh für das Marketing, sowie mit Julia Lange und Elisabeth Häring für die Betreuung der Sponsoren und Förderer der Schirn Kunsthalle Frankfurt; Dorothea Apovnik und Gesa Pölert für die Pressearbeit; am Museum Tinguely, Basel lag die Öffentlichkeitsarbeit einmal mehr in den bewährten Händen von Laurentia Leon. Ebenso danken wir Irmi Rauber, Katja Helpensteller und Fabian Hofmann in Frankfurt sowie Beat Klein und Lilian Schmidt in Basel für das pädagogische Begleitprogramm, besonders gedankt sei Claire Wüest für die Bereitstellung und umfassende Recherche von Archivmaterial aus der Bibliothek des Museum Tinguely, Basel. Unser Dank geht auch an Hanna Alsen und Eva Stachnik, Schirn Kunsthalle Frankfurt, sowie Katrin Zurbrügg und Sylvia Grillon, Museum Tinguely, Basel, für die wertvolle Assistenz in vielen Belangen, an die Verwaltung der Schirn Kunsthalle Frankfurt unter Leitung von Klaus Burgold mit Katja Weber und Selina Lehmann sowie an Josef Härig und Ingrid Müller in Frankfurt und dem Team von Kasse, Shop und Aufsicht des Museum Tinguely, Basel für den Empfang der Besucher und an alle übrigen an Aufbau und Umsetzung der Ausstellung beteiligten Mitarbeiter. Nicht zuletzt geht unser außerordentlicher Dank an Katharina Dohm und Heinz Stahlhut, die Kuratoren der Ausstellung, die dieses ambitionierte und komplexe Projekt in Kooperation konzipiert und umgesetzt haben.

In conclusion, we also cordially thank all the staff of the Schirn Kunsthalle Frankfurt and the Museum Tinguely, Basel, who worked extremely willingly and energetically in all phases of the project: in particular Ronald Kammer with Christian Teltz in Frankfurt and Urs Biedert in Basel for technical direction and Stefan Schäfer and Stefan Zimmermann in the technical team at the Schirn Kunsthalle Frankfurt; Andreas Gundermann and the installation team at both institutions; Karin Grüning and Inga Weicke in Frankfurt as well as Laurentia Leon at the Museum Tinguely, Basel for organizing the loans; the restorers at both institutions, Stefanie Gundermann and Reinhard Bek; Inka Drögemüller with Lena Ludwig and Anna Handschuh for marketing, as well as Julia Lange and Elisabeth Häring, for taking care of the sponsors and partners at the Schirn Kunsthalle Frankfurt; Dorothea Apovnik and Gesa Pölert for press work; at the Museum Tinguely, Basel, public relations and press work was once again in the proven hands of Laurentia Leon. We are also thankful to Irmi Rauber, Katja Helpensteller, and Fabian Hofmann in Frankfurt and to Beat Klein and Lilian Schmidt in Basel for the accompanying educational program; we are especially grateful to Claire Wüest for comprehensively researching and making available archive material from the library of the Museum Tinguely, Basel. Our thanks also go to Hanna Alsen and Eva Stachnik, Schirn Kunsthalle Frankfurt, as well as to Katrin Zurbrügg and Sylvia Grillon, Museum Tinguely, Basel, for their valuable assistance in many areas; to the administration of the Schirn Kunsthalle Frankfurt under the direction of Klaus Burgold with Katja Weber and Selina Lehmann; and to Josef Härig and Ingrid Müller in Frankfurt and the ticket window, shop, and security team of the Museum Tinguely, Basel for receiving the visitors and to all other staff members involved in setting up and realizing the exhibition. Last but not least, our special thanks go to Katharina Dohm and Heinz Stahlhut, the curators of the exhibition, who cooperated in conceiving and realizing this ambitious and complex project.

Max Hollein

Direktor
Schirn Kunsthalle Frankfurt

Guido Magnaguagno

Direktor
Museum Tinguely Basel

Max Hollein

Director
Schirn Kunsthalle Frankfurt

Guido Magnaguagno

Director
Museum Tinguely Basel

Das Verhältnis von Kunst und Maschine ist nicht unbedingt ein harmonisches Miteinander, und so mutet auch die Begriffspaarung der beiden widersprüchlich an. Geht man von der allgemeinen Annahme aus, dass Künstler und nicht Maschinen die Urheber und Schöpfer von Kunstwerken sind, dann könnte die Diskrepanz zwischen beiden nicht größer sein.

Denn während die Maschine auf Qualitäten wie Präzision, Schnelligkeit, Verbesserung und Wiederholbarkeit von Produktionsabläufen hin konzipiert ist, zeichnet sich Kunst nach traditionellem Verständnis durch ihre Einzigartigkeit aus. Daran gekoppelt ist die Vorstellung des künstlerischen Individuums als einem schöpferischen Genius. »Wie können Gegenstände mechanisch reproduziert werden?«, fragt sich 1948 Sigfried Giedion und zeichnet folgendes Bild: »Die mechanische Reproduktion geschieht auf verschiedene Weise durch Prägen, Pressen, Stanzen und andere Methoden, wie sie bereits in den ersten Jahrzehnten des neunzehnten Jahrhunderts beschrieben wurden. [...] Pressen, Stanzen und Gießen führen zur Standardisierung und, was damit eng zusammenhängt, zur Auswechselbarkeit der Teile. [...] Auswechselbarkeit wird interessant, sobald sie auf die Bestandteile größerer Maschinen übertragen und ohne geschulte Arbeitskräfte vorgenommen werden kann [...].«[1] Die maschinelle Reproduktion und ihre Vorteile, wie sie Giedion hier betont, würden angewendet auf die Kunstproduktion ebenso zu einer Austauschbarkeit der Teile, konsequenterweise sogar des Künstlers, führen. In jedem Fall setzt die Kombination von Kunst und Maschine eine Abkehr vom traditionellen und statischen Kunstbegriff voraus. Was aber passiert, wenn der kreative Akt ganz oder teilweise an eine Maschine delegiert wird? Werden aus Künstlern dann Ingenieure? Was bedeutet der scheinbare Rückzug des Künstlers, und welche Konsequenzen resultieren daraus für Originalität und Einzigartigkeit des Kunstwerks? Was ist dann überhaupt das Kunstwerk: die Maschine, das Produkt oder der Akt seiner Herstellung? Welche Rolle wird dem Betrachter bei der Produktion eingeräumt: Interaktion oder Exklusion?

Elf Jahre nach Giedions Schilderung über die Möglichkeiten zur Maschinenproduktion hält Werner Haftmann zur Eröffnung der *II. documenta* 1959 – wohl um dem zu befürchtenden Unverständnis vorzubeugen – ein Plädoyer für die damals vorherrschenden Kunstrichtungen des Informel und Tachismus. Das Kunstwerk ist kein Produkt, sondern zeugt als Austragungsort von den inneren Kämpfen eines getriebenen Künstlergenius: »[...] als hätte der Blick auf die Wirklichkeit im Künstler ein erschrecktes Zusammenzucken in der seelischen Region hervorgerufen und ein Gegenbild des Entsetzens aus sich herausgestellt, das nun mit der ganzen Ausdrucksmacht der ›abscheulichen Form‹ den Schock der Empfindung in Gestalt verwandelt. [...] Gerät er [der Betrachter: Anm. d. Autoren] in den Bann dieser Bilder, so mag er auch das Keuchen hören, mit dem da ein menschlicher Geist

The relationship between art and machine is not necessarily a harmonious one, and so coupling the two terms seems contradictory. If one accepts the general assumption that artists, not machines, are the originators and creators of works of art, then the discrepancy between the two could not be greater.

For while the machine is conceived with an aim toward qualities like precision, speed, improvement, and repeatability of production processes, art, as traditionally understood, is characterized by uniqueness. Tied to this is the idea of the artistic individual as a creative genius. "How can objects be mechanically reproduced?" asks Sigfried Giedion in 1948 and evokes the following image: "Mechanical reproduction proceeds in various ways by embossing, impressing, stamping, and other methods, as was already described in the first decades of the nineteenth century. [...] Impressing, stamping, and casting lead to standardization and, closely related to that, to the interchangeability of parts. [...] Interchangeability becomes interesting as soon as it is transposed to the components of larger machines and can be carried out without trained laborers [...]."[1] Applying the principle of machine reproduction and its advantages that Giedion delineates here to the production of art would lead to an interchangeability of parts as well as even of the artist. In any case, the combination of art and machine means turning away from the traditional and static concept of art. But what happens when the creative act is fully or partially delegated to a machine? Do artists then turn into engineers? What does the artist's seeming withdrawal mean, and what consequences result from this for the originality and uniqueness of the work of art? What is the work of art then, anyway: the machine, the product, or the act of producing it? What role is allotted to the viewer during production: interaction or exclusion?

Eleven years after Giedion elucidated the possibilities of machine production, Werner Haftmann opens the *documenta II* in 1959 with a speech pleading for the then-dominant current in art, Informal Painting and Tachism, probably to preempt the expected lack of understanding. The work of art is not a product, but, an arena for and testimony to the internal struggles of a driven artist-genius, he says: "[...] as if the glimpse of reality had evoked in the artist a startled flinching in the region of the soul and brought forth out of itself a counter-image of horror, which, with the total expressive power of the 'repulsive shape', transforms the shock of sensation into form. [...] If he [the viewer, authors' note] falls under the spell of these pictures, he may also hear the gasping with which a human spirit carries out his fight and he may also understand why, for the artist, the canvas often becomes a site behind which his opponents hide, why the painting gesture is so often a stabbing, a thrust, or a throw, why the painting implements have so often become the palette knife, the trowel, the metal nib, the razorblade."[2] This image of the artist renders art and machine production totally incompatible, so that the exhibition of Jean

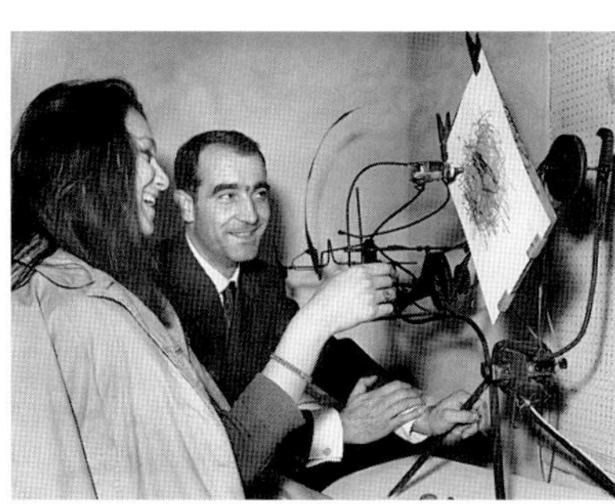

Jean Tinguely und Besucherin in Tinguelys Ausstellung »méta-matics«/ Jean Tinguely and visitor at Tinguely's exhibition "méta-matics", Galerie Iris Clert, Paris 1959

seinen Kampf durchficht und mag dann auch verstehen, warum die Leinwand dem Künstler so oft zum Ort wird, hinter dem sich der Widersacher verbirgt, warum so oft die Malbewegung der Hieb, der Stoß, der Wurf ist, warum so oft die Malwerkzeuge das Palettmesser, die Spachtel, die Metallfeder, die Rasierklinge geworden sind.«[2] In Anbetracht dieses Künstlerbildes ist eine Verbindung von Kunst und maschineller Produktion völlig unvereinbar, und um so erstaunlicher muss die im selben Sommer in der Galerie Iris Clert in Paris stattfindende Ausstellung von Jean Tinguelys »Méta-Matics« wirken. Die »Méta-Matics« sind motorbetriebene Zeichenmaschinen, mit denen der Betrachter abstrakte Zeichnungen herstellen kann. Die Maschinen bestehen aus unterschiedlichen Materialien, überwiegend aus alltäglichen Gegenständen

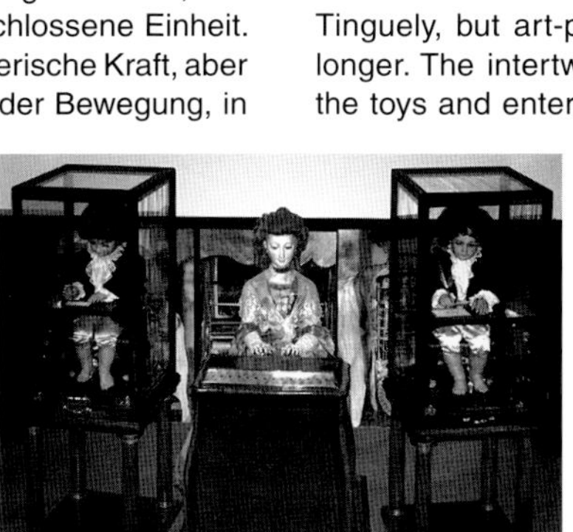

Hans Arp beim Besuch von Jean Tinguelys Ausstellung »méta-matics« / Hans Arp visiting Jean Tinguely's exhibition "méta-matics", Galerie Iris Clert, Paris 1959

und Metallschrott. Aufgrund dieser Materialität und ihrer bewusst gebastelten Erscheinung sind diese Maschinen im Vergleich zu ihren in der Industrie verwendeten Vettern eigentlich unbrauchbar. Diese Diskrepanz zwischen der Materialität der »Méta-Matics« und ihrer Funktion, Kunst zu produzieren, kann durchaus als ironischer Kommentar über den damals vorherrschenden Glauben an den technischen Fortschritt verstanden werden. Zudem zeigt sich darin ein Reflex auf den Kunstkontext der 1950er Jahre: Die maschinell erstellten Zeichnungen entsprechen stilistisch dem Tachismus und führen so die Vorstellung von gestischer Abstraktion als unmittelbarem Ausdruck eines künstlerischen Individuums ad absurdum. Die Rolle des Künstlers als Schöpfer wird zugunsten der Interaktion des Betrachters zurückgenommen, und das Kunstwerk gilt nicht länger als in sich geschlossene Einheit. Die »Méta-Matics« besitzen eine eigene schöpferische Kraft, aber sie sind keine vollendeten Kunstwerke. Nur in der Bewegung, in der Erfüllung der der Maschine zugrunde liegenden Idee, erlangen sie immer wieder neu ihre Vollendung. Die Ausstellung findet damals großen Anklang und wird von knapp 6.000 Personen besucht, worunter sich auch Künstler wie Hans Arp, Marcel Duchamp, Hans Hartung und Tristan Tzara befinden. Letzterer stellt begeistert fest, dass in diesen Arbeiten vierzig Jahre Dada erfolgreich kulminieren und das Ende der Malerei erneut postuliert worden sei.[3]

Kunstmaschinen Maschinenkunst setzt zwar mit den Werken Jean Tinguelys ein, aber Kunst produzierende Maschinen gibt es schon sehr viel länger. Die gemeinsame

Pierre Jaquet-Droz, Henri Jaquet-Droz, Jean-Frédéric Leschot Der Zeichner, die Musikerin, der Schreiber / The drawer, the musician, the writer, 1767-1774, Musée d'art et d'histoire, Neuchâtel

Geschichte von Kunst und Maschine beginnt mit den Spielzeugen und Unterhaltungsapparaten der Antike und führt über die von Künstlern wie Leonardo da Vinci (1452-1519) oder Albrecht Dürer (1471-1528) entworfenen Maschinen sowie den Apparaten des 18. Jahrhunderts, welche wie diejenigen Pierre Jaquet-Droz' (1721-1790) menschliche Tätigkeiten, beispielsweise Schreiben, Zeichnen oder Musizieren, nachahmen, bis in die Gegenwart.

Spätestens seit dem 17. Jahrhundert beeinflusst die Maschine als Metapher für komplexe Zusammenhänge das europäische Denken: Als Beispiel sei hier das 1748 erscheinende, folgenrei-

Tinguely's "Méta-Matics" that same summer in the gallery Iris Clert in Paris must seem all the more astonishing. The "Méta-Matics" are motor-driven drawing machines with which the viewer can create abstract drawings. The machines consist of various materials, primarily everyday objects and scrap metal. This materiality and the machines' consciously "homemade" appearance makes these devices useless in comparison to their cousins used in industry. This discrepancy between the materiality of the "Méta-Matics" and their art-producing function can certainly be understood as an ironic commentary on the faith in technical progress that prevails at the time. They also show a reflection on the art context of the 1950s: the machine-produced drawings correspond stylistically with Tachism and thus reduce the idea of gestural abstraction as the direct expression of an artistic individual to absurdity. The role of the artist as creator is withdrawn in favor of the viewer's interaction, and the work of art is no longer considered a self-contained whole. The "Méta-Matics" have their own creative power, but they are not finished works of art. Only in motion, in the fulfillment of the idea underlying the machine, do they achieve their completion anew, again and again. The exhibition is extremely well received and attracts almost 6.000 visitors, among them artists like Hans Arp, Marcel Duchamp, Hans Hartung, and Tristan Tzara. The latter notes with enthusiasm that these works are the culmination of forty years of Dada and that the end of painting has been postulated once again.[3]

Art Machines Machine Art begins with the works of Jean Tinguely, but art-producing machines have been around a lot longer. The intertwined history of art and machine begins with the toys and entertainment apparatus of classical antiquity and moves through machines designed by artists like Leonardo da Vinci (1452-1519) and Albrecht Dürer (1471-1528) and the 18th-century devices of Pierre Jaquet-Droz (1721-1790) that imitated human activities like writing, drawing, and playing music, to the present day.

Since the 17th century, at the latest, the machine has influenced European thinking as a metaphor for complex situations. For example, the book *L'homme machine* by the French physician and philosopher Julien Offray de La Mettrie (1709-1751), published in 1748, compares animal and human bodies to machines.[4] In accordance with this idea and considering the automatons of a Pierre Jaquet-Droz, it is no wonder that, long before the computer age, bodily activities are imagined as indifferent procedures in which it does not matter whether living beings or artifacts carry them out.[5]

In the Industrial Age, the machine no longer intervenes solely metaphorically, but directly and dramatically in all areas of daily life. From then until this day, there are three phases in the development of the art-creating machine that displays its mechanical nature openly, unlike the automats of the 18th century, which were given a human appearance.

che Buch *L'homme machine* des französischen Arztes und Philosophen Julien Offray de La Mettrie (1709-1751) genannt, in welchem der tierische oder menschliche Körper mit einer Maschine verglichen wird.[4] Dieser Vorstellung gemäß und angesichts der Automaten eines Pierre Jaquet-Droz verwundert es nicht, dass man sich körperliche Aktivitäten lange vor dem Computerzeitalter als indifferente Verrichtungen vorstellt, bei denen es gleichgültig ist, ob sie von Lebewesen oder Artefakten ausgeführt werden.[5]

Im Zeitalter der Industrialisierung greift die Maschine nicht mehr nur metaphorisch, sondern unmittelbar und dramatisch in alle Bereiche des täglichen Lebens ein. Von da an bis heute lässt sich die Entwicklung der Kunst produzierenden Maschine, die – anders als die Automaten des 18. Jahrhunderts – nicht in menschlicher Verkleidung Kunstwerke schafft, sondern ihre mechanische Natur offen zur Schau trägt, in drei Phasen gliedern.

In der ersten Phase findet sich die Kunst produzierende Maschine nur als utopisches Konstrukt in der Literatur. Die bekanntesten Beispiele sind die phantastischen Kreationen in den Schriften der Franzosen Alfred Jarry (1873-1907) und Raymond Roussel (1877-1933). Jarry beschreibt in seinem 1911 erstmals erscheinenden und von ihm

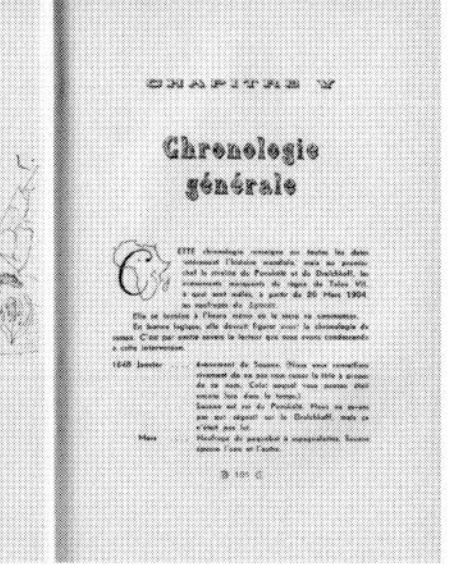

Jean Ferry
Vous Étes Dans Le Tableau!, in: Raymond Roussel, *Les Impressions d'Afrique*, 1910 (1967), Archiv Harald Szeemann, Tegna

selbst als »neo-wissenschaftlich« bezeichneten Roman *Gestes et opinions du Docteur Faustroll* eine Maschine, die Wände mit den Grundfarben besprizt, während Roussel in seinem 1914 herausgegebenen Roman *Locus solus* eine Maschine entwirft, die unter anderem Mosaike aus menschlichen Zähnen gestaltet. In beiden Fällen wird der Gestaltungsakt, der von der traditionellen Kunsttheorie einzig dem mit besonderen intellektuellen und emotionalen Fähigkeiten begabten Künstlerindividuum zugestanden wird, an eine Maschine delegiert. Ihr gehen eben jene besonderen Qualitäten ab, und sie erfüllt die ihr gestellte Aufgabe mechanisch. Diese Idee findet ihre Entsprechung in Roussels Schreibtechnik, die er in seinem 1935 erscheinenden Buch *Comment j'ai écrit certains de mes livres* (Wie ich einige meiner Bücher geschrieben habe) darlegt. Demzufolge generiert er seine Romane und Theaterstücke quasi mechanisch, indem er zu einzelnen, zufällig gefundenen Wörtern Homophone, also gleich oder ähnlich lautende Wörter, sucht, die dann den Grundstock einer Szene bilden. Das bekannteste Beispiel ist der Titel seines 1910 publizierten Theaterstückes *Impressions d'Afrique* (Afrikanische Impressionen), den er von dem Begriff »Impression à fric« (»Publikation auf Kosten des Autors«) ableitet.[6]

In der zweiten Phase, zwischen den beiden Weltkriegen, stellt die Begeisterung für die klare, kühle Ästhetik der Maschine bei vielen Künstlern ein zentrales Merkmal ihres Schaffens dar. Mit ihrem Abgesang auf traditionelle Malerei und Skulptur: »Die Kunst ist tot. Es lebe die neue Maschinenkunst Tatlins« auf der *Ersten Internationalen Dada-Messe* 1920 in Berlin feiern George Grosz (1893-1959), Raoul Hausmann (1886-1970) und John Heartfield (1891-1968) ebenso emphatisch die neue Technik wie der französische Maler Fernand Léger (1881-1955), der verkündet, dass ihm die Maschine »für [seine] eigene bildnerische Entwicklung

In the first phase, the machines that produce works of art are merely an utopian construction in literature. The best-known examples are the fantastic creations in the writings of the French authors Alfred Jarry (1873-1907) and Raymond Roussel (1877-1933). Jarry's novel *Gestes et opinions du Docteur Faustroll,* first published in 1911, which the author himself called "neo-scientific", describes a machine that sprays the primary colors on walls, while Roussel's novel *Locus solus,* published in 1914, designs a machine that, among other things, creates mosaics out of human teeth. In both cases, the act of designing, which traditional art theory concedes solely to an individual artist gifted with special intellectual and emotional capacities, is delegated to a machine. It lacks precisely these capacities, and it mechanically fulfills the task it is set. This idea finds a correspondence in Roussel's writing technique, which he depicts in his book *Comment j'ai écrit certains de mes livres* (How I Wrote Certain of My Books), published in 1935. He claims to generate his novels and plays almost mechanically by seeking for individual, random homonyms, which then form the basic inventory for a scene. The best-known example is the title of his theater play *Impressions d'Afrique* (African Impressions), published in 1910, which he derives from the phrase "Impression à fric" ("published at the author's expense").[6]

In the second phase, between the two world wars, enthusiasm for the clear, cool aesthetic of the machine is a central characteristic of many artists' work. With their swan song for traditional painting and sculpture at the *First International Dada Art Fair* in 1920, "Art is dead. Long live Tatlin's new machine art!", George Grosz (1893-1959), Raoul Hausmann (1886-1970), and John Heartfield (1891-1968) acclaim the new technique as emphatically as the French painter Fernand Léger (1881-1955), who proclaims that the machine "has taught [him] more for [his] own pictorial development than all the museums in the world".[7] In consequence, many artists now delegate the act of creation to quasi-mechanical techniques or random processes. Thus, in 1922, the Hungarian-descended artist László Moholy-Nagy (1895–1946) "creates" his *Telefon Bild EM 2* by conveying the work's dimensions, colors, and materials by telephone to a person who then carries out his instructions.

Like Moholy-Nagy, many artists use the anonymous perfection of the mechanical to question and overcome traditional ideas of art, artistry, and the work of art. The concept, rooted in humanistic thinking, of the artist as unique individual and of the work of art as an unrepeatable expression of his individuality appears outmoded for several reasons. First, it was cast into doubt at the beginning of the 20th century by thinkers like Sigmund Freud (1856-1939).[8] Second, the progressing differentiation of industrial work processes makes individual people interchangeable, thus making the idea of subjectivity seem obsolete.[9] Third, many theoreticians and artists hope for a democratization of society as a result of mechanization. In the face of the mass availability of the industrial object, the traditional, auratically charged original work of art must therefore seem hopelessly outdated.[10]

mehr beigebracht [habe] als alle Museen der Welt«[7]. Folgerichtig wird nun von vielen Künstlern der Schaffensakt an quasi-maschinelle Techniken bzw. Zufallsprozesse delegiert. So »erschafft« der ungarisch-stämmige Künstler László Moholy-Nagy (1895-1946) 1922 sein *Telefon Bild EM 2,* indem er Ausmaße, Farbigkeit und Materialien des Werkes telefonisch einer Person übermittelt, die dieses dann nach seinen Angaben ausführt.

Wie Moholy-Nagy nutzen viele Künstler die anonyme Perfektion des Mechanischen, um traditionelle Vorstellungen von Kunst, Künstlertum und Kunstwerk zu hinterfragen und zu überwinden. Die im humanistischen Denken wurzelnden Konzepte vom Künstler als einzigartigem Individuum und vom Kunstwerk als unwiederholbaren Ausdruck seiner Individualität erscheinen aus mehreren Gründen überholt. Erstens wurden sie schon zu Beginn des 20. Jahrhunderts von Denkern wie Sigmund Freud (1856-1939) angezweifelt.[8] Zweitens macht die Ausdifferenzierung der industriellen Arbeitsvorgänge den einzelnen Menschen austauschbar und lässt so die Idee der Subjektivität obsolet erscheinen.[9] Drittens erhoffen sich viele Theoretiker und Künstler als Folge der Mechanisierung eine Demokratisierung der Gesellschaft. Gegenüber dem massenhaft verfügbaren, industriellen Objekt muss das traditionelle, auratisch aufgeladene Originalkunstwerk demnach hoffnungslos veraltet erscheinen.[10]

Kaum ein Künstler hinterfragt die traditionellen Kategorien von Künstler und Werk so konsequent und folgenreich wie Marcel Duchamp (1887-1968). Ein wichtiges Mittel dazu ist für ihn die Auseinandersetzung mit der präzisen Ästhetik der Maschine, die er gegen die verbreitete Vorstellung vom Kunstwerk als unmittelbarem Ausdruck des heroischen Ringens eines Individuums setzt: »Die mechanische Seite […] beeinflusste mich damals oder sie war zumindest auch der Ausgangspunkt für eine neue Form der Technik. Ich konnte mich nicht dem wahllosen Zeichnen oder Malen, dem Verspritzen von Farbe überlassen; ich wollte auf eine völlig trockene Zeichnung zurückgehen, eine trockene Kunstauffassung. Und die technische Zeichnung war für mich die beste Form für diese trockene Form von Kunst.«[11] Und schließlich mag man Duchamps Readymades, also die zu Kunstwerken erklärten Alltagsgegenstände, mit Harald Szeemann durchaus auch als Produkte einer Kunstmaschine deuten.[12]

Anders als bei den ebenfalls maschinenbegeisterten italienischen Futuristen, in deren Werke Mechanik und Maschine nur als Motive eingehen, setzen in der dritten Phase nach der erzwungenen Unterbrechung durch Totalitarismus und Krieg Künstler die Bestrebungen der Vorkriegsavantgarde fort und nehmen nun unmittelbar strukturelle Merkmale von Maschine und industrieller Produktion in ihr Schaffen auf. Neben programmatischen Initiativen wie der um 1967 in New York von Robert Rauschenberg (*1925) und Billy Klüver (*1927) gegründeten »E.A.T.« (Experiments in Art and Technology), die im Zeichen der Grenzauflösung

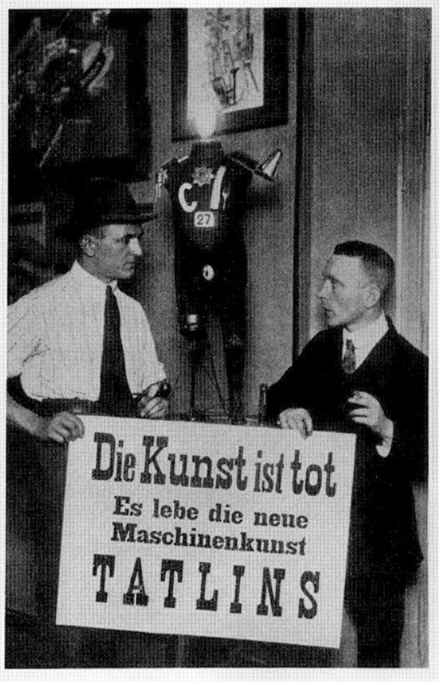

George Grosz und John Heartfield demonstrieren gegen die Kunst zugunsten ihrer tatlinistischen Theorien (anlässlich der Dada-Ausstellung im Juni 1920) / George Grosz and John Heartfield demonstrating against art in support of their tatlinistic theories (on the occasion of the Dada exhibition, June 1920), in: *Dada-Almanach,* im Auftrag des Zentralamts der deutschen Dada-Bewegung hrsg. von / on commission of the central office of the German Dada-movement ed. by Richard Huelsenbeck, Berlin 1920

Hardly any artist questions the traditional categories of artist and work as thoroughly and far-reachingly as Marcel Duchamp (1887-1968). An important means for him is his investigation of the precise aesthetic of the machine, which he contrasts with the widespread idea of the work of art as direct expression of an individual's heroic struggle: "The mechanical aspect of it influenced me then, or at least that was also the point of departure of a new form of technique. I couldn't go into the haphazard drawing or the paintings, the splashing of the paint. I wanted to go back to a completely *dry* drawing, a *dry* conception of art. […] And the mechanical drawing for me was the best form for that dry conception of art."[11] And finally, we can clearly join Harald Szeemann in interpreting Duchamp's ready-mades—everyday objects declared to be works of art—as products of an art machine.[12]

Unlike the equally machine-enthused Italian Futurists, who bring mechanics and the machine into their works only as motifs, in the third phase, after the forced interruption by totalitarianism and war, artists carry forward the strivings of the prewar avant-garde and now take up in their work direct structural characteristics of the machine and of industrial production. Along with programmatic initiatives like "E.A.T." (Experiments in Art and Technology), founded around 1967 in New York by Robert Rauschenberg (*1925) and Billy Klüver (*1927), which attempts to make new technology fruitful for art under the sign of the dissolution of the boundary between art and life,[13] artists like Giuseppe Pinot-Gallizio (1902-1964) with his "Pittura industriale" try to counter the gestural abstraction and its emphasis on personal "handwriting", which prevails after the war, with a new "more democratic" art better suited to conditions of the modern industrial society. Art from the machine appears absolutely suited to this, because it eliminates the artist's personal handwriting. Beyond that, it permits the participation of the audience, which previously functioned solely as viewers, thereby permitting a mass production of art that clearly breaks with the aura of the unrepeatable work of art.

Paralleling these developments, the relationship between art and machine in the 20th century is investigated in numerous exhibitions, for example in 1934 in the exhibition *Machine Art,* curated by Alfred H. Barr Jr. and the architect Philip Johnson, in the Museum of Modern Art in New York. Here the emphasis is on the beauty of mass-produced objects.[14] Thanks to Johnson's exhibition design, the industrially produced kitchen and laboratory utensils as well as a few machines are celebrated on pedestals and walls like art objects without attributing to them the character of art. Johnson thus notes in his foreword: "There are no purely ornamental objects; the useful were, however, chosen for their aesthetic quality. […] This exhibition has been assembled from the point of view that though usefulness is an essential, appearance has at least as great a value."[15] One of the innovations of this exhibition is that exhibiting commercially produced objects in the same institution

von Kunst und Leben neue Technologie als Teil des Alltagslebens für die Kunst fruchtbar zu machen versucht[13], setzen Künstler wie Giuseppe Pinot-Gallizio (1902-1964) mit seiner »Pittura industriale« der unmittelbar nach dem Krieg herrschenden gestischen Abstraktion und ihrer Betonung der persönlichen Handschrift eine neue, »demokratischere« und den Gegebenheiten der modernen Industriegesellschaft gemäßere Kunst entgegen. Hierfür erscheint die Kunst aus der Maschine absolut geeignet, denn sie eliminiert die persönliche Handschrift des Künstlers. Darüber hinaus erlaubt sie die Beteiligung des zuvor nur als Betrachter fungierenden Publikums und ermöglicht die massenhafte Kunstproduktion, die deutlich mit der Aura des unwiederholbaren Kunstwerks bricht.

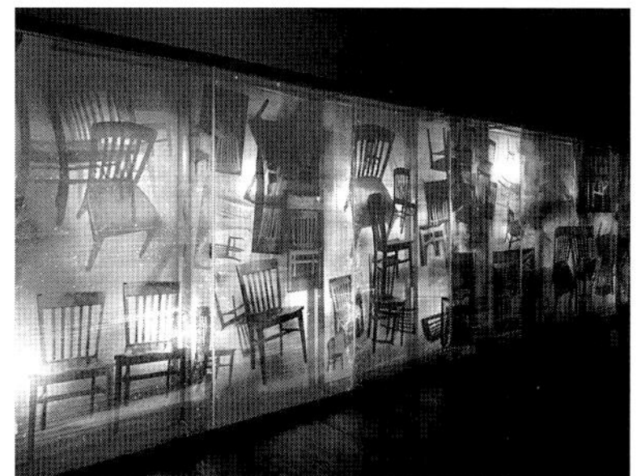

Robert Rauschenberg unter Mitarbeit von E.A.T. / in collaboration with E.A.T., *Soundings,* 1968, Museum Ludwig, Köln

Parallel zu diesen Entwicklungen wird das Verhältnis von Kunst und Maschine im 20. Jahrhundert in zahlreichen Ausstellungen untersucht, so z. B. 1934 in der von Alfred H. Barr Jr. und dem Architekten Philip Johnson kuratierten Ausstellung *Machine Art* im Museum of Modern Art in New York. Hier liegt der Schwerpunkt auf der Schönheit von Gegenständen, die aus der Massenproduktion hervorgegangen sind.[14] Dank Johnsons Ausstellungsdesign werden sowohl die industriell gefertigten Produkte für Küche und Labor als auch wenige Maschinen wie Kunstobjekte auf Sockeln und Wänden zelebriert, ohne ihnen jedoch Kunstcharakter zuzugestehen. So stellt Johnson in seinem Vorwort fest: »Es gibt keine ausschließlich dekorativen Objekte; jedoch wurden die nützlichen aufgrund ihrer ästhetischen Qualität ausgesucht. […] Die Ausstellung wurde zusammengetragen ausgehend vom Standpunkt, dass Nützlichkeit ein ausschlaggebender Wert, aber zu guter Letzt auch die äußere Erscheinung einen ebenso großen Wert darstellt.«[15] Die Innovation dieser Ausstellung besteht u.a. darin, dass kommerziell gefertigte Objekte eine kulturelle Akzeptanz erhalten, indem sie im selben Haus ausgestellt werden wie moderne Kunst. Obgleich sich die Kuratoren weigern, den Objekten, die unter dem Titel *Machine Art* zusammengetragen wurden, Kunstcharakter zuzugestehen, wird hier die Vorstellung von moderner Kunst und ausstellbaren Objekten erweitert, quasi die Diskussion zwischen »high- und low-art« institutionalisiert. Barr Jr. behauptet, dass Industrieprodukte zwar keine Kunst-

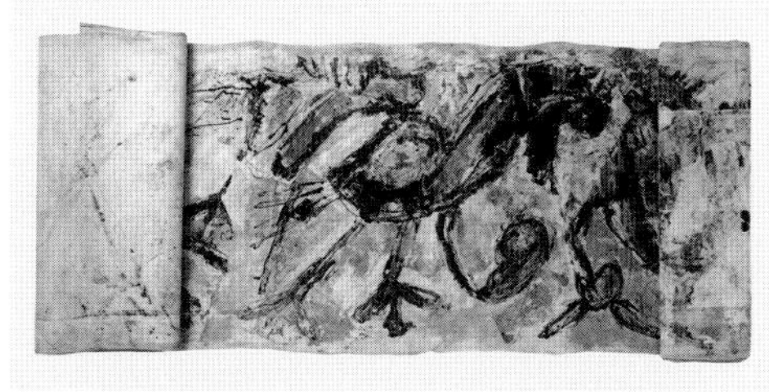

Giuseppe Pinot-Gallizio
La sirena e il pirata. Pittura industriale, 1958
Galerie Marie-José van de Loo, München

werke im herkömmlichen Sinne seien, aber den modernen Künstler durchaus beeinflussen: »Gute Maschinenkunst ist völlig unabhängig von Malerei, Skulptur und Architektur. Aber es sollte festgehalten werden, dass moderne Künstler sehr stark von Maschinenkunst beeinflusst worden sind«.[16]

Hier schließt K. G. Pontus Hulténs legendäre Ausstellung *The Machine as Seen at the End of the Mechanical Age,* die 1968 auch im Museum of Modern Art in New York stattfindet, an, in der er dem Einfluss der Maschine und ihrer Ästhetik auf künstlerisches Schaffen nachgeht. Im Katalog skizziert Hultén

as modern art means their cultural acceptance. Although the curators refuse to acknowledge the character of art in the objects aggregated under the title *Machine Art,* here the idea of modern art and objects that can be exhibited is expanded and the discussion between "high and low art" takes on a kind of institutionalization. Barr Jr. claims that even if the products of industry may not be works of art in the conventional sense, they clearly influence modern artists: "Good machine art is entirely independent of painting, sculpture and architecture. But it may be noted in passing that modern artist have been much influenced by machine art."[16]

This idea is taken up in K. G. Pontus Hultén's legendary exhibition *The Machine as Seen at the End of the Mechanical Age* in 1968 at the Museum of Modern Art in New York, where Hultén traces the influence of the machine and its aesthetic on artistic creation. In the catalog, Hultén sketches a history of how society and philosophy relate to the machine and its effects on art. He says the position of the artist in the 20th century is shaped by the deepest pessimism or the greatest enthusiasm.[17] For the future, Hultén sees the influence of machines on our life as follows: "By the year 2000, technology will undoubtedly have made such advances that our environment will be as different from that of today as our present world differs from ancient Egypt. What role will art play in this change? Human life shares with art the qualities of being a unique, continuous, and unrepeatable experience. Clearly, if we believe in either life or art, we must assume complete domination over machines."[18] Not quite forty years later, from our present-day, retrospective view of the year 2000, this vision of the future is amusing. The feared millennial computer collapse did not come, and technological progress has continued to develop at breakneck speed, as prophesied. Machines have entered all areas of life; from household and office devices through computer games, cell phones, and MP3 players to artificial pets. We can no longer imagine everyday life without the broadest range of machines. The daring idea that the year 2000 would relate to 1968 as 1968 did to ancient Egypt not only testifies to a strong imagination and strong belief in progress, it also mirrors the feeling of that time. 1968 is also the year of the release of Stanley Kubrick's legendary science fiction film *2001 A Space Odyssey,* in which the spaceship Discovery's autonomous board computer HAL9000 has a programming error, goes out of control, and endangers the mission along with the astronauts. Less ambitious films of this time also take up the theme of human and machine. For example, in *The Glass Bottom Boat* (1965), Doris Day has to flee for safety from a vacuum cleaner that moves around with a will of its own, one of the many inventions of her partner, a space researcher. The machine is entering the world of everyday life, but the creative use of such technological equipment as the video camera, the television, and the computer—

eine Geschichte des Verhältnisses von Gesellschaft und Philosophie zur Maschine und dessen Auswirkung in der Kunst. Die Position der Künstler zur Maschine im 20. Jahrhundert ist ihm zufolge geprägt von tiefstem Pessimismus oder größter Begeisterung.[17]

Für die Zukunft sieht Hultén den Einfluss der Maschine auf unser Leben folgendermaßen: »Bis zum Jahr 2000 wird die Technologie zweifellos solche Fortschritte gemacht haben, dass sich unsere Umwelt so stark von jener von heute unterscheiden wird, wie sich unsere heutige Welt vom antiken Ägypten unterscheidet. Welche Rolle wird Kunst in diesem Wandel spielen? Das Leben und die Kunst teilen die Qualitäten einer einzigartigen, fortdauernden und unwiederholbaren Erfahrung. Selbstverständlich, wenn wir an das Leben oder die Kunst glauben, dann müssen wir die vollständige Herrschaft über die Maschinen annehmen.«[18] Knapp vierzig Jahre später mutet aus der heutigen, ihrerseits schon wieder retrospektiven Sicht auf das Jahr 2000 diese Zukunftsvision amüsant an. Der befürchtete Computerzusammenbruch zur Jahrtausendwende ist ausgeblieben, und der technologische Fortschritt hat sich wie prophezeit rasant weiterentwickelt. Maschinen haben Einzug in alle Lebensbereiche gehalten: Angefangen bei Haushalts- und Bürogeräten über Computerspiele, Mobiltelefone, MP3-Player bis hin zu künstlichen Haustieren sind Maschinen in unterschiedlichster Form aus dem Alltagsleben nicht mehr wegzudenken. Die kühne Vorstellung, dass das Jahr 2000 sich zu 1968 so verhält wie 1968 zum Alten Ägypten, zeugt nicht nur von einem starken Fortschrittsglauben und großer Phantasie, sie spiegelt das damalige Zeitgefühl wieder. Im selben Jahr erscheint Stanley Kubricks legendärer Science-Fiction-Film *2001 Space Odyssee,* in dem der autarke Bordcomputer HAL9000 des Raumschiffes Discovery einen Programmfehler hat, außer Kontrolle gerät und die Mission als auch die Astronauten in Gefahr bringt. Auch weniger anspruchsvolle Filme dieser Zeit greifen das Thema Mensch und Maschine auf, so muss sich beispielsweise Doris Day in *The Glass Bottom Boat (Spion in Spitzenhöschen,*1965) vor einem selbständig umherfahrenden Staubsauger, einer der zahlreichen Erfindungen ihres Filmpartners, eines Weltraumforschers, in Sicherheit bringen. Hält die Maschine zwar Einzug in die alltägliche Welt, so steht der heute selbstverständliche Einsatz von technischen Geräten wie beispielsweise von Videokamera, Fernseher oder Computer beim kreativen Akt damals noch ganz am Anfang seiner Entwicklung, und Nam June Paik gehört zu den Pionieren, die mit den neuen Medien im Kunstbereich experimentieren.[19] Zur gleichen Zeit, 1963, kommentiert Andy Warhol seine Arbeitsweise: »Der Grund weswegen ich in dieser Art male ist, weil ich eine Maschine sein will, und ich fühle, dass, was immer ich auch mache und maschinengleich mache, das ist, was ich machen will.«[20] Warhol produziert in der »Factory« Bilder und Filme am laufenden Meter. Er unterläuft damit die Vorstellung vom Künstlergenie, wie sie beispielsweise Jackson Pollock mit seinen »Drip-paintings« vor laufender Kamera in Szene setzte.

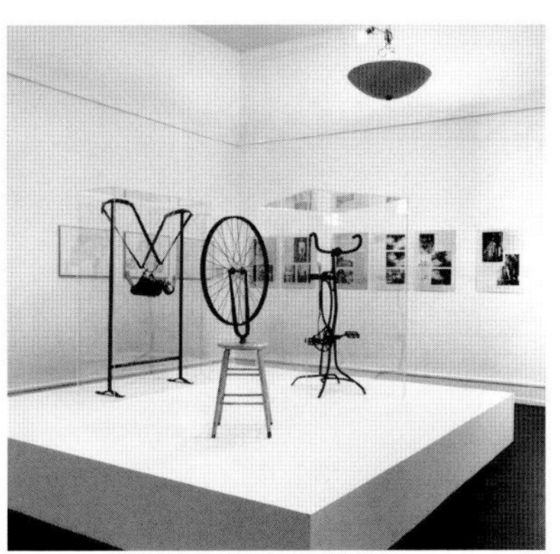

Ausstellungsansicht / exhibition view *Junggesellenmaschinen,* Kunsthalle Bern, 1975, Archiv Harald Szeemann, Tegna

unexceptional today—is still at the beginning of its development, and Nam June Paik is one of the pioneers who experimented in art with the new media.[19] At the same time, in 1963, Andy Warhol comments on his mode of working: "The reason I'm painting this way is that I want to be a machine and I feel that whatever I do and do machine-like is what I want to do."[20] In the "Factory", Warhol mass-produces pictures and films. He thereby undermines the idea of the artist-genius that had been staged, for example by Jackson Pollock with his "drip paintings" created as a camera rolled.

Beginning with Michel Carrouge's *Les Machines célibataires* (1954) in connection with Marcel Duchamps' *La Mariée Mise à Nu Par Ses Célibataires, Même* (The Bride Stripped Bare by Her Bachelors, Even) (1915-23), the so-called *Large Glass,* Harald Szeemann focuses in the 1975 exhibition *Junggesellenmaschinen* (Bachelor Machines) on art machines.[21] These machines do not produce; they are useless; they refuse normed production in favor of an artistic-creative production act designed to be repeatable. In a world in which machines are synonymous with usefulness, "The Bachelor Machine" alludes to the world of the absurd. The world is presupposed as a self-created "closed circle" in which the machine has in a manner outwitted nature. The visualization of this myth of "The Bachelor Machine" by Duchamp and other artists can be traced back to a primarily literary tradition, some parts of which were even reproduced for the exhibition *Junggesellenmaschinen.*

The exhibitions sketched here had fundamental importance for all the following ones that investigated the relationship between art and machine in various ways. In *Art Machines Machine Art,* the focus is not on the beauty of machines or machine-produced objects, nor on kinetic art, nor on the artists' interest in the aesthetic of the machine and its influence on art, nor on the mythical concept of "The Bachelor Machine". At the center of the exhibition are, rather, works of art that are simultaneously machines and that produce works of art in turn. The works have a processual character that ties together machine, production act, user, and product. Decisive for the selection was the aim of presenting not only works that delegate the act of painting, drawing, or sculpting to the machine, in accordance with the traditional genres. Rather, doing justice to the expansion of the concept of the genre, performance and video were also to be integrated in the exhibition. The aspects of the artists' presence or withdrawal, the visitors' interaction or exclusion, the use of the machine, the production process, the repeatability of the creative act, the time factor, etc. are developed to differing degrees in the different works. The result is a selected tour through contemporary "machine art creation"; beginning with the "classics", Jean Tinguely and Rebecca Horn, whose painting and drawing machines sometimes require and sometimes exclude the viewer's interaction, the visitor encounters machines that have already concluded their production before the opening of the exhibition, as in Michael Beutler's room sculpture *Proper en Droog* or that produce throughout the entire duration of the showing, like Roxy Paine's

Ausgehend von Michel Carrouges *Les Machines célibataires* (1954) in Verbindung zu Marcel Duchamps *La Mariée Mise à Nu Par Ses Célibataires, Même* (Die Braut, von ihren Junggesellen nackt entblößt, sogar) (1915-23), dem so genannten *Großen Glas,* beschäftigt sich Harald Szeeman 1975 in der Ausstellung *Junggesellenmaschinen* mit Kunstmaschinen.[21] Diese Maschinen produzieren aber nicht, sie sind unnütz, sie verweigern sich normierter Leistung zugunsten eines auf Wiederholbarkeit angelegten künstlerisch-kreativen Produktionsaktes. In einer Welt, in der Maschinen gleichbedeutend mit Nützlichem sind, verweist die »Junggesellenmaschine« auf die Welt des Absurden. Die Welt wird als ein sich selbst geschaffener »geschlossener Kreislauf« vorausgesetzt, in dem die Maschine die Natur quasi überlistet hat. Die Visualisierung dieses Mythos der »Junggesellenmaschine« durch Duchamp und andere Künstler lässt sich auf eine überwiegend literarische Tradition zurückführen, wovon sogar manche für die Ausstellung *Junggesellenmaschinen* nachgebaut wurden.

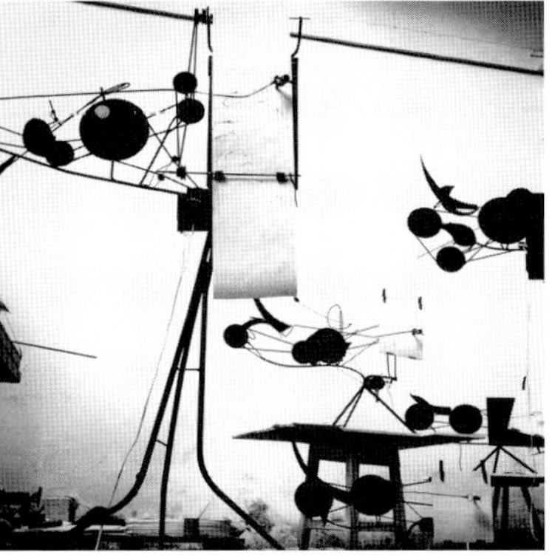

Verschiedene »Méta-Matics« in Jean Tinguelys Atelier, Impasse Ronsin, Paris, um 1959. / Several "Méta-Matics" at Jean Tinguely's workshop, Impasse Ronsin, Paris, around 1959.

Die hier skizzierten Ausstellungen, sind von grundsätzlicher Bedeutung für alle darauf folgenden, die das Verhältnis von Kunst und Maschine auf unterschiedliche Weise untersucht haben. In *Kunstmaschinen Maschinenkunst* steht nun weder die Frage nach der Schönheit von Maschinen oder maschinengefertigter Objekte, noch die kinetische Kunst, noch das Interesse der Künstler für die Ästhetik der Maschine und ihren Einfluss auf die Kunst, noch der mythische Begriff der »Junggesellenmaschine« im Zentrum. Im Fokus der Ausstellung stehen vielmehr Kunstwerke, die zugleich Maschinen sind und wiederum Kunst produzieren. Die Arbeiten zeichnen sich durch einen prozessualen Charakter aus, der Maschine, Produktionsakt, Benutzer und Produkt verbindet. Bei der Auswahl war entscheidend, nicht nur Werke präsentieren zu wollen, bei denen, den traditionellen Kunstgattungen entsprechend, der Akt des Malens, Zeichnens oder Bildhauens an die Maschine delegiert wird. Vielmehr sollen gemäß der Erweiterung des Gattungsbegriffs auch Performance oder Video in die Ausstellung mit einbezogen werden. Dabei sind die Aspekte von Anwesenheit oder Rückzug der Künstler, Interaktion oder Exklusion der Besucher, der Einsatz der Maschine, der Produktionsvorgang, die Wiederholbarkeit des kreativen Akts, der Faktor Zeit etc. in jeder Arbeit unterschiedlich stark ausgebildet. Es ist ein ausgewählter Parcours durch zeitgenössisches »Maschinenkunstschaffen« entstanden: Ausgehend von den »Klassikern« Jean Tinguely und Rebecca Horn, deren Mal- und Zeichenmaschinen von Fall zu Fall die Interaktion mit dem Betrachter erfordern oder ausschließen, begegnet der Besucher Maschinen, die wie in Michael Beutlers Raumskulptur *Proper en Droog* ihre Produktion schon vor Ausstellungsbeginn abgeschlossen haben, oder die wie Roxy Paines *Scumak No. 2* während der gesamten Dauer der Schau produzieren. Die Zeichenmaschine *Making Beautiful Drawings* von Damien Hirst und *The endless study* von Olafur Eliassons erfordern beide das Mitwirken des Besuchers, dabei befragen sie grundsätzlich das Verhältnis zwischen Betrachter und Kunstwerk. Eliasson geht dazu allerdings von einem physikalischen Phänomen aus, Hirst

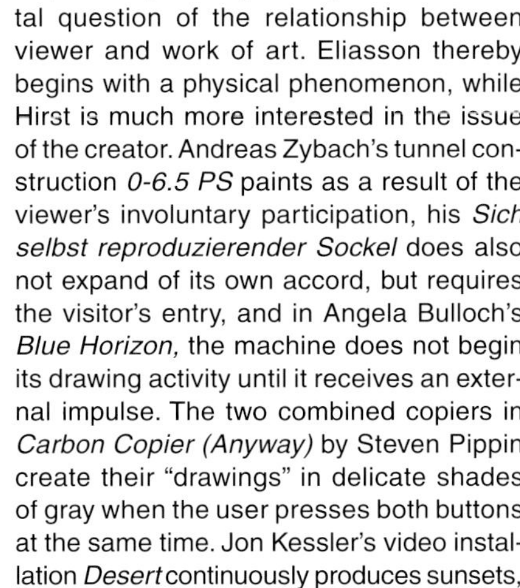

Scumak No. 2. Damien Hirst's drawing machine *Making Beautiful Drawings* and Olafur Eliasson's *The endless study* both require the visitor's cooperation, thereby raising the fundamental question of the relationship between viewer and work of art. Eliasson thereby begins with a physical phenomenon, while Hirst is much more interested in the issue of the creator. Andreas Zybach's tunnel construction *0-6.5 PS* paints as a result of the viewer's involuntary participation, his *Sich selbst reproduzierender Sockel* does also not expand of its own accord, but requires the visitor's entry, and in Angela Bulloch's *Blue Horizon,* the machine does not begin its drawing activity until it receives an external impulse. The two combined copiers in *Carbon Copier (Anyway)* by Steven Pippin create their "drawings" in delicate shades of gray when the user presses both buttons at the same time. Jon Kessler's video installation *Desert* continuously produces sunsets, Tim Lewis' *Auto-Dali Prosthetic* mass-produces signatures. Pawel Althamer's *Extrusion Machine (Bottle Machine)* manufactures blasphemous plastic bottles, Antoine Zgraggen's *Großer Hammer* and his *Zerquetscherin* help the visitor to get rid of unwanted objects and Tue Greenfort's *Mobile Trinkglaswerkstatt* by converting non-returnable bottles into drinking glasses ironically points to the ennobling function still inherent in the museum. Finally, with the works by Lia, Miltos Manetas, and Cornelia Sollfrank, the "meta-art machine" of the World Wide Web comes into play, to which,—as to the works of Tinguely in the 1950s—hopes for a further democratization of the art world are tied.

The relationship between work of art and viewer is examined in all these works, though not all of them take this relationship as their starting point. Some of these works do not directly involve the viewer in production, but they provide glimpses of it and with them the impetus to reflect on where the work of art begins, where it is only a machine, and where the artist begins or ends. But the artist will never succeed in disappearing permanently from the work. The machine can produce art without his presence, but it can never exist without his idea.

(1)   Sigfried Giedion: *Die Herrschaft der Mechanisierung. Ein Beitrag zur anonymen Geschichte,* Frankfurt/Main 1982, p. 71-74.

(2)   Werner Haftmann: "Von den Inhalten der modernen Kunst. Rede anlässlich der Eröffnung der 'II. documenta', 11.07.1959", in: idem.: *Skizzenbuch. Zur Kultur der Gegenwart. Reden und Aufsätze,* Munich 1960, p. 123-136, p. 126f.

(3)   K. G. Pontus Hultén: *Jean Tinguely: A Magic stronger than Death,* London 1987, p. 55.

(4)   Günter Metken: "Vom Menschen / Maschine zur Maschine / Mensch", in: *Junggesellenmaschinen,* revised edition, ed. Hans Ulrich Reck and Harald Szeemann, Vienna / New York 1999, p. 106-119, p. 106.

(5)   Alexandre Métraux: "Die Maschine im Denker. Von Vaucanson zu Valéry", in: *Maschinenwelten. Neue Rundschau,* 114th year, issue 2, ed. Hans Jürgen Balmes et al., Frankfurt/Main 2003, p. 79-88, p. 85f.

(6)   Raymond Roussel: *Comment j'ai écrit certains de mes livres,* Paris 1963, p. 11-14.

hingegen interessiert vielmehr die Frage nach dem Schöpfer. Während Andreas Zybachs Tunnelkonstrukt *0-6,5 PS* durch die unwillkürliche Beteiligung des Betrachters malt, sein *Sich selbst reproduzierender Sockel* sich eben nicht von selbst, sondern nur durch Betreten erweitert, und bei Angela Bullochs *Blue Horizon* die Maschine erst auf äußeren Impuls hin ihre Zeichentätigkeit beginnt, produzieren die beiden von Steven Pippin in *Carbon Copier (Anyway)* kombinierten Kopierer ihre »Zeichnungen« in delikaten Graustufen, wenn der Benutzer gleichzeitig beide Knöpfe drückt. Derweil produziert Jon Kesslers Videoinstallation *Desert* laufend Sonnenuntergänge, und Tim Lewis' *Auto-Dali Prosthetic* signiert am Laufmeter. Pawel Althamers *Extrusion Machine (Bottle Machine)* stellt blasphemische Plastikflaschen her, Antoine Zgraggens *Großer Hammer* und seine *Zerquetscherin* helfen dem Besucher, sich ungeliebter Gegenstände zu entledigen, und Tue Greenforts *Mobile Trinkglaswerkstatt* ironisiert mit der Umwandlung von Einwegflaschen in Trinkgläser die dem Museum noch immer innewohnende Nobilitierungsfunktion. Mit den Arbeiten von Lia, Miltos Manetas und Cornelia Sollfrank schließlich kommt die »Meta-Kunstmaschine« World Wide Web ins Spiel, mit der man – ähnlich wie mit Tinguelys Werken in den 1950er Jahren – die Hoffnung auf eine weitere Demokratisierung des Kunstbetriebs verbindet.

Das Verhältnis zwischen Kunstwerk und Betrachter wird in allen Arbeiten befragt, wobei es nicht immer Ausgangspunkt der Arbeit ist. Auch wenn der Betrachter bei manchen Werken nicht unmittelbar an der Produktion beteiligt wird, so erhält sie/er Einblick in diese und damit die Möglichkeit der Reflektion darüber, wo das Kunstwerk beginnt, wo es nur eine Maschine ist, wo der Künstler einsetzt oder heraustritt. Nie wird es dem Künstler jedoch gelingen, endgültig aus dem Werk zu verschwinden. Die Maschine kann ohne seine Anwesenheit Kunst produzieren, aber sie kann nie ohne die Idee des Künstlers existieren.

(1) Sigfried Giedion: *Die Herrschaft der Mechanisierung. Ein Beitrag zur anonymen Geschichte,* Frankfurt/Main 1982, S. 71-74.

(2) Werner Haftmann: »Von den Inhalten der modernen Kunst. Rede anlässlich der Eröffnung der ›II. documenta‹, 11.07.1959«, in: ders.: *Skizzenbuch. Zur Kultur der Gegenwart. Reden und Aufsätze,* München 1960, S. 123-136, S. 126f.

(3) K. G. Pontus Hultén: *A Magic stronger than Death,* London 1987, S. 55.

(4) Günter Metken: »Vom Menschen / Maschine zur Maschine / Mensch«, in: *Junggesellenmaschinen,* erweiterte Neuausgabe, hrsg. von Hans Ulrich Reck und Harald Szeemann, Wien / New York 1999, S. 106-119, S. 106.

(5) Alexandre Métraux: »Die Maschine im Denker. Von Vaucanson zu Valéry«, in: *Maschinenwelten. Neue Rundschau,* 114. Jahrgang, Heft 2, hrsg. von Hans Jürgen Balmes u. a., Frankfurt/Main 2003, S. 79-88, S. 85f.

(6) Raymond Roussel: *Comment j'ai écrit certains de mes livres,* Paris 1963, S. 11-14.

(7) Fernand Léger, zitiert nach: Christoph Asendorf: »Der Propeller und die Avantgarde. Léger – Duchamp – Brancusi«, in: *Fernand Léger 1911-1924. Le rythme de la vie moderne,* hrsg. von Gijs van Tuyl und Katharina Schmidt, Ausst.kat. Kunstmuseum Wolfsburg / Kunstmuseum Basel, München / New York 1994, S. 202-210, S. 206.

(8) Doreet Le Vitte-Harten: »Das Verschwinden des Körpers«, in: *Wunschmaschine – Welterfindung,* hrsg. von Brigitte Felderer, Ausst.kat. Kunsthalle Wien, Wien / New York 1996, S. 384-398, S. 390.

(7) Fernand Léger, quoted from: Christoph Asendorf: "Der Propeller und die Avantgarde. Léger – Duchamp – Brancusi", in: *Fernand Léger 1911-1924. Le rythme de la vie moderne,* ed. Gijs van Tuyl and Katharina Schmidt, exh. cat. Kunstmuseum Wolfsburg / Kunstmuseum Basel, Munich / New York 1994, p. 202-210, p. 206.

(8) Doreet Le Vitte-Harten: "Das Verschwinden des Körpers", in: *Wunschmaschine – Welterfindung,* ed. Brigitte Felderer, exh. cat. Kunsthalle Wien, Vienna / New York 1996, p. 384-398, p. 390.

(9) Ibid, p. 387.

(10) Herbert Lachmayer: "Vom Ikarus zum Airbus. Technik zwischen Mythenabsorbierung und Mythenproduktion", in: *Wunschmaschine – Welterfindung,* op. cit. (see FN 8), p. 24-40, p. 33f.

(11) Marcel Duchamp, 1955, quoted from: James Johnson Sweeney: "A conversation with Marcel Duchamp", in: *Salt Seller. The Writings of Marcel Duchamp,* ed. Michel Sanouillet and Elmer Peterson, New York 1973, p. 127, 129-30, 129-130, 133-137, p. 130.

(12) Harald Szeemann: "Die Junggesellenmaschine", in: *Junggesellenmaschinen,* op. cit. (see FN 4), p. 3-12, p. 7.

(13) Söke Dinkla: "Vom Zuschauer zum Spieler. Utopie, Skepsis, Kritik und neue Poetik in der interaktiven Kunst", in: *InterAct! Schlüsselwerke interaktiver Kunst,* exh. cat. Wilhelm Lehmbruck Museum, Duisburg, Ostfildern 1997, p. 8-22, p. 12.

(14) *Machine Art,* exh. cat. The Museum of Modern Art (March 6—April 30, 1934), New York 1934 (1994).

(15) Foreword by Barr Jr. and Johnson, in: Ibid, n.p. Eyewitnesses report: "The entire three floors of MoMA's townhouse were redesigned to create an aesthetic shrine to the beauty of 'machine art'. Panels were erected and walls were encased in shining steel, copper, canvas, and linen. Neutral colors and diverse textures dominated, but some walls were painted pale blue, pale pink, dark red, and rust red." Quoted from: Mary Anne Staniszewski: *The Power of Display: A History of Exhibition Installations at the Museum of Modern Art,* Cambridge 1998, p.153.

(16) Foreword by Barr Jr. and Johnson, in: *Machine Art,* op. cit. (see FN 14), n. p.

(17) K.G. Pontus Hultén: *The Machine as Seen at the End of the Mechanical Age,* exh. cat. Museum of Modern Art (November 25, 1968 to February 9, 1969), New York 1968, p. 11.

(18) Ibid., p. 11.

(19) Asked when he had made his first videotape, Nam June Paik says: "On October 4, 1965. I already had a camera then. I bought a Sony videotape recorder and monitor with some tape […] for $ 1000 that day. […] It wasn't easy to get. There was a waiting list for Sony recorders at that time." Asked whether other artists had made videotapes then, he answers: "I don't think so, because nobody else had access to a videotape machine at that time. I got the first one." Quoted from: Douglas Davis: *Art and the Future,* London 1973, p.149.

(20) Andy Warhol, quoted from: G. R. Swenson: "What is Pop Art?", in: *Art News 62,* Nov.1963, p. 26.

(21) *Junggesellenmaschinen,* op. cit. (see FN 4).

(9) Ebenda, S. 387.

(10) Herbert Lachmayer: »Vom Ikarus zum Airbus. Technik zwischen Mythen-absorbierung und Mythenproduktion«, in: *Wunschmaschine – Welterfindung,* a. a. O. (s. Fußnote 8), S. 24-40, S. 33f.

(11) »The mechanical aspect of it influenced me then, or at least that was also the point of departure of a new form of technique. I couldn't go into the hapha-zard drawing or the paintings, the splashing of the paint. I wanted to go back to a completely *dry* drawing, a *dry* conception of art. [...] And the mechanical drawing for me was the best form for that dry conception of art.« Marcel Duchamp, 1955, zitiert nach: James Johnson Sweeney: »A conversation with Marcel Duchamp«, in: *Salt Seller. The Writings of Marcel Duchamp,* hrsg, von Michel Sanouillet und Elmer Peterson, New York 1973, S. 127, 129-30, 129-130, 133-137, S. 130. Deut-sche Übersetzung: Marcel Duchamp: *Interviews und Statements,* gesammelt, übersetzt und annotiert von Serge Stauffer, Ostfildern-Ruit 1992, S. 55f.

(12) Harald Szeemann: »Die Junggesellenmaschine«, in: *Junggesellenmaschinen,* a. a. O. (s. Fußnote 4), S. 3-12, S. 7.

(13) Söke Dinkla: »Vom Zuschauer zum Spieler. Utopie, Skepsis, Kritik und neue Poetik in der interaktiven Kunst«, in: *InterAct! Schlüsselwerke interaktiver Kunst,* Ausst.kat. Wilhelm Lehmbruck Museum, Duisburg, Ostfildern 1997, S. 8-22, S. 12.

(14) *Machine Art,* Ausst.kat. The Museum of Modern Art (6. März bis 30. April 1934), New York 1934 (1994).

(15) »There are no purely ornamental objects; the useful were, however, cho-sen for their aesthetic qualitiy. [...] This exhibition has been assembled from the point of view that though usefulness is an essential, appearance has at least as great a value.« Vorwort von Barr Jr. und Johnson, in: Ebenda, o. S. Zeitzeugen berichten: »The entire three floors of MoMA's townhouse were redesigned to create an aesthetic shrine to the beauty of ›machine art‹. Panels were erected and walls were encased in shining steel, copper, canvas, and linen. Neutral colors and diverse textures dominated, but some walls were painted pale blue, pale pink, dark red, and rust red.« Zitiert nach: Mary Anne Staniszewski: *The Power of Display: A History of Exhibition Installations at the Museum of Modern Art,* Cambridge 1998, S.153.

(16) »Good machine art is entirely independent of painting, sculpture and architecture. But it may be noted in passing that modern artist have been much influenced by machine art.« Vorwort von Barr Jr. und Johnson, in: *Machine Art,* a. a. O. (s. Fußnote 14), o. S.

(17) K. G. Pontus Hultén: *The Machine as Seen at the End of the Mechanical Age,* Ausst.kat. Museum of Modern Art (25. November 1968 bis 9. Februar 1969), New York 1968, S. 11.

(18) »By the year 2000, technology will undoubtly have made such advances that our environment will be as different from that of today as our present world differs from ancient Egypt. What role will art play in this change? Human life sha-res with art the qualities of being a unique, continuous, and unrepeatable expe-rience. Clearly, if we believe in either life or art, we must assume complete domi-nation over machines.« Ebenda, S. 11.

(19) Nam June Paik auf die Frage, wann er sein erstes Videoband gemacht hat: »Am 4. Oktober 1965. Ich hatte damals bereits eine Kamera. An eben diesem Tag kaufte ich mir für 1000 Dollar einen Sony-Videorecorder und einen Monitor [...]. Damals gab es eine Warteliste für Sony-Recorder und das Gerät war nicht leicht zu bekommen.« Gefragt, ob damals schon andere Künstler ein Videoband gemacht haben, antwortet er: »Ich glaube nicht, weil damals niemand Zugang zu einem Videoapparat hatte. Ich bekam den ersten.« Zitiert nach: Douglas Davis: *Vom Experiment zur Idee. Die Kunst des 20. Jahrhunderts im Zeichen von Wis-senschaft und Technologie,* Köln 1975, S. 186-187.

(20) »The reason I'm painting this way is that I want to be a machine and I feel that whatever I do and do machine-like is what I want to do.« Andy Warhol, zitiert nach: G. R. Swenson: »What is Pop Art?«, in: *Art News 62,* Nov.1963, S. 26.

(21) *Junggesellenmaschinen,* a. a. O. (s. Fußnote 4).

Katharina Dohm / Heinz Stahlhut
Kunstmaschinen Maschinenkunst / Art Machines Machine Art

Künstler wird Maschine wird Künstler
Justin Hoffmann

1. Künstler wird Maschine

Entscheidend für die Entwicklung der Maschinenkunst war die Abkehr vom handwerklichen Können als Qualitätsmerkmal eines Kunstwerks. Blickt man auf die Sozialgeschichte der Kunst der letzten Jahrhunderte zurück, kann man ein wachsendes Interesse der bildenden Kunst an der Loslösung vom Handwerk feststellen. Diese Distinktion begründet nicht zuletzt den sozialen Aufstieg der Künstler seit dem 15. Jahrhundert. Auch der Künstlergeniebegriff wurde in diesem Zusammenhang entwickelt. Künstlerische Qualität, und da war man sich seit der Renaissance einig, wird nicht durch handwerkliche Perfektion erreicht. Die Distanzierung von der Handarbeit wurde im 16. Jahrhundert auf eine fast paradoxe Weise praktiziert. Im Diskurs der Renaissance galten die spontane Zeichnung oder die unvollendete Skulptur als die künstlerischen Leistungen, die am eindruckvollsten den Genius von Künstlern demonstrieren. Die Idee würde sich demnach am deutlichsten am Beginn eines Arbeitsprozesses und nicht am fertigen Werk offenbaren. Mit dem Industriezeitalter erhielt die Handarbeit zudem das Prädikat einer obsoleten Tätigkeit, die mit der Mechanisierung und Automatisierung ihr absehbares Ende finden würde. In der Tat sollten Maschinen eine Vielzahl handwerklicher Arbeitsvorgänge ersetzen – eine Entwicklung, die noch nicht abgeschlossen ist. Die Distanz zum Handwerk drückte sich im 20. Jahrhundert oftmals durch die Produktion von Kunstwerken aus, die so makellos glatt wie industriell hergestellte Produkte aussehen. So lässt sich gerade in den letzten hundert Jahren das bemerkenswerte Bemühen der Künstler beobachten, sich der Perfektion einer Maschine anzunähern. Insbesondere die Minimal Art postulierte eine Formgebung, die wie industriell fabriziert erscheinen sollte. Diese Tendenz gipfelte in dem berühmt gewordenen Ausspruch Andy Warhols »I want to be a machine«. Seinen Arbeitsplatz nannte er dementsprechend »Factory«. Die serielle Produktion war zentraler Bestandteil der künstlerischen Strategie Andy Warhols. Viele Künstler wollten jedoch noch mehr: nicht nur Kunst, die aussieht, als sei sie von einer Maschine hergestellt, sondern Kunst, die tatsächlich von Maschinen produziert wird.

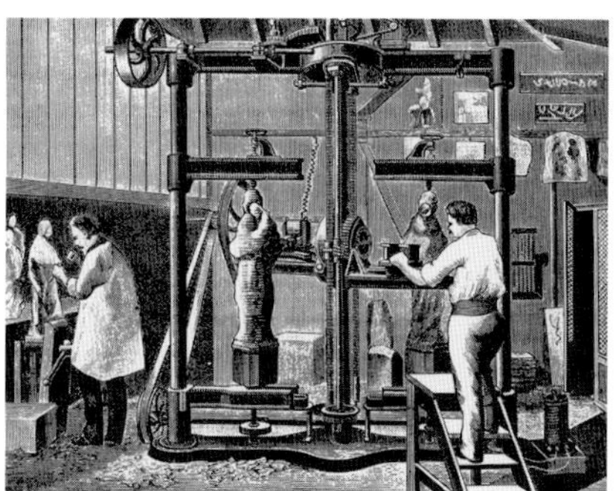

Die Skulpturenmaschine / The Sculpture machine, 1894
in: *Scientific American*, 6, I, 1894

Schon mit der zunehmenden Industrialisierung der Warenproduktion war das Bedürfnis der Künstler gestiegen, sich mechanischer Mittel zu bedienen. Von Hilfsgeräten für die perspektivisch genaue Abbildung bis zu druckgrafischen Apparaturen reichte das Spektrum der frühen Formen der Mechanisierung der künstlerischen Arbeit. Für Künstler des 20. Jahrhunderts gewannen jedoch weniger die praktischen Seiten der Maschinen an Bedeutung, sondern die philosophisch-theoretischen. Sie suchten nach zeitgemäßen, gesellschaftlich relevanten Ausdrucksformen. Die Verwendung von Maschinen diente der Widerspiegelung der sozialen, insbesondere der technisch-ökonomischen Verhältnisse. In Anlehnung an Intentionen des zeitgenössischen Kunstgewerbes, das sich von der billigen Massenware unterscheiden und neue Technologien verwenden wollte, wurde

Artist Becomes Machine Becomes Artist
Justin Hoffmann

1. Artist Becomes Machine

Decisive for the development of machine art was the turn away from the craftsman's skills as a criterion of quality for a work of art. Looking back at the social history of art in the last centuries, we see visual art's growing interest in uncoupling itself from craftsmanship. This distinction also led to the rise of the artist's social prestige since the 15th century. The concept of the artist genius also developed in this context. The consensus since the Renaissance has been that artistic quality is not achieved through perfect craftsmanship. This distancing from crafts was practiced in an almost paradoxical way in the 16th century. In the discourse of the Renaissance, spontaneous drawings and the unfinished sculptures were regarded as the artistic achievements that most impressively demonstrated artists' genius. The implication was that the idea was revealed most markedly at the beginning of a work process, not in the finished work. With the industrial age, crafts also took on the status of an obsolete activity whose end was foreseeable with the spread of mechanization and automatization. In point of fact, machines would replace a great number of craftsmanlike work procedures—a development that has not yet ended. In the 20th century, art's distance to crafts was often expressed in the production of works of art that looked as flawlessly smooth as industrially manufactured products. Thus, in the last hundred years, we can observe artists' remarkable striving to approach the perfection of a machine. Minimal Art, in particular, postulated that forms should be designed to appear as if industrially fabricated. This tendency culminated in Andy Warhol's famous remark, "I want to be a machine". Accordingly, he named his workplace the "Factory". Serial production was a central component of Andy Warhol's artistic strategy. But many artists wanted even more: not just art that looks as if it were machine-manufactured, but art that was indeed produced by machines.

With the growing industrialization of the production of commodities, artists' desire to make use of mechanical means increased. The spectrum of early forms of the mechanization of artistic work ranged from technical equipment for depictions with precise perspective to printmaking apparatus. For 20th-century artists, however, it was less the practical aspects of machines than the philosophical-theoretical ones that took on more importance. They looked for timely, societally relevant forms of expression. The use of machines served to mirror social and especially technical-economic conditions. Paralleling the intentions of contemporary applied arts, which wanted to distinguish themselves from cheap mass goods and to make use of new technologies, the mechanical production of artistic objects became ever more pressing and plausible. Protagonists of Dadaism and Constructivism challenged their artist colleagues by proclaiming the slogan that artists should become engineers and ought to acquire technological knowledge and work with machines. The Russian Constructivist Tatlin proclaimed: "Long live machine art!" And many followed him. In 1924, Fernand Léger

die maschinelle Produktion von künstlerischen Objekten immer dringlicher und plausibler. Protagonisten des Dadaismus und des Konstruktivismus forderten ihre Künstlerkollegen heraus, indem sie die Losung ausgaben, Künstler sollten Ingenieure werden. Sie müssten technische Kenntnisse erwerben und mit Maschinen arbeiten. Der russische Konstruktivist Tatlin proklamierte: »Es lebe die Maschinenkunst!« Und viele folgten ihm. Fernand Léger drehte 1924 als Meisterwerk seiner mechanistischen Phase den Film *Le ballet méchanique*. In Deutschland war es das Bauhaus mit Moholy-Nagy, das am wirkungsvollsten diese Tendenzen vertrat.

Kunst, die bewusst an Fließbandproduktion erinnert, verwirklichte nach dem 2. Weltkrieg der italienische Künstler Guiseppe Pinot-Gallizio, Mitglied der Situationistischen Internationale. Seine malerischen Experimente, die er als Industrielle Malerei bezeichnete, wurden als Meterware angeboten. Während der *3. Situationistischen Internationale* in München 1959 bot die Galerie van de Loo seine Rollen zum Preis von vierzig bis siebzig Mark pro Meter an. In den 1960er Jahren kam das Multiple in Mode: Kunstwerke, die in größerer Stückzahl hergestellt werden und sich wie industrielle Produkte nicht voneinander unterscheiden. Mit der Reproduzierbarkeit von Kunst verändert sich die Rezeption. Das Augenmerk wird auf andere Qualitäten eines Kunstwerks gelenkt. Die künstlerische Idee und nicht handwerkliche oder haptische Aspekte stehen im Vordergrund.

Das Delegieren der Kunstproduktion auf eine Maschine
Die Verwendung einer Apparatur zur Herstellung von Kunst, insbesondere das Zeichnen mit einer Maschine, könnte man aber auch als delegierten Genuss im Sinn der Interpassivitätstheorie des österreichischen Philosophen Robert Pfaller interpretieren. Im Gegensatz zur interaktiven Kunst, die den Betrachter in die Kunstproduktion mit einbezieht, wird in der interpassiven Kunst der Kunstgenuss delegiert und die Kunstbetrachtung in das Kunstwerk integriert. Eine solche Funktion übernimmt der Chor in der griechischen Tragödie oder das Dosengelächter in TV-Komödien. Pfaller zieht daraus den Schluss, dass Gefühle und Vorstellungen veräußerlicht werden und eine »objektive Existenz« führen können. Genuss kann delegiert werden: Der Fotokopierer liest Bücher, die man sich vorgenommen hat zu lesen, die Kamera sieht die Monumente, die man eigentlich selbst anschauen sollte, und der DVD-Recorder nimmt die Filme auf, die man unbedingt sehen muss. Wie die zuletzt genannten Beispiele zeigen, sind es häufig Maschinen, die den Menschen von Pflichten des Genießens befreien. Sie geben ihm Spielräume zurück und schützen die eigene Identität vor Versuchen der Beeinflussung. Auch die Avatare, die im »Second Life« die tollsten Dinge für einen selbst erleben, fallen in diese Kategorie des delegierten Genießens.

Aber warum sollte man jenseits des genannten Distinktionswunsches, der Distanzierung vom Handwerk, auf den Genuss des Zeichnens als intimste Form der künstlerischen Produktion verzichten wollen? Im Sinn von Robert Pfaller versucht man auch hier einem gewissen Zwang des Genießens, der in diesem Fall auf dem Künstler lastet, insbesondere dem Druck nach individu-

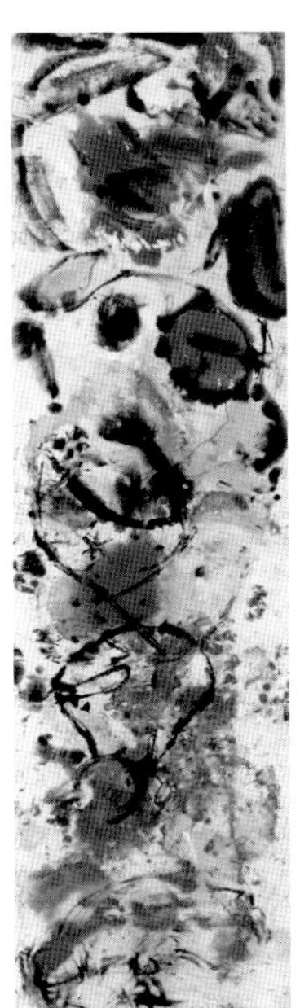

Giuseppe Pinot-Gallizio
Ohne Titel / Untitled, Pittura industriale, 1958, Detail,
Archivo Gallizio, Torino

created the masterpiece of his mechanistic phase, the film *Le ballet méchanique.* In Germany, it was the Bauhaus, with Moholy-Nagy, that represented these tendencies the most effectively.

After World War II, the Italian artist Guiseppe Pinot-Gallizio, a member of the Situationist International, created art that consciously reminds us of assembly line production. He offered his painterly experiments, which he termed Industrial Painting, by the running meter. During the *3rd Situationist International* in Munich in 1959, the Galerie van de Loo offered his rolls at prices from forty to seventy Marks per meter. In the 1960s, multiples came into fashion: works of art produced in a large number and, like industrial products, indistinguishable from each other. Art's changing reproducibility also changes its reception. Attention is directed toward other qualities of a work of art. The artistic idea, rather than craftsmanship or haptic aspects, stands in the foreground.

Art Production is Delegated to a Machine
The use of an apparatus for the production of art, especially drawing with a machine, could also be interpreted in line with Austrian philosopher Robert Pfaller's interpassivity theory as delegated enjoyment. In contrast to interactive art, which involves the viewer in the production of art, interpassive art delegates the enjoyment of art and integrates the viewing of art in the work itself. The chorus in Greek tragedy and the canned laughter in television comedies assume such a function. Pfaller concludes that feelings and ideas can be externalized and lead an "objective existence". Enjoyment can be delegated: the photocopier reads books one was planning to read, the camera sees the monuments one actually ought to view oneself, and the DVD recorder stores the films one simply has to see. As these examples show, machines often liberate a person from the duty to enjoy. They give him back his scope of action and protect his identity from attempts to influence him. The avatars that experience the most fantastic things for one in "Second Life" are in this category of delegated enjoyment.

But, beyond the aforementioned wish for distinction, the distance taken from crafts, why should one want to eschew the pleasure of drawing as the most intimate form of artistic production? As Robert Pfaller sees it, here one attempts to escape a certain coercion to enjoy, which in this case burdens the artist, in particular the pressure for individual design and private externalization. The agents in question are not necessarily conscious of this situation. Publicly displayed is rather an interest in meeting the challenges of the industrial or computer age and therefore doing without traditional forms of artistic production. Art with machines, it is said, is a reflection of the modern industrial society and the electronic age—the liberating aspect is hardly noted thereby.

2. The Development of the Human-Machine Relationship
Cognition science has come up with some trailblazing ideas on the relationship between the human and the machine. The theories of the philosopher, cognition researcher, and evolution theoretician Daniel C. Dennett, in particular, have created a stir. From Dennett's biological, philosophical, and anthropological perspec-

eller Gestaltung, nach privater Entäußerung zu entfliehen. Dieser Zusammenhang ist den entsprechend Handelnden nicht unbedingt bewusst. Öffentlich angezeigt wird dagegen das Interesse, sich den Herausforderungen des Industrie- bzw. Computerzeitalters zu stellen und deswegen auf tradierte künstlerische Produktionsformen zu verzichten. Die Kunst mit Maschinen sei ein Reflex auf die moderne Industriegesellschaft und das elektronische Zeitalter – der befreiende Aspekt dabei wird kaum erkannt.

2. Die Entwicklung des Mensch-Maschine-Verhältnisses

Bahnbrechende Überlegungen zum Verhältnis von Mensch und Maschine kommen aus dem Bereich der Kognitionswissenschaft. Besonders die Theorien des Philosophen, Kognitionsforschers und Evolutionstheoretikers Daniel C. Dennett sorgen für Aufsehen. Für Dennett stellt sich aus biologischer, philosophischer und anthropologischer Perspektive die Frage, inwieweit Werkzeuge und Maschinen, die dem Menschen nützlich sind, zu seinem Wesen gehören, d. h., ob es gerade diese Tools sind, die ihn unter anderen Lebewesen herausheben. Demnach wäre ein Mensch ohne Werkzeuge wie eine Gans ohne Federn. Werkzeuge und Maschinen sind laut Dennett nach außen gelagerte Intelligenz. Zusammen mit einem sozialen Netz umhüllen bestimmte Tools den menschlichen Körper seit jeher und bilden sein Besonderes. Aber auch die körperliche Gestalt selbst besteht nach Dennett aus Millionen kleiner Apparaturen, die wir Zellen nennen: »Ihr Billionen-Roboter-Team bildet ein atemberaubend effizientes Regime, dem zwar ein Herrscher fehlt, das es aber hinbekommt, eine Organisation aufrechtzuerhalten, die Angreifer zurückschlägt, die Schwachen verbannt und eiserne disziplinarische Regeln durchsetzt – ein Regime, das nicht zuletzt als Hauptquartier Ihres bewussten Selbst fungiert, Ihres Geistes.«[1] So ist der Mensch einerseits aus »organischen Robotern« aufgebaut, andererseits besitzen wir unseren evolutionären Status nur durch Werkzeuge und Maschinen, die unsere körperlichen und geistigen Fähigkeiten optimieren.

Die Darstellung des Künstlers als Maschine

Für die amerikanischen Dadaisten war die Gleichung »Mensch ist Maschine« kein Paradoxon mehr. Gerade in den USA hatte der industrielle Aufschwung zu Beginn des 20. Jahrhunderts zu einer wesentlichen Veränderung der gesellschaftlichen Strukturen geführt. Der in New York lebende Künstler Francis Picabia stellte in einer Reihe biomechanischer Porträts Personen als Maschinen dar. Bekannt wurde sein Porträt *Here, This Is Stieglitz Here* (1915) des Fotografen und Galeristen Alfred Stieglitz in Form eines kaputten Fotoapparats, an den eine Autohandbremse montiert ist. Die Arbeit erschien zuerst in der gemeinsam herausgegebenen Zeitschrift *291,* benannt nach der gleichnamigen Galerie »291« von Stieglitz. Ein anderes Beispiel eines Porträts als mechanisches Gebilde bildet Man Rays berühmte Aerographie auf Glas *Dancer (Danger)* von 1920. Die Nähe von Mensch und Maschine wird von den amerikanischen Dadaisten in Form von Maschinenkörpern, d. h. Konglomeraten aus Apparaturen, die zusammengesetzt Figuren ergeben, visualisiert.

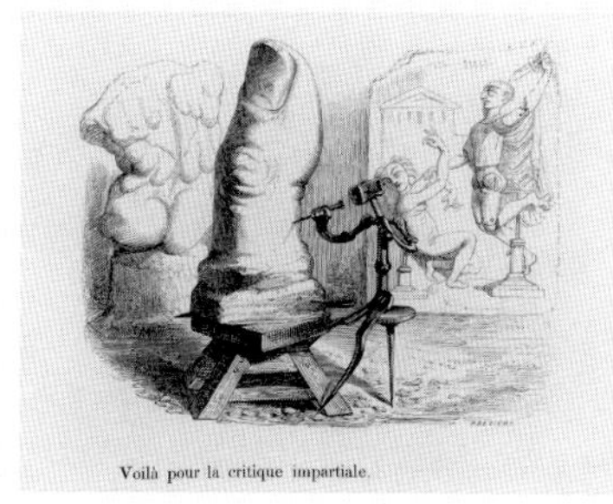

J. J. Grandville
Voilà pour la critique impartiale,
in: J. J. Grandville, *Un autre monde,* 1844, S. / p. 87

tive, the question arises of the degree to which tools and machines that are useful to the human being are part of his essence, i. e., whether it is precisely his tools that distinguish him from other living creatures. If this is so, a person without tools would be like a goose without feathers. Tools and machines, says Dennett, are externalized intelligence. Together with a social network, certain tools have always sheathed the human body and are what is specific to it. But, according to Dennett, the bodily form itself consists of millions of little devices, which we call cells, a billion-robot team comprising a breathtakingly efficient regime with no ruler that is nonetheless organized to fight off attackers, banish the weak, enforce rules of iron discipline, and function as the headquarters of a conscious self, a mind.[1] Thus, we are built up of "organic robots", but we also have our evolutionary position only because of tools and machines that optimize our physical and mental capacities.

The Depiction of the Artist as a Machine

For the American Dadaists, equating humans and machines was no longer a paradox. Precisely in the United States, the industrial boom at the beginning of the 20th century had brought sweeping changes in societal structures. The New York artist Francis Picabia depicted persons as machines in a series of biomechanical portraits. *Here, This Is Stieglitz Here* (1915), his portrait of the photographer and gallerist Alfred Stieglitz in the form of a broken camera with a car's hand brake mounted onto it, gained renown. The work first appeared in the jointly published magazine *291,* which was named for Stieglitz's gallery "291". Another example of a portrait as mechanical entity is Man Ray's famous aerograph on glass *Dancer (Danger)* of 1920. The American Dadaists visualize the proximity of human and machine in the form of machine-bodies, i. e., conglomerates of apparatus that result in assembled figures.

The gap between human and machine that remained visible in the period of mechanical industry despite all the astonishing automats and movable puppets has continuously shrunk in the last decades, due to digital technologies. Thus, Jean Baudrillard writes on the new possibilities of interactive technology: "Our interactive automats, our simulation automats, no longer ask about this difference. Human and machine have become isomorphic and indifferent here; neither is any longer the other for the other."[2] Precisely for the visual media, the postulate is that a technology must be seen as all the more developed the more astonishing its naturalistic depiction seems. Digital beauties increasingly replace real actors. In addition, the new pictorial technologies can not only simulate real living beings, but also create all kinds of fantasy beings. There seem to be almost no limits to the visualization of imagined things anymore.

The Body Becomes a Machine

Art's interest in separating itself from crafts and the turn to Concept Art corresponds to the question of the form of existence and the site of the self in the human being. Pressing forward to the core of the artistic can be compared to the search for the mind in

Die Kluft, die in der Zeit der mechanischen Industrie noch zwischen Mensch und Maschine trotz aller verblüffenden Automaten und beweglichen Puppen erkennbar war, wurde in den letzten Jahrzehnten mit Hilfe digitaler Technologien immer mehr verkleinert. So schreibt Jean Baudrillard über die neuen Möglichkeiten der interaktiven Technologie: »Unsere interaktiven Automaten, unsere Simulationsautomaten fragen nicht mehr nach dieser Differenz. Mensch und Maschine sind hier isomorph und indifferent geworden, keiner ist mehr der andere für den anderen.«[2] Gerade für die Bildmedien gilt das Postulat, dass eine Technologie umso höher entwickelt angesehen wird, umso verblüffender ihre naturalistische Darstellung wirkt. Immer mehr ersetzen Digital Beauties reale Schauspieler. Die neuen Bildtechnologien können zudem nicht nur reale Lebewesen simulieren, sondern alle Arten von Fantasiegestalten kreieren. Der Visualisierung von Imaginationen scheinen kaum mehr Grenzen gesetzt.

Das Maschinewerden des Körpers

Das Interesse der Kunst an der Loslösung vom Handwerk und die Hinwendung zur Konzeptkunst korrespondieren mit der Frage nach der Existenzform und dem Ort des Ichs im Menschen. Das Vordringen zum Kern des Künstlerischen ist mit der Suche nach dem Geist im menschlichen Körper zu vergleichen. Beide Intentionen verbindet die intendierte Befreiung von allem Materiellen.

In den Naturwissenschaften, insbesondere in der Hirnforschung, wird, um menschliche Prozesse verstehen zu können, immer mehr auf die Metapher Computer zurückgegriffen. Diese Allzweckmaschine scheint am geeignetsten zu sein, um die Vorgänge im menschlichen Körper zu begreifen. In diesem Zusammenhang weiten die Naturwissenschaften ihren Untersuchungsgegenstand in Richtung Geisteswissenschaften immer mehr aus. Kulturelle und mentale Phänomene werden zunehmend als natürliche gesehen und somit zum bevorzugten Gegenstand der Naturwissenschaften erklärt. Nicht von ungefähr lautet so der Titel eines populären Readers der Hirnforschung *Die Technik auf dem Weg zur Seele* (1996)[3]. Denn, wenn man immer genauer die neurologischen Zusammenhänge als Formen von Informationsverarbeitung im Körper erklären kann und die Gefühlsreaktionen immer transparenter werden, dann wird es immer schwieriger nach der Gestalt der Seele, oder weniger pathetisch nach dem Wo und Wie des menschlichen Ichs zu fragen. Falls es wirklich gelingen sollte – und dahin ist es noch ein weiter Weg – die im menschlichen Körper ablaufenden Prozesse in naturwissenschaftlichen Formeln darzustellen, dann muss das Spezifische der menschlichen Existenz auf einer anderen Ebene diskutiert werden. Der französische Philosoph Gilles Deleuze prognostiziert ein »Maschine-Werden«, meint damit aber in erster Linie nicht ein Mechanisch-Werden des Menschen. Diese Metapher soll bedeuten, dass sich der Geist im Materiellen nicht auflöst, sondern nur unter der Voraussetzung der neuronalen Netze, einem sozialen Umfeld und materieller Komponenten hervortreten und funktionieren kann. Er geht von der Annahme aus, dass der Geist auf Maschinellem basiert. Slavoj Žižek betont in diesem Zusammenhang, dass das zunehmende Outsourcing geistiger Fähigkeiten auf Instrumente (z. B. den Computer) nicht unser menschliches Potential gefährdet. Im Gegenteil, er sieht die befreiende Dimension dieser Veräußerlichung: »Je mehr unsere Kapazitäten auf externe Maschinen übertragen werden, desto stärker treten wir als ›reine‹ Subjekte in Erscheinung […]. Erst dann, wenn

the human body. The two intentions are connected by their intention to liberate from everything material.

In the natural sciences, and especially in brain research, the metaphor of the computer is increasingly used to aid in understanding human processes. This all-purpose machine seems the most suitable to grasp what happens in the human body. In this context, the natural sciences are increasingly expanding their object of investigation in the direction of the humanities. Cultural and mental phenomena are increasingly viewed as natural, and therewith declared a primary object of the natural sciences. It is no coincidence that the title of a popular reader on brain research is *Die Technik auf dem Weg zur Seele* (Technology on the Way to the Soul) (1996).[3] For if we can explain the neurological systems ever more precisely as forms of information processing in the body and if emotion responses become ever more transparent, then it becomes ever more difficult to ask about the shape of the soul or, formulated with less pathos, about the where and how of the human self. If we should ever really be able to depict the processes operating in the human body in terms of natural scientific formulae—a still distant goal—then what is specific to human existence will have to be discussed on a different level. The French philosopher Gilles Deleuze prognosticates a "becoming a machine", but does not mean in the first place that humans will become mechanical. The metaphor means that the mind is not dissolved in the material, but can emerge and function only under the prerequisite of neuronal networks, a social environment, and material components. He assumes that the mind is based on a mechanical substrate. In this connection, Slavoj Žižek emphasizes that the increasing outsourcing of mental abilities to instruments (like the computer) does not endanger our human potential. On the contrary, he sees a liberating dimension in this externalization: "The more our capacities are transposed to external machines, the more intensely we appear as 'pure' subjects […]. Only when we are in a position to rely completely on 'thinking machines' will we be confronted with the emptiness of subjectivity."[4] Kevin Warwick from London, who is considered the first cyberman, realized the complete connection between human and computer. In March 2002 in an Oxford hospital, his nervous system was connected with a computer network. In this way, data could be fed him in a detour around his senses and environment.

Along with numerous literary depictions of the fusion of the human being and the inorganic world, for example in William Gibson's 1986 short story *Winter Market,* in which the protagonist, Lise, is united with a computer network, this process has occasionally been predicted also in visual art. With performative means, artists like Stelarc and Colin Piepgras spectacularly demonstrate a uniting of human and machine.[5] Thus, in 1995, Piepgras created a robot that functioned as a doppelganger. In this *Doppelgänger* performance, the dummy seemed to rush ahead of the artist, while mimicking his body language astonishingly. The *Muscle Machine* that Stelarc designed in 2002/2003 consists of a six-legged robot in whose center is a human being connected with it. The robot is moved on the basis of fluid musculature.

A number of scientists who look into the future also expect that the human being will increasingly hook up with a virtual data network. Arthur Kroker and Michael A. Weinstein go so far as to write of the dissolution of the body in a relational databank, "of the disappearance of the nervous system in 'distributive processing',

wir in der Lage sein werden, uns vollständig auf ›denkende Maschinen‹ zu verlassen, werden wir mit der Leere der Subjektivität konfrontiert.«[4] Die vollkommene Verbindung von Mensch und Computer wurde bei Kevin Warwick aus London realisiert. Er gilt als erster Cyberman. In einem Oxforder Krankenhaus wurde im März 2002 sein Nervensystem mit einem Computernetzwerk verbunden. So konnten ihm auf direkte Weise unter Umgehung seiner Sinne und seiner Umwelt Daten eingespeist werden.

Neben zahlreichen literarischen Darstellungen der Verschmelzung von Mensch und anorganischer Welt, z. B. in William Gibsons Erzählung *Der Wintermarkt* von 1986, in der sich die Protagonistin Lise mit einem Computernetzwerk vereint, wird dieser Prozess gelegentlich auch in der bildenden Kunst prognostiziert. Mit performativen Mitteln führen Künstler wie Stelarc und Colin Piepgras auf spektakuläre Weise eine Vereinigung von Mensch und Maschine vor.[5] So kreierte Piepgras 1995 einen Roboter, der als Doppelgänger fungierte. Bei dieser *Doppelgänger*-Performance ahmte die Attrappe, die dem Künstler scheinbar voraneilte, seine Art sich zu bewegen auf erstaunliche Weise nach. Die *Muscle Machine,* die Stelarc 2002/2003 entwarf, besteht aus einem sechsbeinigen Roboter, in dessen Zentrum ein mit ihm verbundener Mensch steckt. Der Roboter wird auf der Basis flüssiger Muskulatur bewegt.

Auch eine Reihe von Wissenschaftlern, die in die Zukunft blicken, gehen davon aus, dass sich der Mensch zunehmend mit einem virtuellen Datennetz verbinden wird. Arthur Kroker und Michael A. Weinstein gehen so weit, von der Auflösung des Körpers in eine relationale Datenbank zu schreiben, »vom Verschwinden des Nervensystems in ›distributive Verarbeitung‹, von der Auflösung der Haut in Wetware.«[6] Beide Autoren spekulieren auch über die langfristigen Auswirkungen dieser Verbindung: »Auf der einen Seite wird der geschwächte Körper zu einer Prothese des Mediennetzes; auf der anderen Seite ist der elektronische Körper aber auch Datenmüll, der darum kämpft, in rekombinanter Form wieder lebendig zu werden: also schnell zu lernen, wie er die Kämpfe und Kollisionen des (digitalen) Lebens auf der virtuellen Straße überleben kann.«[7] Die Virtualisierung des Körpers führt zu neuen technoiden Körpereinheiten, deren Gestalt und Entwicklung bis jetzt kaum vorhersehbar ist.

3. Maschine wird Kunst

Die zunehmende Mechanisierung der Kunst führte schließlich zu einer Interpretation von Maschinen als Kunstwerke. Mit dem Wachstum der Industriegesellschaften Ende des 19. und Anfang des 20. Jahrhunderts wurden technische Apparaturen verstärkt unter ästhetischen Gesichtspunkten betrachtet. Die Leistungen der Ingenieure beeindruckten und inspirierten zahlreiche Künstler. So provozierte Marcel Duchamp in den 1920er Jahren mit dem Ausspruch: »Die einzigen Kunstwerke, die Amerika hervorgebracht hat, sind seine Klempnereien und Brücken.«[8] Beide Entwicklungen – sowohl die Kunstproduktion mit Hilfe von Maschinen als auch die Betrachtung von Maschinen als Kunst – sind letztlich auf die veränderte ästhetische und philosophische Reflexion des Mensch-Maschine-Verhältnisses zurückzuführen.

Seit dem 20. Jahrhundert kann innerhalb der Kategorie der Objektkunst jeder Gegenstand, eben auch eine Maschine, zum Kunstwerk avancieren. Diese Maschine muss nicht funktionieren, sie kann sogar vollkommen defekt sein. Lediglich ihr ästhetisches

of the dissolution of the skin in wetware."[6] The two authors also speculate about the long-term effects of this connection: "On the one hand, the weakened body will become a prosthesis of the media network; on the other hand, the electronic body is also data garbage that struggles to become living again in recombinant form: i. e., to learn rapidly how it can survive the struggles and collisions of (digital) life on the virtual street."[7] The virtualization of the body leads to new technoid body units whose shape and development are hardly predictable at present.

3. The Machine Becomes Art

The increasing mechanization of art finally led to an interpretation of machines as works of art. With the growth of industrial societies at the end of the 19th and the beginning of the 20th century, technical apparatus was increasingly viewed in terms of aesthetics. The achievements of engineers impressed and inspired many artists. For example, in the 1920s, Marcel Duchamp made the provocative statement: "The only works of art America has given are her plumbing and her bridges."[8] Both developments—the production of art with the aid of machines as well as the view of machines as art—can ultimately be traced to changes in aesthetic and philosophical reflection about the relationship between the human being and the machine.

Since the 20th century, any object, including a machine, can advance to the status of a work of art within the category of object art. Such a machine need not function; it can even be completely defective. Only its aesthetic appearance is relevant in this context. If parts of the work of art move, the work becomes a kinetic one. To make this possible, a motor is integrated in many kinetic works. But the motion of a kinetic work is not necessarily driven by a motor—other procedures (pushing by hand, pendulum, etc.) are conceivable. Technical knowledge is needed for the use of motors. Beginning in the 1960s, this led to occasional collaborations between technicians and artists. A noteworthy example of this is the organization "Experiments in Art and Technology (E.A.T.)", founded in 1967 by Robert Rauschenberg and Billy Klüver, which explicitly promoted cooperation between visual artists and engineers.

Of particular interest in this connection is the special case in which a machine produces art and is itself, as object, a work of art. Here the circle artist-machine-artist is completed. In this case, the artist produces both: he designs not only a machine that produces art, thereby assuming the role of artist, but also one that is itself viewed and appropriately presented as a sculptural work of art. Here we could speak of a first-order art (the machine) and a second-order art (the artistic products of the machine). Jean Tinguely's drawing machines are perfect examples of this connection between first- and second-order machine art.

Fascinated by the potential motion of the machine world, the Swiss artist Jean Tinguely has created kinetic art since 1954. In the context of the Neo-Dada movement in Paris, which repeatedly questions the boundaries of art, in 1959 he began building drawing machines powered by electric motors. He called them "Méta-Matics". Tinguely submitted official patent applications for them, as is done with other inventions. This step had a serious side to protect his intellectual property, but also an ironic side, in that he thereby forced the bureaucracy to deal with and assay his

Justin Hoffmann
Künstler wird Maschine wird Künstler / Artist Becomes Machine Becomes Artist

Erscheinungsbild ist in diesem Zusammenhang von Belang. Wenn sich Teile des Kunstwerks bewegen, wird aus der Arbeit ein kinetisches Werk. Damit dies geschehen kann, ist in eine Vielzahl kinetischer Werke ein Motor integriert. Jedoch muss die Bewegung einer kinetischen Arbeit nicht unbedingt von einer Maschine herrühren – auch andere Verfahren (Anstoßen mit der Hand, Pendel etc.) sind denkbar. Für den Einsatz von Motoren sind technische Kenntnisse notwendig. Dies führte ab den 1960er Jahren zu gelegentlichen Kooperationen zwischen Technikern und Künstlern. Darunter ist die 1967 von Robert Rauschenberg und Billy Klüver gegründete Organisation »Experiments in Art and Technology« (E.A.T.) hervorzuheben, die explizit die Zusammenarbeit zwischen bildenden Künstlern und Ingenieuren förderte.

Von besonderem Interesse ist in diesem Zusammenhang der Sonderfall, dass eine Maschine Kunst produziert und selbst als Objekt ein Kunstwerk darstellt. Dabei schließt sich der Kreis Künstler-Maschine-Künstler. Der Künstler produziert in diesem Fall beides: er konstruiert sowohl eine Maschine, die Kunst produziert und somit die Rolle des Künstlers einnimmt, als auch eine Maschine, die an sich schon als skulpturales Kunstwerk betrachtet und entsprechend präsentiert wird. Man könnte hier von einer Kunst ersten Grades – das wäre die Maschine – und einer Kunst zweiten Grades – das wären die künstlerischen Produkte der Maschine – sprechen. Die Zeichenmaschinen von Jean Tinguely sind Musterbeispiele für diese Verbindung von maschineller Kunst ersten und zweiten Grades.

Fasziniert vom Bewegungspotenzial der Maschinenwelt stellte der Schweizer Künstler Jean Tinguely seit 1954 kinetische Kunst her. Im Kontext der neodadaistischen Bewegung in Paris, die immer wieder die Grenzen der Kunst in Frage stellte, baute er ab 1959 Zeichenmaschinen, die von Elektromotoren angetrieben wurden. Er nannte sie »Méta-Matics«. Tinguely meldete sie wie andere Erfindungen offiziell zum Patent an. Ein Schritt, der sowohl eine ernsthafte, sein Urheberrecht schützende, als auch eine ironische Seite hatte, da er damit die Bürokratie zur Auseinandersetzung und Wertung seiner Kunst zwang. Nicht alle Maschinen dieser Reihe blieben erhalten, einige zerstörte der Künstler selbst, weil sie nicht so funktionierten, wie er es wollte. Bis heute zählen diese spektakulären Maschinen zu den bekanntesten und beliebtesten Werken des Künstlers. Ihre Besonderheit, dass sie Kunst herstell(t)en, aber zugleich selbst skulpturale Kunstwerke sind, verdeutlicht Tinguelys Einstellung gegenüber der Welt der Maschinen. Sie waren für ihn keine anonymen, blind funktionierenden Gebilde, sondern hoch entwickelte Objekte von großer Anziehungskraft.

4. Maschine wird Künstler

Gerade das Potenzial, Kunst herstellen zu können, wird gerne als Unterscheidungsmerkmal zwischen Menschen und Maschinen herangezogen. Maschinen sind zwar fähig, die kompliziertesten,

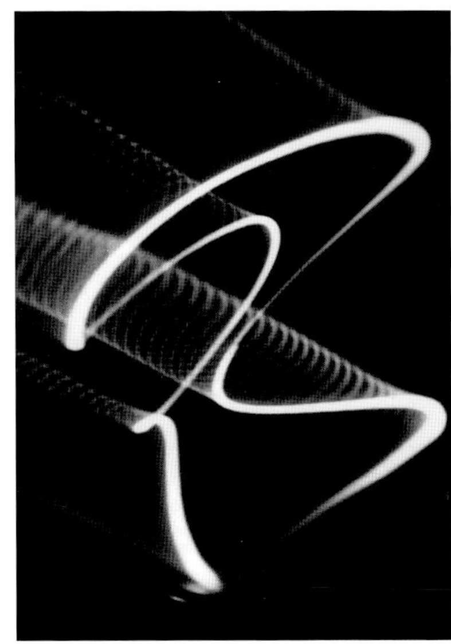

Herbert W. Franke
Pendel-Oszillogramm, 1956

art. Not all the machines in this series still exist; the artist himself destroyed some of them because they did not function as he wished. To this day, these spectacular machines are among the artist's best-known and most popular works. Their particularity in producing art while also being sculptural works of art themselves underscores Tinguely's stance toward the world of machines. He did not see them as anonymous, blindly functioning structures, but as highly developed objects with great attractive power.

4. The Machine Becomes an Artist

Precisely the potential to produce art is often cited as a distinction between human beings and machines. Machines are able to carry out the most complicated, natural scientific functions, but they cannot produce art that can be taken seriously. Nevertheless attempting to assert this is generally regarded as a daring speculation and an inadequate improved valuation of machines.

The Computer as Art Producer

The computer was frequently seen as a machine equivalent to the human being, so its potential to replace the human being as a producer of art was soon recognized. First it was programmed to draw graphic images, later even to act as an artificial artist in humanoid shape. Pioneering this development was the German theoretician Max Bense. In 1965, this theoretician of science and art coined the virulent concept of "generative aesthetic", which he described in contrast to "natural art" as "artificial art", which is based on programs. Starting from this, he developed the concept of "generative photography". Unlike other photographic practices, it does not aim to depict or refer to anything, but to create something new that can become visible only with the aid of the photographic medium. In 1975, *Generative Fotografie,* by Gottfried Jäger and Karl Martin Holzhäuser and with an introduction by Herbert W. Franke, summarized the various tendencies that arose in this photographic direction in the 1950s and 1960s. A few years earlier, in 1972, Franke and Jäger wrote *Apparative Kunst. Vom Kaleidoskop zum Computer,* a standard work on machine art. This publication provided the first overview of artistic works with the computer.

Early works of computer art were drawings, so-called computer graphics. The term graphic suggested that the computer could be grasped as a kind of printing machine. The development ran from photography-based light drawings to drawings made with electronically controlled pens on ordinary paper. A trailblazer of this form of depiction can be seen in Heinrich Heidersberger with his "analog computer", the so-called rhythmograph. With this machine, he produced linear structures that, as early as the mid-1950s, already remind us of the later computer graphics of the 1960s. They are based on a number of overlapping sinus waves, whose aesthetic possibilities Heidersberger recognized early. With his homemade apparatus with four pendulums and a mirror, he created light-trace pictures with a three-dimensional effect. Despite

naturwissenschaftlichen Funktionen zu erfüllen, aber ernstzunehmende Kunst herstellen können sie nicht. Versucht man dies trotzdem zu behaupten, kommt dies nach gängiger Meinung einer waghalsigen Spekulation und inadäquaten Aufwertung von Maschinen gleich.

Der Computer als Kunstproduzent

Da der Computer häufig als maschinelles Äquivalent zum Menschen gesehen wurde, erkannte man schnell sein Potenzial, den Menschen als Kunstproduzenten zu ersetzen. Zunächst wurde er programmiert, um grafische Bilder zu zeichnen, später sogar um in humanoider Gestalt gleichsam als künstlicher Künstler zu agieren. Wegweisend für diese Entwicklung war der deutsche Theoretiker Max Bense. Im Jahr 1965 prägte der Wissenschafts- und Kunsttheoretiker den virulenten Begriff der »generativen Ästhetik«, die er im Unterschied zur »natürlichen Kunst« als »künstliche Kunst«, die auf Programmen beruht, bezeichnete. Daran anknüpfend entwickelte sich der Begriff der »generativen Fotografie«. Diese will im Unterschied zu anderen fotografischen Praxen nichts abbilden, auf nichts verweisen, sondern etwas Neues schaffen, das nur mit Hilfe des fotografischen Mediums sichtbar wird. Im Jahr 1975 erschien von Gottfried Jäger und Karl Martin Holzhäuser mit Einführung von Herbert W. Franke der Band *Generative Fotografie,* der die verschiedenen in den 1950er und 1960er Jahren entstandenen Tendenzen dieser fotografischen Richtung zusammenfasst. Ein paar Jahre früher, 1972, verfassten Franke und Jäger unter dem Titel *Apparative Kunst. Vom Kaleidoskop zum Computer* eine Standardlektüre der Maschinenkunst. Diese Publikation lieferte auch den ersten Überblick über künstlerische Arbeiten mit dem Computer.

Werke der frühen Computerkunst waren Zeichnungen, so genannte Computergrafiken. Mit dem Begriff Grafik wurde nahegelegt, den Computer als eine Art Druckmaschine zu begreifen. Die Entwicklung verlief von Lichtzeichnungen auf fotografischer Basis zu Zeichnungen mit elektronisch gesteuerten Stiften auf gewöhnlichem Papier. Als Wegbereiter dieser Darstellungsform kann Heinrich Heidersberger mit seinem »analogen Computer«, dem so genannten Rhythmograph, angesehen werden. Er produzierte mit dieser Maschine lineare Strukturen, die schon Mitte der 1950er Jahre stark an die späteren Computergrafiken der 1960er Jahre erinnern. Diese basieren auf mehreren sich überlagernden Sinusschwingungen, deren ästhetische Möglichkeiten Heidersberger frühzeitig erkannte. Mittels der selbst gebauten Apparatur mit vier Pendeln und einem Spiegel erzeugte er Lichtspurbilder mit dreidimensionaler Wirkung. Trotz ihrer maschinellen Genese haben diese komplexen Gebilde ein erstaunlich affektives Potenzial.

Ebenfalls Experimente mit abstrakter Fotografie führte Herbert W. Franke in den 1950er Jahren durch, bis er 1956 zu Verfahren der elektronischen Bildproduktion wechselte. Die geometrischen, algorhythmischen Bildformulierungen der abstrakten Fotografie scheinen inspirierend für die frühen Werke der Computerkunst gewesen zu sein. Formal gleichen sie den Arbeiten der 1956 von Franke produzierten Serie *Oszillogramme,* die als their machine origin, these complex structures have an astonishing emotional potential.

Herbert W. Franke also carried out experiments with abstract photography in the 1950s until he switched to methods of electronic image production in 1956. Abstract photography's geometric, algorhythmic formation of images seems to have inspired the early works of computer art. Formally, they resemble the works of Franke's 1956 series *Oszillogramme,* which are regarded as the first computer graphics in Europe. The laboratory oscillograph available at the time, which was connected to an analog computing system, had a monitor only five centimeters in diameter, so the camera's position was shifted several times during shooting in order to achieve a larger-surface resolution of the vibrations. Herbert W. Franke is not only an important representative of Apparative Art, he is also among the most important science fiction authors in Germany.

Computer scientist Frieder Nake worked in the 1960s in the circle of Max Bense, who was a professor of Information Aesthetics at the Stuttgart Technical College and an influential theoretician of computer art. The head of the Computer Institute, Walter Knödel, assigned Nake in 1963 to connect the newly acquired drawing machine Zuse Z 64 to the computer system SEL ER 56. In connection with the required test runs, he produced his first computer graphics. In 1965, these and more of his computer experiments were exhibited together with works by Georg Nees at the studio gallery of the Stuttgart Technical College—the world's first exhibition of computer art. Nees worked as an industry mathematician and software engineer for the Siemens company in Erlangen. In 1964, he began programming graphics, sculptures, and films with the computer. In contrast to the usual advantages or specific qualities of a machine, in Nees' image production the factor of coincidence and unpredictability played an important role. Thus, he consciously gave instructions whose effects he couldn't foresee. This gave the machine a certain degree of autonomy. The more autonomous a machine seems to act, the more astonishing its results are for people.

The Robot as Art Producer

In the story *Light Verse,*[9] Isaac Asimov tells the tale of a robot that produces wonderful light art. People are so enthusiastic that the owner of the robot becomes famous and is feted everywhere. The technical basis for the robot's abilities, however, remains unknown, which attracts the curious and the envious. They want to learn how a machine can produce art of such quality. In the end, it turns out that an error is the starting point for the artistic creativity. When a technician unintentionally "repairs" the robot, its artistic abilities are lost, and the owner, shocked by this intervention, kills the technician. Asimov's story supports the widespread idea that anarchy, nonconformity with rules, and complexity are part of the nature of human beings. On the other hand, such traits do not fit well in a world dominated by machines, says the social revolutionary theoretician Detlef Hartmann: "[…] all this wealth, which is the basis of their humanity, is valueless, worthless life,

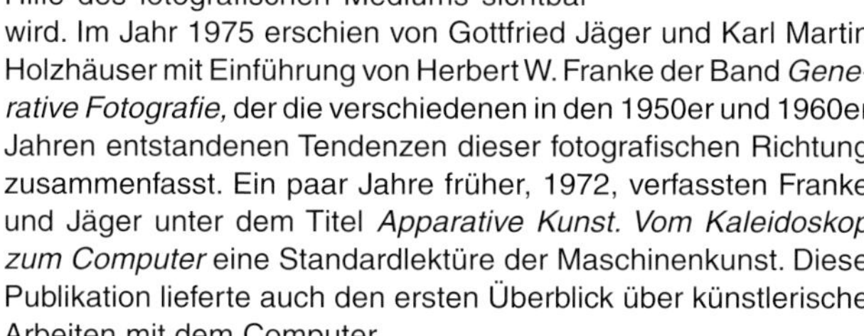

Heinrich Heidersberger
Selbstporträt mit Rhythmograph / Self-portrait with rythmograph, ca. 1962

die ersten Computergrafiken in Europa gelten. Da der damals verfügbare Labor-Oszillograf, der mit einem Analogrechensystem verbunden war, nur einen Bildschirm von fünf Zentimeter Durchmesser besaß, wurde die Kamera zur flächenhaften Auflösung der Schwingungen während der Aufnahmen mehrfach verschoben. Herbert W. Franke ist nicht nur ein wichtiger Vertreter der Apparativen Kunst, sondern zählt auch zu den bedeutendsten Science-Fiction-Literaten in Deutschland.

Der Informatiker Frieder Nake arbeitete in den 1960er Jahren im Umfeld von Max Bense, damals Professor für Informations-ästhetik an der Technischen Hochschule Stuttgart und einflussreicher Theoretiker der Computerkunst. Vom Leiter des Recheninstituts Walter Knödel wurde Nake im Jahr 1963 beauftragt, die damals neu angeschaffte Zeichenmaschine Zuse Z 64 an die Rechenanlage SEL ER 56 anzuschließen. In Zusammenhang mit dazu notwendigen Testläufen produzierte er seine ersten Computergrafiken. 1965 wurden diese und weitere seiner Computerexperimente zusammen mit Werken von Georg Nees in der Studiogalerie der Stuttgarter Technischen Hochschule gezeigt – die weltweite erste Ausstellung von Computerkunst. Nees war als Industriemathematiker und Softwareingenieur bei der Siemens AG in Erlangen tätig. Im Jahr 1964 begann er, Grafiken, Skulpturen und Filme im Computer zu programmieren. Gegenläufig zu den Vorzügen bzw. den Spezifika einer Maschine spielte in der Bildproduktion von Nees der Faktor Zufall, das Unvorherbestimmbare eine wichtige Rolle. So gab er bewusst Befehle ein, deren Auswirkungen er nicht kannte. Damit verlieh er der Maschine einen gewissen Grad an Autonomie. Umso autonomer eine Maschine zu handeln scheint, desto verblüffender sind ihre Ergebnisse für den Menschen.

Der Roboter als Kunstproduzent

In der Geschichte *Lichtverse* [9] erzählt Isaac Asimov von einem Roboter, der wunderbare Lichtkunst produziert. Die Menschen sind so begeistert, dass sich der Ruhm auf die Besitzerin dieses Roboters überträgt und auch sie überall gefeiert wird. Die technische Grundlage der Fähigkeiten des Roboters bleibt jedoch im Dunkeln, was Neugierige und Neider anlockt. Sie wollen erfahren, wie eine Maschine Kunst solcher Qualität herstellen kann. Am Ende zeigt sich, dass ein Fehler den Ausgangspunkt der künstlerischen Kreativität bildet. Als ein Konstrukteur versehentlich den Roboter »repariert«, gehen auch seine künstlerischen Fähigkeiten verloren, und die Besitzerin bringt entsetzt von diesem Eingriff den Mann um. In Asimovs Erzählung wird die weit verbreitete Vorstellung untermauert, dass das Anarchistische, Nicht-Regelkonforme und das Komplexe zum Wesen der Menschen gehört. Anderer-

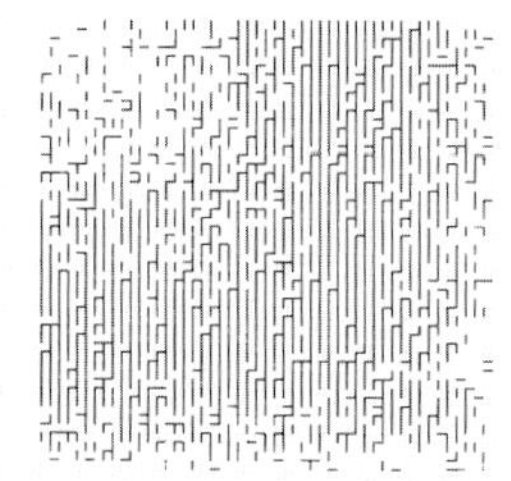

Frieder Nake
Walk Through Raster, Serie 2,1-5, 1966

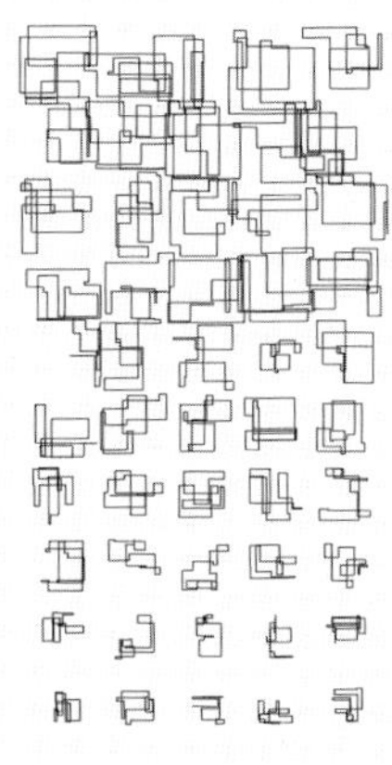

Georg Nees
Ohne Titel / Untitled, Inv. Nr. 2005/39, 1965-68

from the machine's standpoint. In the more favorable case, it is a negligible irrelevancy, but regularly a disturbance that must be controlled or even relentlessly eliminated. Life has become sabotage, simply because it is life."[10]

On the basis of robots, the artists' group "robotlab" carries forward today Jean Tinguely's idea of a machine that produces art. Their installation *autoportrait* shows a robot that initially scans a visitor's face and then uses this data to produce a portrait drawing in the rapid style of a conventional street artist. Seemingly proud, the robot then shows the portraitee the finished work, then abruptly erases it and begins the next portrait. This work underscores that a machine can replace a human only as long as the image production remains within clearly formulated conventions. Only an art that violates conventions and norms becomes a problem for machines – whether robots or computers.

The Hybrid Author

With the assignment of artistic-productive tasks to a machine, the character of authorship changes. If an artist uses a brush or a hammer, we can clearly speak of a tool controlled by the artist's body or brain. The question of authorship is not raised. But if the artist uses intelligent machines that can respond even to unpredictable situations, the situation looks different. In this case we can speak of a hybrid author.

The question of authorship increasingly arises with the artistic use of the computer, although the producers of Digital Art often deny this problematic. The special connection between the artist and the computer is usually not discussed.[11] But here, too, questions can arise that are fundamentally relevant to Apparative Art, for example the question of the real author of the product. To what degree do the specific conditions, characteristics, and achievements of a machine flow into the artistic result? After all, it is the machine that makes the rules according to which the images are produced. So in the case of close collaboration between artist and machine, the question can rightly be posed whether we can really still speak of a solely responsible authorship, or if it must be shared with a machine and accordingly assessed.

The Russian media artist and theoretician Lev Manovich notes new forms of authorship resulting from media culture.[12] Especially in regard to the use of artificial intelligence, he lists a point "collaboration between the author and the software".[13] He says that the artist gives some instructions and makes rules, but has no control over the details of the work, for these arise in the interaction between the rules and the software. Certain creative operations and certain ideas

seits scheinen diese Charakterzüge nicht
gerade in eine von Maschinen beherrschte
Welt zu passen, meint der sozialrevolutio-
näre Theoretiker Detlef Hartmann: »[...] all
dieser Reichtum, der ihr Menschsein ausmacht, ist vom Standpunkt der Maschine
wertlos, unwertes Leben. Im günstigeren Fall
ist er eine unbeachtliche Nebensache, regel-
mäßig aber eine Störung, die es zu kontrollieren oder gar unerbittlich zu beseitigen gilt.
Leben ist zur Sabotage geworden, schon
weil es Leben ist.«[10]

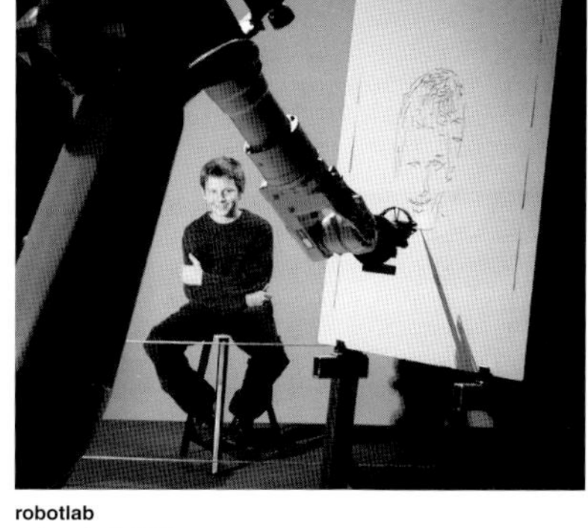

robotlab
autoportrait, 2006

Jean Tinguelys Idee einer Maschine, die
Kunst produziert, führt heute auf der Basis
von Robotern die Künstlergruppe »robotlab«
weiter. Ihre Installation *autoportrait* zeigt einen Roboter, der
zunächst das Gesicht eines Besuchers einscannt und danach aus
diesen Daten eine Porträtzeichnung im Stil konventioneller
Schnellporträtzeichner herstellt. Scheinbar stolz zeigt dann der
Roboter den Anwesenden die fertige Arbeit, bis er sie kurzerhand
wieder auslöscht und mit dem nächsten Porträt beginnt. Dieses
Werk unterstreicht, dass eine Maschine den Menschen ersetzen
kann, solange die Bildproduktion innerhalb klar formulierter Konventionen bleibt. Erst eine Kunst, die Konventionen und Normen
überschreitet, wird für Maschinen – egal ob für Roboter oder Computer – zum Problem.

Der hybride Autor
Mit der Übertragung künstlerisch-produktiver Aufgaben auf eine
Maschine verändert sich der Charakter der Autorenschaft. Verwendet ein Künstler einen Pinsel oder einen Hammer, so kann
man eindeutig von einem Werkzeug sprechen, das vom Körper
bzw. Gehirn des Künstlers gelenkt wird. Die Urheberrechtsfrage
wird nicht berührt. Verwendet der Künstler jedoch intelligente
Maschinen, die selbst auf unvorhersehbare Situationen reagieren
können, sieht die Sachlage anders aus. Wir können in diesem Fall
von einem hybriden Autor sprechen.

Die Frage der Autorenschaft stellt sich verstärkt mit dem künstlerischen Einsatz des Computers, obwohl die Produzenten der
Digital Art diese Problematik häufig negieren. Die besondere Verbindung von Künstler und Computer wird in der Regel nicht diskutiert.[11] Doch auch hier können Fragen aufgeworfen werden,
die für die Apparative Kunst prinzipiell von Belang sind, z. B. die
Frage nach dem eigentlichen Autor des Produkts. Inwieweit flie-
ßen die besonderen Bedingungen, Eigenschaften und Leistungen einer Maschine in das künstlerische Resultat ein? Ist es doch
die Maschine, die die Regeln vorgibt, nach der sich die Bildproduktion zu halten hat. So lässt sich mit Recht in Frage stellen, ob
bei einem engen Zusammenwirken von Künstler und Maschine
wirklich von einer allein verantwortlichen Autorenschaft gespro-
chen werden kann, oder ob diese nicht mit einer Maschine geteilt
wird und entsprechend gewertet werden müsste.

Neue Formen der Autorenschaft als Folge der Medienkultur
registriert der russische Medienkünstler und –theoretiker Lev
Manovich.[12] Gerade in Hinsicht auf die Verwendung von Künstlicher Intelligenz führt er dabei den Punkt »Zusammenarbeit
zwischen dem Autor und der Software«[13] auf. Demnach setzt der
Künstler einige Vorgaben und stellt Regeln auf, hat aber keine

of the author can be realized; others cannot.
The respective software even prevents their
realization. Since human beings stand
behind the software, we can even say that,
by using computer tools, the author initiates
a dialog with the software developers.

The Internet has intensified the problematic of authorship. The ease of access to
sources of images and sounds enables a
degree of appropriation and sampling that is
not always in the authors' interest. Along with
the familiar possibilities of adaptation and
modification in the field of Net Art or Hypertext, copyright violations have burgeoned.
The anti-copyright movement of the 1990s
still thereby hoped for and predicted a fundamental change in the
cultural landscape with the aid of the Internet: that the hybrid author
would become the standard and appropriation a convention. Ultimately, we still cannot foresee how the super-machine, the computer with the Internet, will change the human-machine relationship in terms of visual art and authorship.

(1)   Daniel C. Dennett: *Sweet Dreams. Philosophical Obstacles to a Science of
Consciousness,* Cambridge / London 2005.

(2)   Jean Baudrillard: *Die Transparenz des Bösen,* Berlin 1992, p. 145.

(3)   *Die Technik auf dem Weg zur Seele. Forschungen an der Schnittstelle
Gehirn / Computer,* ed. Christa Maar, Ernst Pöppel, Thomas Christaller, Reinbek bei Hamburg 1996.

(4)   Slavoj Žižek: *Körperlose Organe,* Frankfurt/Main 2005, p. 31.

(5)   Cf. Jasia Reichardt: "Die Paradoxie mechanischen Lebens", in: *Wunschmaschine Welterfindung,* ed. Brigitte Felderer, Vienna / New York 1996, p. 472-486,
p. 479 f.

(6)   Arthur Kroker, Michael A. Weinstein: *Datenmüll: Die Theorie der virtuellen
Klasse,* Vienna 1997, p. 12.

(7)   Ibid., p. 13.

(8)   Marcel Duchamp, 1917, in: Marcel Duchamp, Henri-Pierre Roché, Beatrice
Wood: "The Richard Mutt Case", in: idem (ed.): *The Blind Man,* No. 2, May 1917,
p. 5.

(9)   Isaac Asimov: "Light Verse", in: *The Saturday Evening Post,* Sep. – Oct.
1973.

(10) Detlef Hartmann: *Leben als Sabotage. Zur Krise der technologischen
Gewalt,* Berlin 1989, p. 4.

(11) But the significance of the programs and calculating machines newly developed in the 1950s 1960s is clearly seen. The pioneers of computer art definitely
point out these co-shaped factors. The resulting problem for authorship, however,
is not considered. That hardware and software are not thinking, creating units is
taken too much for granted.

(12) Lev Manovich: "Wer ist der Autor? Sampling / Remixen / Open Source", in:
idem, *Black Box – White Cube,* Berlin 2005, p. 7-28.

(13) See ibid., p. 12.

Kontrolle über die Details des Werkes, denn diese entstehen erst in der Interaktion zwischen den Regeln und der Software. Bestimmte kreative Operationen und bestimmte Ideen des Autors können realisiert werden, andere nicht. Sie werden durch die jeweilige Software sogar verhindert. Da auch hinter der Software Menschen stehen, könnte man davon sprechen, dass der Autor mit der Verwendung der Computer-Werkzeuge einen Dialog mit den Softwareentwicklern beginnt.

Mit dem Internet hat sich die Urheberproblematik noch verstärkt. Die leichte Zugänglichkeit von Bild- und Soundquellen ermöglicht einen Grad von Aneignung und Sampling, der nicht immer im Interesse der Autoren liegt. Neben bewussten Möglichkeiten der Adaption und Modifikation im Bereich Netart oder Hypertext finden Urheberrechtsverletzungen in großem Ausmaß statt. Sie beschäftigen immer häufiger die Gerichte. Dabei hatte die Anti-Copyright-Bewegung der 1990er Jahre noch auf eine prinzipielle Veränderung der kulturellen Landschaft mit Hilfe des Internets gehofft und prognostiziert, dass der hybride Autor zum Standard, die Appropriation zur Konvention wird. Wie in der Zukunft die Supermaschine Computer samt Internet das Mensch-Maschine-Verhältnis in Beziehung auf bildende Kunst und Autorenschaft verändern wird, ist letztlich noch nicht absehbar.

(1)   Daniel C. Dennett: *Süße Träume. Die Erforschung des Bewusstseins und der Schlaf der Philosophie,* Frankfurt/Main 2007, S. 14.

(2)   Jean Baudrillard: *Die Transparenz des Bösen,* Berlin 1992, S. 145.

(3)   *Die Technik auf dem Weg zur Seele. Forschungen an der Schnittstelle Gehirn / Computer,* hrsg. von Christa Maar, Ernst Pöppel, Thomas Christaller, Reinbek bei Hamburg 1996.

(4)   Slavoj Žižek: *Körperlose Organe,* Frankfurt/Main 2005, S. 31.

(5)   Vgl. Jasia Reichardt: »Die Paradoxie mechanischen Lebens«, in: *Wunschmaschine Welterfindung,* hrsg. von Brigitte Felderer, Wien / New York 1996, S. 472-486, S. 479f.

(6)   Arthur Kroker, Michael A. Weinstein: *Datenmüll: Die Theorie der virtuellen Klasse,* Wien 1997, S. 12.

(7)   Ebenda, S. 13.

(8)   »The only works of art America has given are her plumbing and her bridges.« Marcel Duchamp, 1917, in: Marcel Duchamp, Henri-Pierre Roché, Beatrice Wood: »The Richard Mutt Case«, in: dies. (Hrsg.): *The Blind Man,* No. 2, Mai 1917, S. 5. Deutsche Übersetzung in: Marcel Duchamp, Henri-Pierre Roché, Beatrice Wood: »The Richard Mutt Case«, in: *Marcel Duchamp. Die Schriften, Bd. 1: Zu Lebzeiten veröffentlichte Texte,* übersetzt, kommentiert und herausgegeben von Serge Stauffer, Zürich, 1981, S. 228.

(9)   Isaac Asimov: »Lichtverse«, in: ders.: *Alle Roboter-Geschichten,* Bergisch Gladbach 1986, S. 148-153.

(10) Detlef Hartmann: *Leben als Sabotage. Zur Krise der technologischen Gewalt,* Berlin 1989, S. 4.

(11) Dabei wird die Bedeutung der in den 1950er und 1960er Jahren neu entwickelten Programme und Rechenmaschinen genau gesehen. Diese mitgestalteten Faktoren werden von den Pionieren der Computerkunst durchaus angeführt. Das daraus resultierende Problem für die Autorenschaft wird jedoch nicht reflektiert. Zu selbstverständlich werden Hardware und Software als keine denkenden, kreierenden Einheiten betrachtet.

(12) Lev Manovich: »Wer ist der Autor? Sampling / Remixen / Open Source«, in: ders., *Black Box – White Cube,* Berlin 2005, S. 7-28.

(13) Siehe ebenda, S. 12.

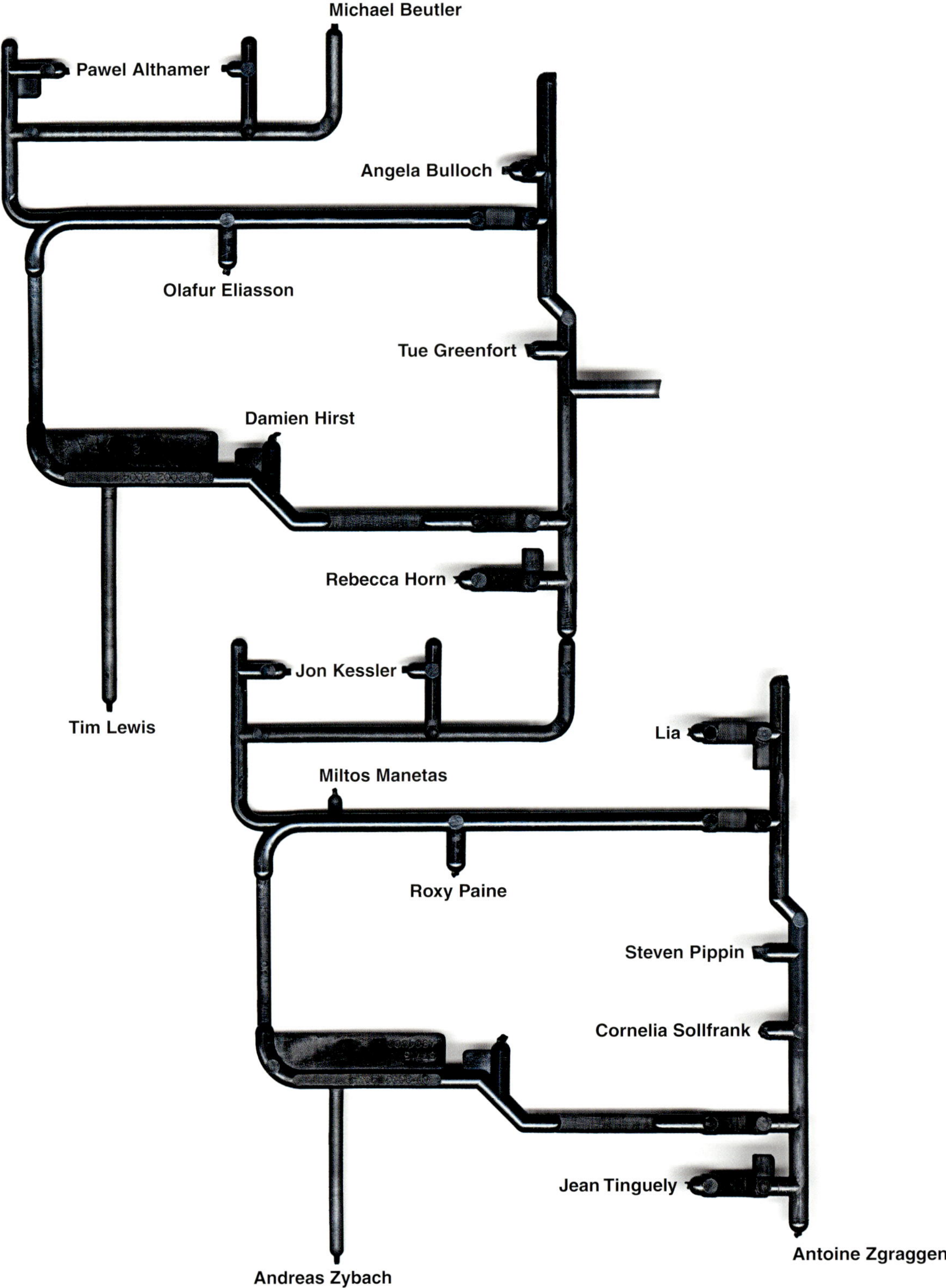

Michael Beutler
Pawel Althamer
Angela Bulloch
Olafur Eliasson
Tue Greenfort
Damien Hirst
Rebecca Horn
Tim Lewis
Jon Kessler
Lia
Miltos Manetas
Roxy Paine
Steven Pippin
Cornelia Sollfrank
Jean Tinguely
Andreas Zybach
Antoine Zgraggen

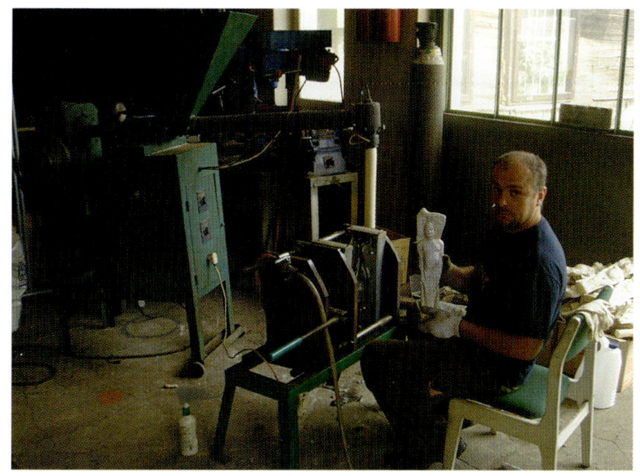 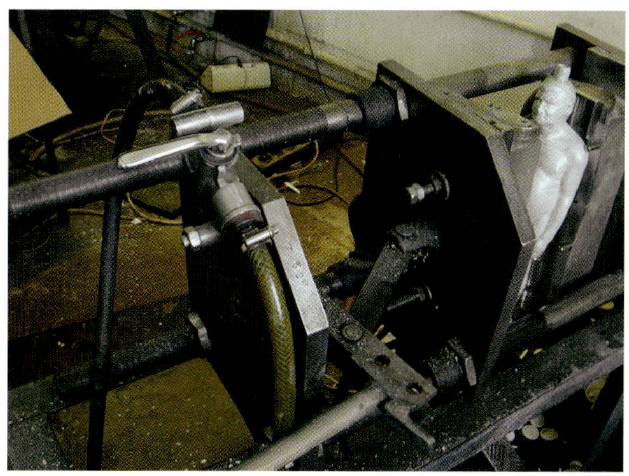

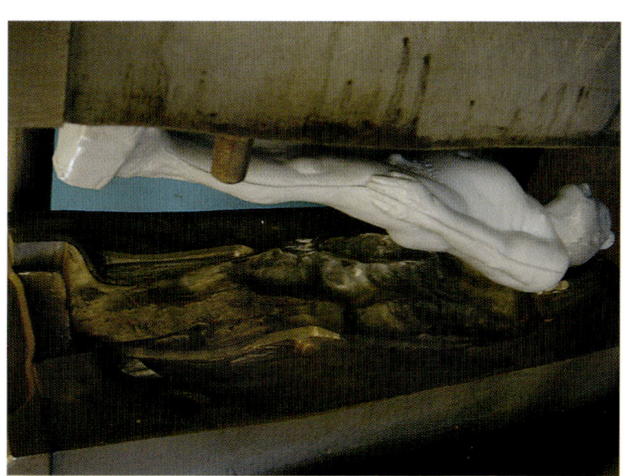 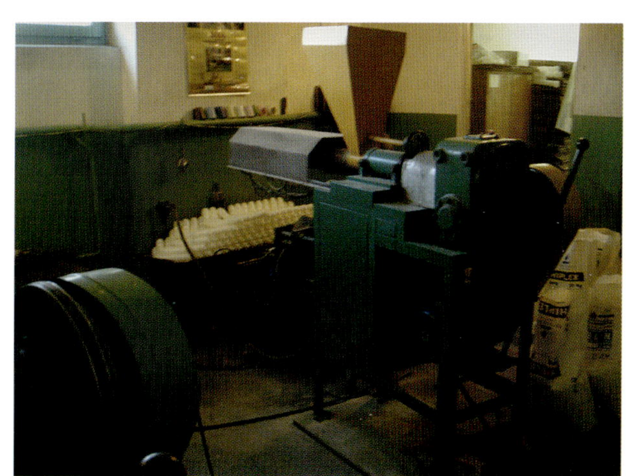

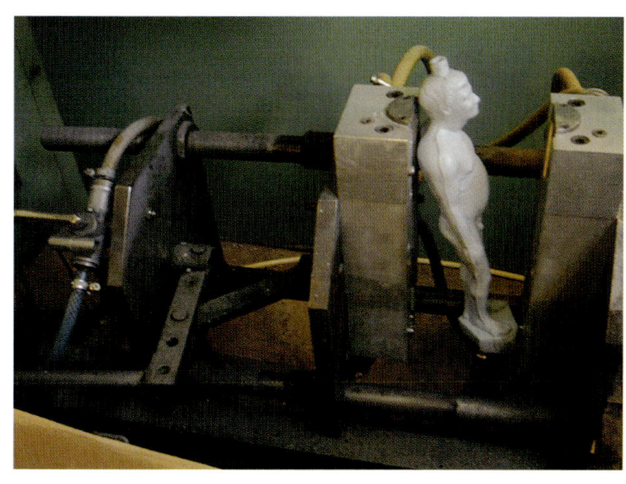 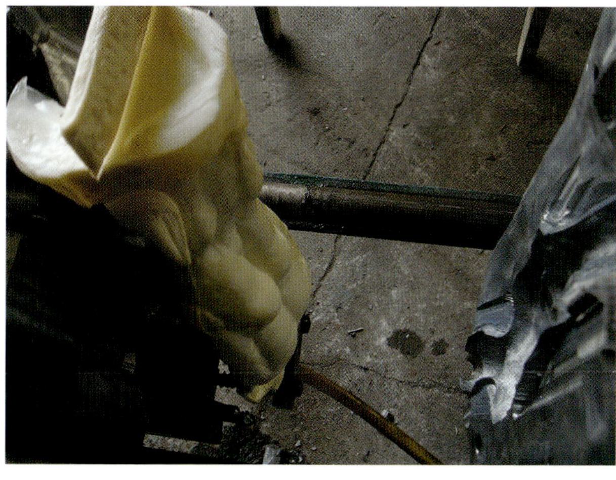

Pawel Althamer

Extrusion Machine (Bottle Machine), 1992/2007
Stahl, Polyethylan HDPE, Kabel u. a.
Steel, polyethylene HDPE, wire, etc.
160 x 200 x 80 cm
63 x 78.7 x 31.5 inches

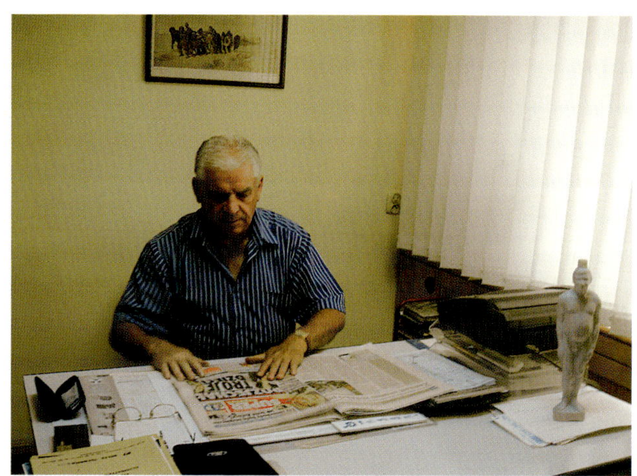

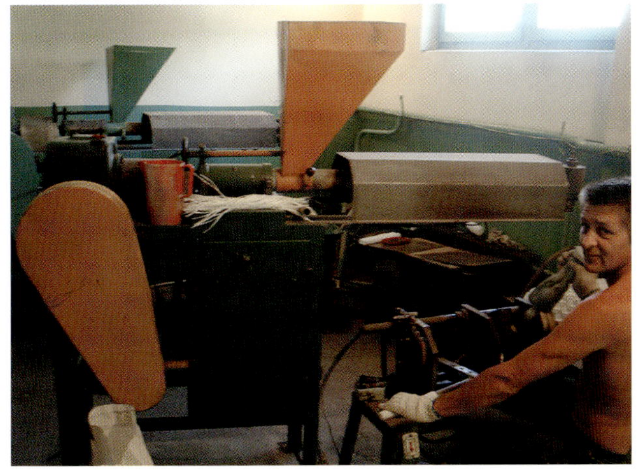
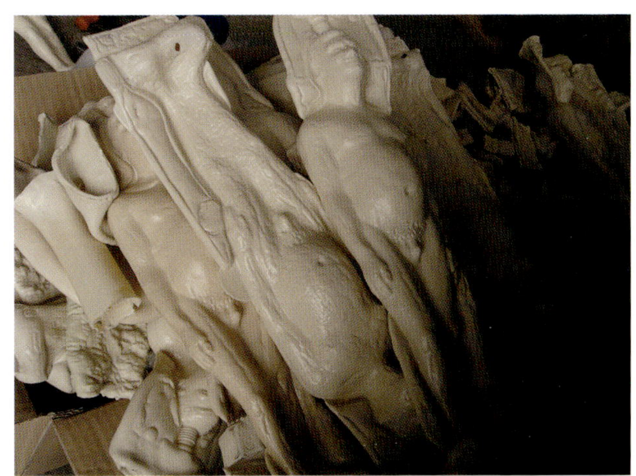
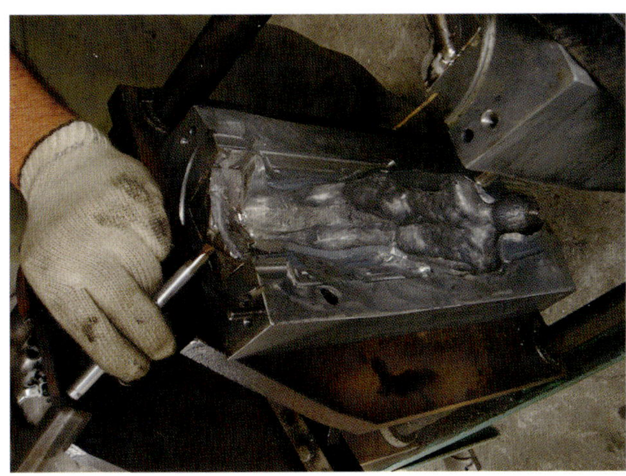
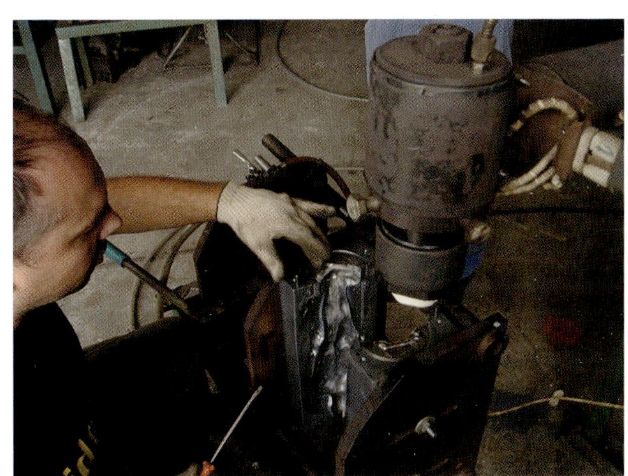
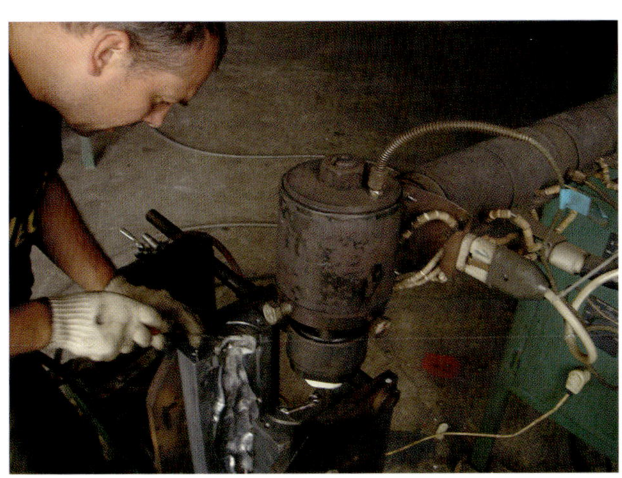
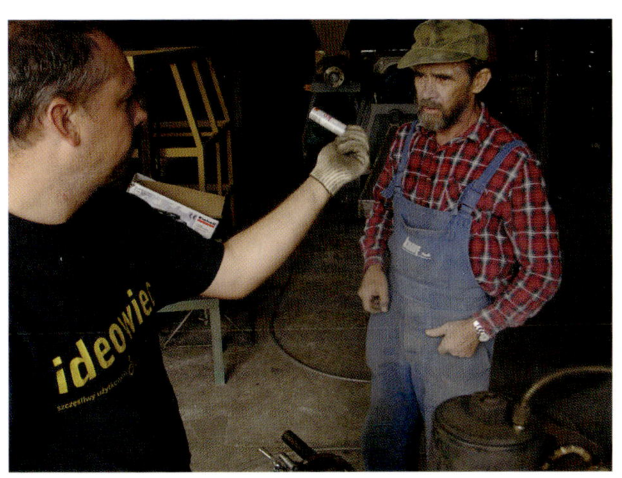

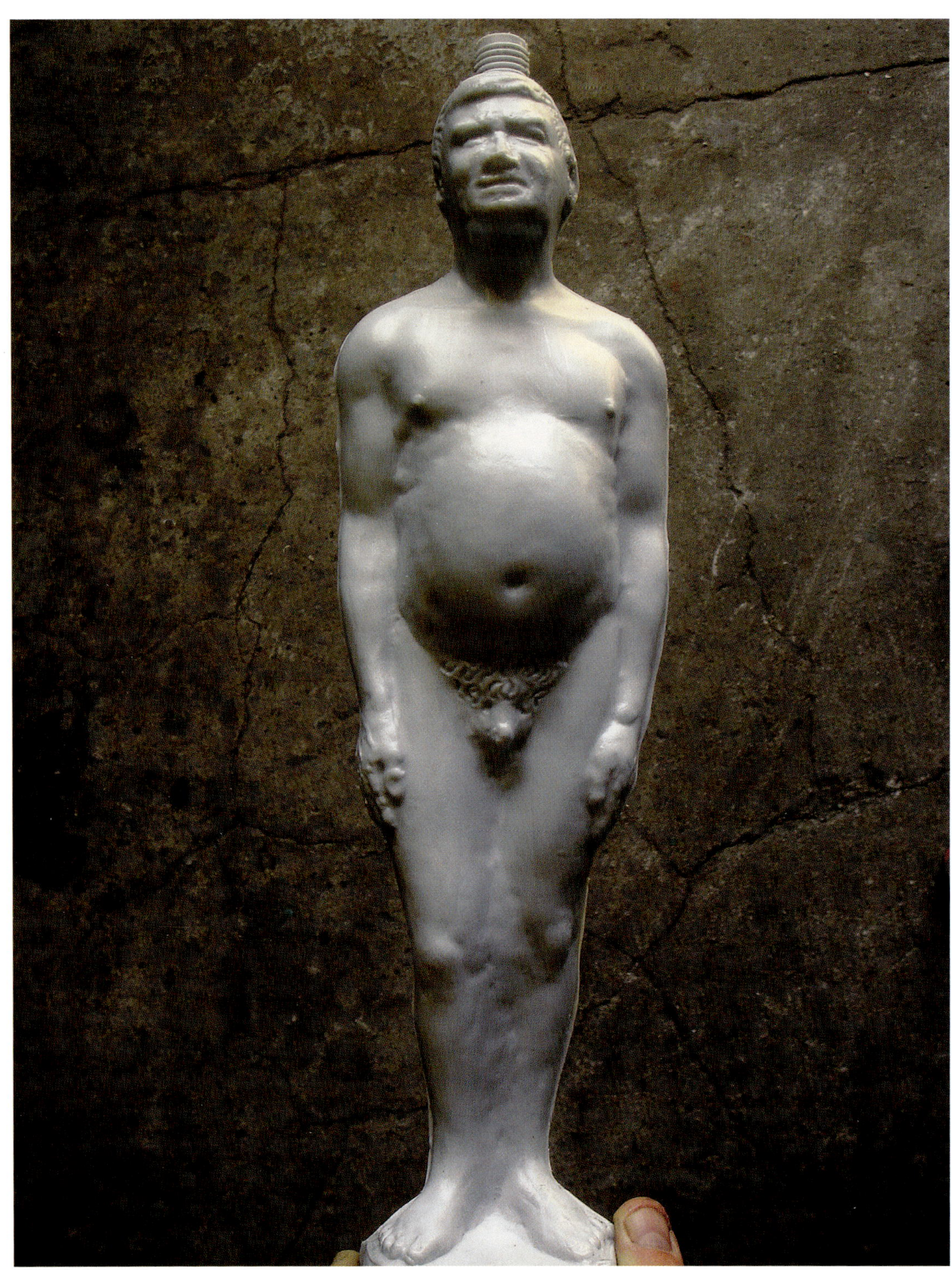

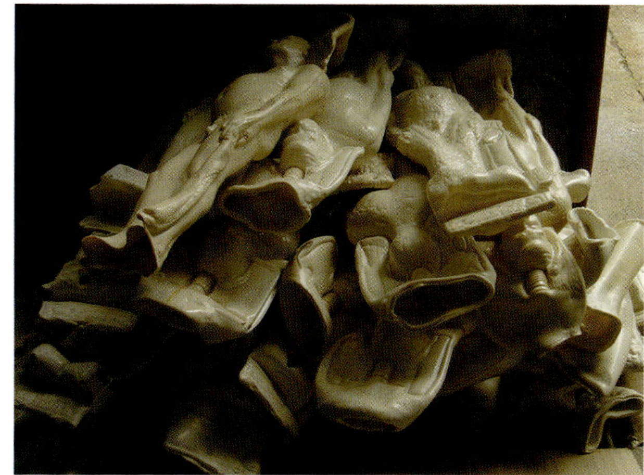

Pawel Althamers Arbeiten entstehen zumeist im unmittelbaren Zusammenhang mit Ausstellungen. Es handelt sich dabei um Installationen, Performances, Vorstellungen bzw. Veranstaltungen mit einem sozial-engagierten Impetus, die häufig mit den traditionellen Erwartungshaltungen des Publikums spielen. Bei seinen Aktionen arbeitet er mit Menschen, die normalerweise nicht mit Kunst oder Kunstinstitutionen in Berührung kommen, oder auch seinen Freunden und Familienmitgliedern. Seinen eigenen Kunstbeitrag versteht er vielmehr als Ausdrucksmöglichkeit für andere, hinter die er zurücktritt.

In der Ausstellung *Kunstmaschinen Maschinenkunst* ergibt sich zum ersten Mal die Möglichkeit die Arbeit *Extrusion Machine (Bottle Machine)* zu zeigen: Es handelt sich dabei um eine Erfindung seines Vaters, einem Tüftler, der eine Vielzahl an Maschinen entwickelt hat. Der Produktionsablauf ist unkompliziert: Plastik wird in einem Trichter erhitzt und in eine Form gegeben, aus der nach der Abkühlphase eine Flasche hervorgeht. Diese Flaschen haben die Form eines nackten Männerkörpers und stellen Althamers Vater dar. Doch handelt es sich hier nicht um idealisierende und edle Abbilder eines männlichen Köperideals, vielmehr präsentiert sich in den Flaschen ein schmunzelnder und selbstironischer Maschinenerfinder. Assoziationen an die Mitbringsel einer Pilgerfahrt, den Weihwasserfläschchen, üblicherweise in Heiligengestalt, mögen zudem erweckt werden. Während der gesamten Ausstellungsdauer wird produziert, und die Flaschen werden zum Mitnehmen bereitgestellt. Zu Anfang baut ein Mitarbeiter des Vaters die Maschine vor Ort auf und bedient sie, später wird diese Tätigkeit von jemand anderem übernommen. In dieser Arbeit, die Skulpturenflaschen, Flaschenporträts produziert, tritt der Künstler nicht als Erfinder oder derjenige auf, der Parameter setzt, in denen sich der Besucher bewegt. Indem Althamer seinen künstlerischen Beitrag an seinen Vater weiterleitet, der ihn wiederum an eine Maschine delegiert, wird hier nicht nur der kreative Akt und die Autorschaft, sondern vielmehr das Verhältnis des Künstlers zu Kulturinstitution, Gesellschaft und Familie überhaupt befragt.

Pawel Althamer's works are generally created in direct connection with exhibitions. They are installations, performances, presentations, or events with a socially engaged impetus, and they often play with the public's accustomed expectations. In his actions, he works with people who do not normally come into contact with art or art institutions, or he collaborates with his friends and family members. He sees his own contribution to art in providing others with an opportunity to express themselves—and he steps back behind them.

The exhibition *Art Machines Machine Art* provides the first occasion to show the work *Extrusion Machine (Bottle Machine)*, an invention made by his father, a tinkerer who developed a large number of machines. The production process is not complicated: plastic is heated in a funnel and put into a form; when it cools, it is a bottle. These bottles have the shape of a naked male body and depict Althamer's father. But these are not idealizing, noble depictions of a perfect male body. Rather, a smirking, self-ironical machine inventor presents himself in the bottles. Associations with the holy-water bottles in the shape of saints brought back as souvenirs from pilgrimages might also be evoked. For the duration of the exhibition, the bottles will be produced and made available to take home. To start, one of Althamer's father's employees sets the machine up on site and operates it; later, someone else takes over this activity. In this work, which produces sculpture bottles or bottle portraits, the artist does not present himself as the inventor or someone who sets the parameters within which the visitor moves. By passing his artistic contribution on to his father, who in turn delegates it to a machine, Althamer calls into question not only the creative act and creatorship, but also the artist's relationship to cultural institutions, society, and the family.

Pawel Althamer
Geboren / Born 1967 in Warszawa, PL.
Lebt und arbeitet / Lives and works in Warszawa, PL.

Einzelausstellungen (Auswahl) / Solo Exhibitions (Selection)

2007 *one of many,* Fondazione Nicola Trussardi, Milano, IT
black market, neugerriemschneider, Berlin, DE

2006 *In the Centre Pompidou,* Espace 315, Musée National d'Art Moderne, Centre Pompidou, Paris, FR (Kat. / cat.)

2005 *Paweł Althamer zach ca / Pawel Althamer Incites,* Zacheta National Gallery of Art, Warszawa, PL (Kat. / cat.)

2004 *The Vincent Van Gogh Bi-annual Award for Contemporary Art in Europe,* Bonnefantenmuseum Maastricht, Maastricht, NL (Kat. / cat.)

2003 *So genannte Wellen und andere Phänomene des Geistes,* Kunstverein für die Rheinlande und Westfalen, Düsseldorf, DE (Kat. / cat.)
neugerriemschneider, Berlin, DE
Chiesa di San Matteo, Lucca, IT (Kat. / cat.)
The Wrong Gallery, New York, US

2002 *The Fancy-dress Ball,* Center for Contemporary Art Ujazdowski Castle, Warszawa, PL
Trieste Contemporanea, Trieste, IT (Kat. / cat.)
Unsichtbar, Alexanderplatz, Berlin, DE (Projekt im öffentlichen Raum / public art project)
Prisoners, Kunstverein Münster, Münster, DE

2001 *Weronika,* Amden, CH (Projekt im öffentlichen Raum / public art project)
House on the Tree, Foksal Gallery Foundation, Warszawa, PL
Museum of Contemporary Art, Chicago, US

2000 *Bródno 2000,* Warszawa, PL (Projekt im öffentlichen Raum / public art project)
Pawel Althamer: Biały Autobus, Galeria BWA, Zielona Gora, PL

Gruppenausstellungen (Auswahl) / Group Exhibitions (Selection)

2007 *Skulpturen Projekte Münster 07,* Münster, DE (Kat. / cat.)
Traum und Trauma. Werke aus der Sammlung Dakis Joannou, Athen, Kunsthalle Wien, Halle 2 und / and MUMOK – Museum Moderner Kunst Stiftung Ludwig Wien, Wien, AT
Quantity as quality, Kunsthalle Exnergasse, Wien, AT

2006 *1,2,3… Awangardia,* Center for Contemporary Art Ujazdowski Castle, Warszawa, PL
The exotic journey ends, Foksal Gallery Foundation, Warszawa, PL
You won't feel a thing. On panic, obsession, rituality and anesthesia, Kunsthaus Dresden, Dresden, DE
The grand promenade, National Museum of Contemporary Art, Athína, GR
What have I done to deserve this?, Cubitt Gallery, London, GB
Von Mäusen und Menschen, 4. Berlin Biennale, Berlin, DE (Kat. / cat.)
Sculptures in the park, Villa Manin Centro d'Arte Contemporanea, Codroipo, IT (Kat. / cat.)

2005 *Not a drop but the fall,* Künstlerhaus Bremen, Bremen, DE (Kat. / cat.)
9. International Istanbul Biennale, Istanbul, TR
Kollektive Kreativität, Kunsthalle Fridericianum, Kassel, DE (Kat. / cat.)
Das unmögliche Theater, Kunsthalle Wien, Wien, AT; Barbican Art Galleries, London, GB (Kat. / cat.)
1. Moscow Biennale of Contemporary Art, Mockba, RU (Kat. / cat.)
Akademie. Kunstlehren und lernen, Kunstverein in Hamburg, Hamburg, DE

2004 *De ma fenêtre, des artistes et leurs territoires…,* Ecole nationale superieure des beaux-arts, Paris, FR (Kat. / cat.)
Powinność i bunt. Akademia Sztuk Pięknych w Warszawie 1944–2004 / Duty and Rebellion. Academy of Fine Arts in Warsaw 1944–2004, Zacheta National Gallery of Art, Warszawa, PL (Kat. / cat.)
Utopia Station, Haus der Kunst, München, DE
54th Carnegie International, Carnegie Museum of Art, Pittsburgh, US (Kat. / cat.)
NOWA HUTA. Kunst aus polnischer Sicht, Westfälischer Kunstverein, Münster, DE
Interkosmos 2004, Raster, Warszawa, PL
Artists' Favourites, ICA – Institute of Contemporary Arts, London, GB (Kat. / cat.)
Atomkrieg, Kunsthaus Dresden, Dresden, DE (Kat. / cat.)
Dreaming of a better world in six parts, BAK – Basis voor actuele Kunst, Utrecht, NL (Kat. / cat.)
De Kleine Biënnale, Utrecht, NL

2003 *Way of life…,* Center for Contemporary Art Łaźnia, Gdańsk, PL
Art Focus 4, Israel Museum, Jerusalem, IL
Institutional Aesthetics, Museum of Contemporary Art Kiasma, Helsinki, FI
Hidden in a Daylight, Foksal Gallery Foundation, Cieszyn, PL (Kat. / cat.)
The Next Documenta Should Be Curated by an Artist, www.e-flux.com (Kat. / cat.)
Dreams and Conflicts – The Viewer's Dictatorship, La Biennale di Venezia, Venezia, IT

2002 *Warum,* Martin-Gropius-Bau, Berlin, DE (Kat. / cat.)
I promise it's political, Museum Ludwig, Köln, DE (Kat. / cat.)
The Collective Unconsciousness, Migros Museum, Museum für Gegenwartskunst, Zürich, CH
A Need for Realism. Solitude in Ujazdowski, Center for Contemporary Art Ujazdowski Castle, Warszawa, PL (Kat. / cat.)

2001 *Ausgeträumt…,* Secession, Wien, AT (Kat. / cat.)
Abbild. Recent portraiture and depiction, Landesmuseum Joanneum, Graz, AT (Kat. / cat.)
Museum unserer Wünsche, Museum Ludwig, Köln, DE (Kat. / cat.)
Neue Welt, Frankfurter Kunstverein, Frankfurt am Main, DE (Kat. / cat.)
Re:Location, O.K Centrum für Gegenwartskunst, Linz, AT
V-International Communities, Rooseum Centre for Contemporary Art, Malmö, SE
Progetto Bovisa, La Triennale di Milano, Milano, IT (Kat. / cat.)

2000 *Biennale d'Art Contemporain de Lyon,* Lyon, FR (Kat. / cat.)
In Freiheit/endlich. Polnische Kunst nach 1989, Staatliche Kunsthalle Baden-Baden, Baden-Baden, DE
Manifesta 3, Ljubljana, SI (Kat. / cat.)
Amateur 1900-2000, Göteborgs Konstmuseum, Göteborg, SE (Kat. / cat.)

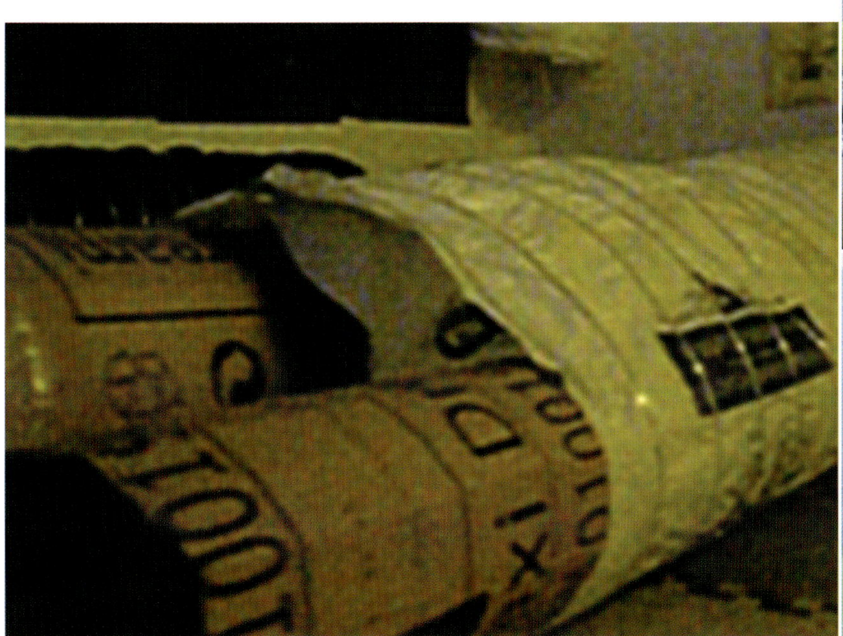

Installationsansicht / installation view, dépendance, Bruxelles, 2004

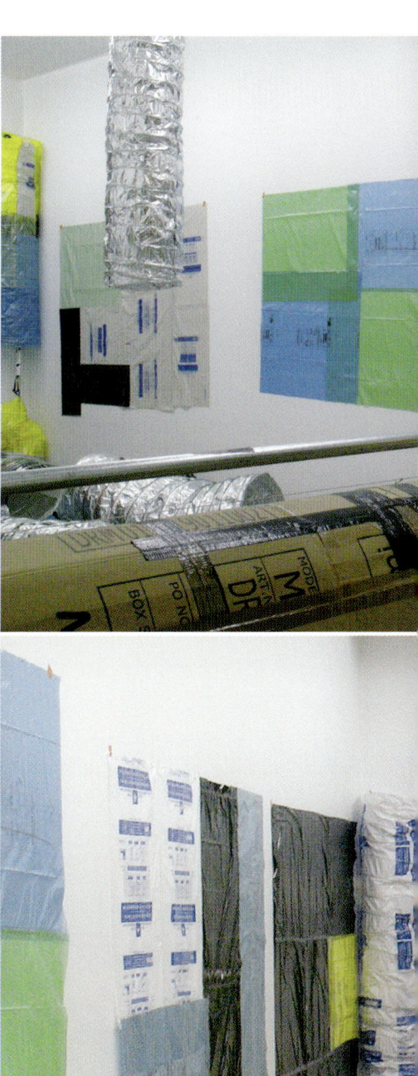

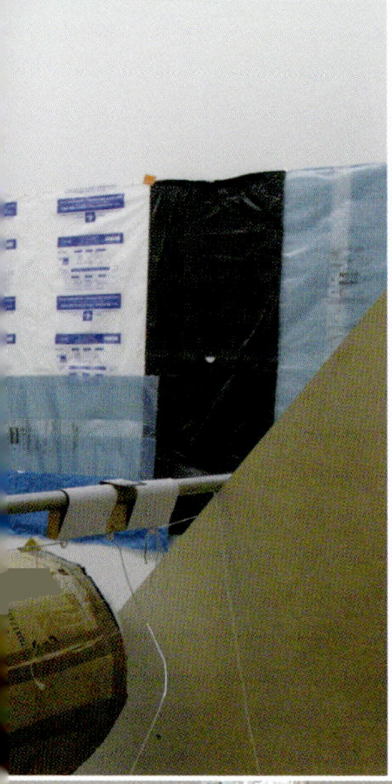

Michael Beutler

Proper en Droog, 2004/2007
Plastiktüten, Draht, Holz, Karton
Plastic bags, wire, wood, cardboard
Maße variabel
Dimensions variable

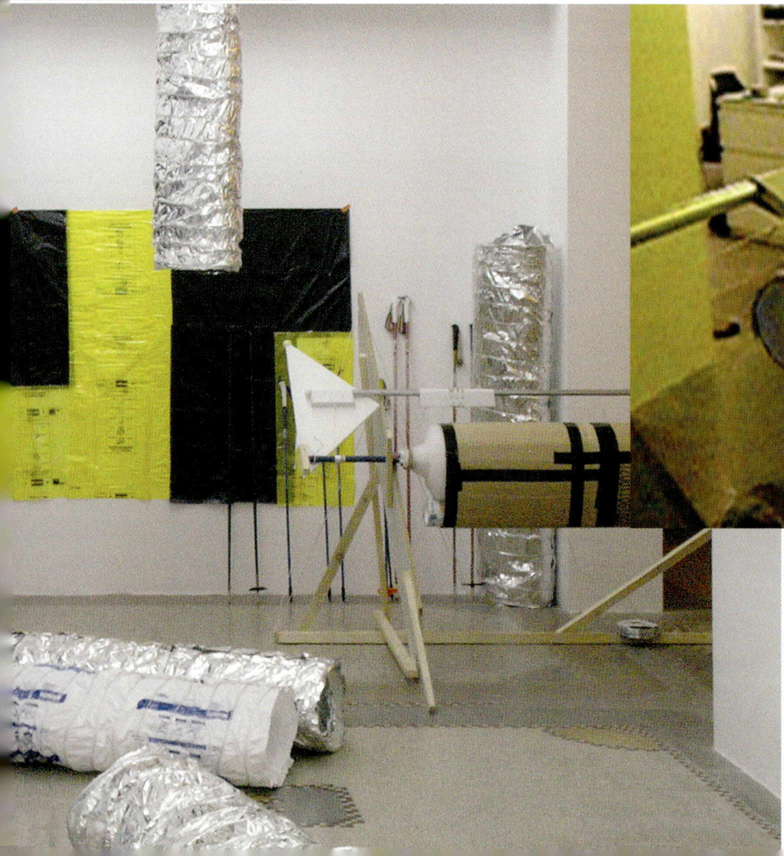

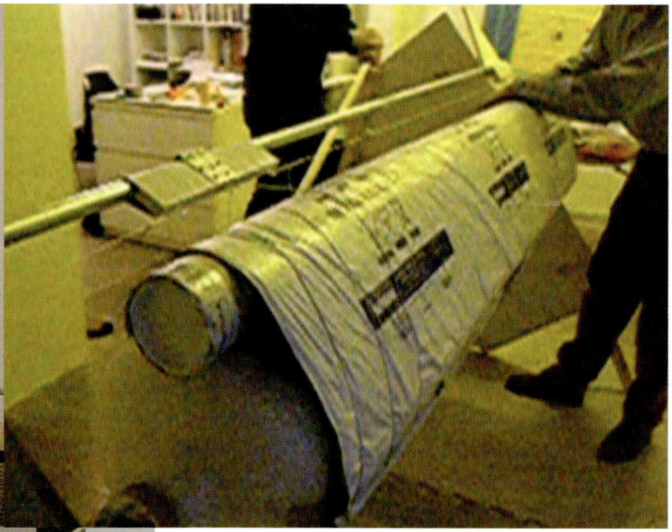

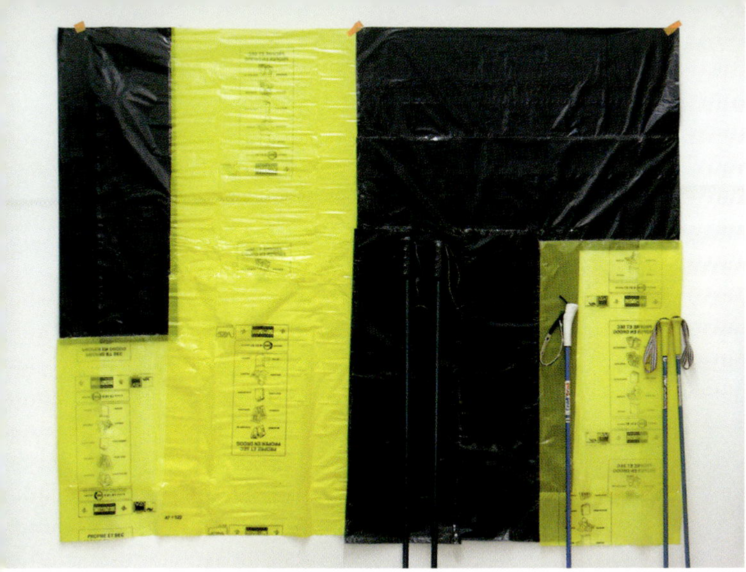

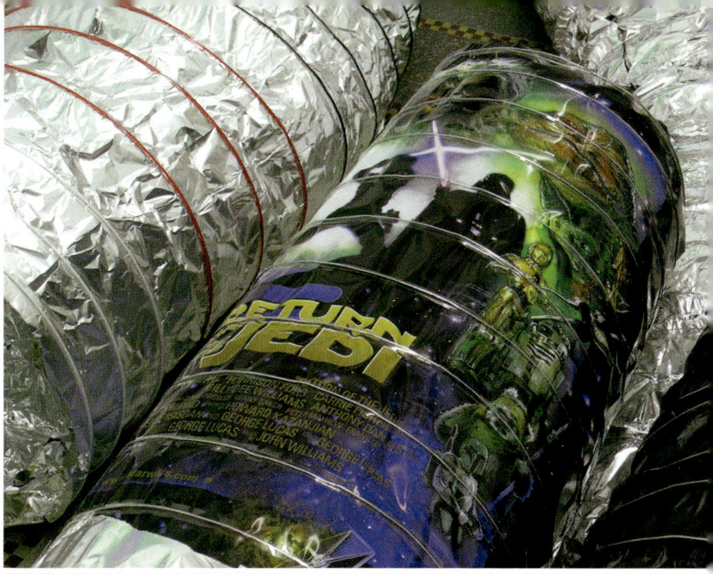

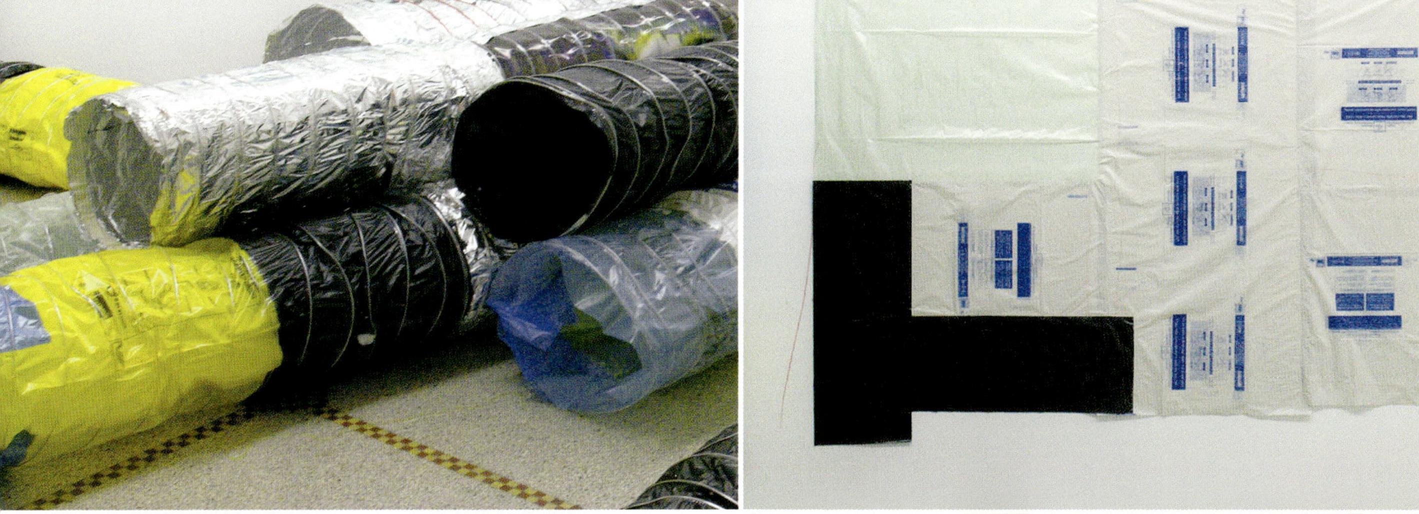
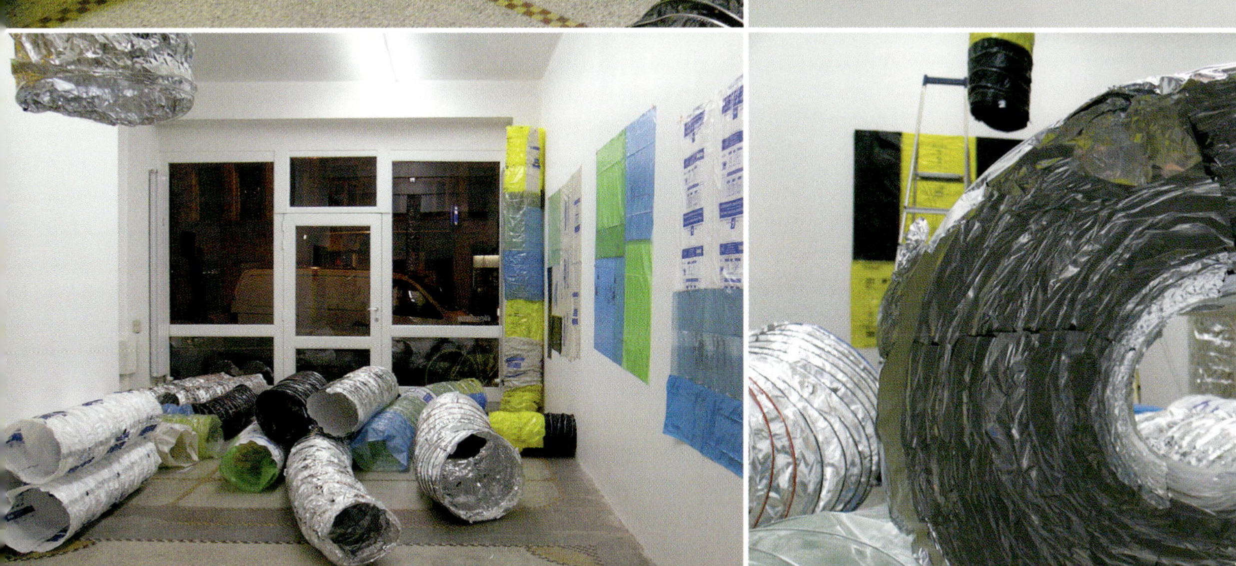

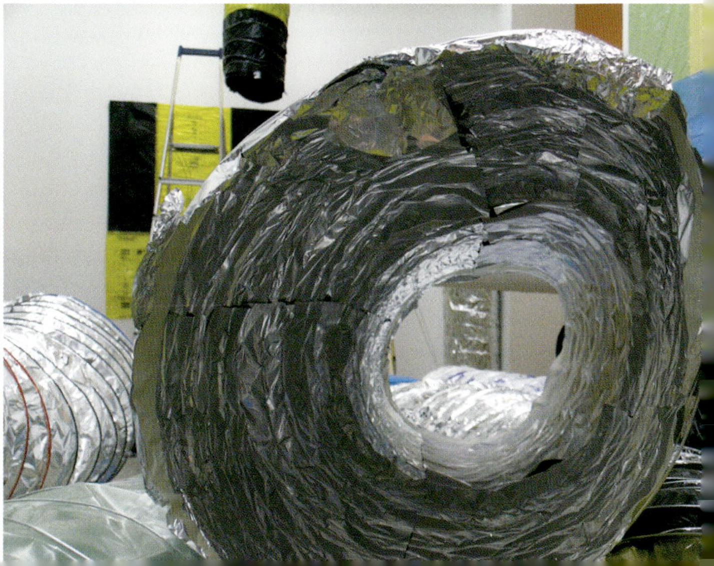

Michael Beutler

Proper en Droog, »sauber und trocken«, versprechen die Müll-tüten, die das Grundmaterial zu den verschiedenen Raumele-menten in Michael Beutlers Installation bilden. Er entwickelt seine Arbeiten ortsspezifisch mit eigens dafür kreierten Maschinen, die aus alltäglichen Materialien bestehen. In seiner Installation *Proper en Droog* werden ausgewählte Exemplare der zusam-mengeklebten Plastiktüten wie Bilder an der Wand aufgehängt, während der Großteil einen weiteren Produktionsgang durchläuft und so in eine andere Form überführt wird. Über einer aus Pappe bestehenden handbetriebenen Walze werden die Tüten akkurat mit Draht überzogen. Diese gleichmäßige Struktur verwandelt die Plastikfolien in schlauchartige Objekte, die aufgrund ihrer Leich-tigkeit eine eigenartige Lebendigkeit erfahren: sie liegen, hängen und schweben. Die trashige Anmutung des verwendeten Materi-als täuscht darüber hinweg, dass ihre Beschaffenheit und ihre exakte Platzierung im Raum eine große Rolle spielen. In *Proper en Droog* ist die Maschine Werkzeug und bleibt zugleich Bestand-teil der Installation. Obgleich Beutler »site-specific« arbeitet, kön-nen die Arbeiten an verschiedenen Orten wieder neu aufgebaut werden. Theoretisch ließe sich der Produktionsablauf unendlich fortsetzen. Doch die Eigenart jedes Raums stellt andere Anfor-derungen und Bedingungen an die Produktion. Es geht also weni-ger um die Prozesshaftigkeit, sondern Beutler reagiert bei seiner Inszenierung immer wieder explizit auf den jeweiligen Raum, was wiederum aufgrund einer Verkettung von verschiedenen Ent-scheidungen passiert. Die Arbeit muss zu einem Abschluss fin-den, sie soll dem Raum entsprechen. Insofern bezeugen die Objekte in den verschiedenen Formen – platt an der Wand oder schwebend im Raum – zusammen mit der Maschine die Ent-wicklungsphasen dieser Raumbespielung.

Proper en Droog, "clean and dry", promise the garbage bags that are the raw material for the various spatial elements in Michael Beutler's installation. He develops his works site-specifically with machines created from everyday materials for the purpose. In his installation *Proper en Droog* selected examples of the glued-together plastic bags are mounted on the walls like pictures, while most of them are subjected to an additional production step and turned into another form. The bags are precisely covered with wire by means of a hand-operated roller constructed of cardboard. This regular structure turns the plastic sheeting into hose-like objects that, because of their lightness, take on a peculiar liveliness: they lie, hang, and float. The trashy appearance of the material used misleads one into overlooking that their physical qualities and exact placement in space play a major role. In *Proper en Droog,* the machine is a tool and at the same time a component of the installation. Although Beutler works "site-specifically", the works can be set up anew in various places. Theoretically, the produc-tion process could be continued indefinitely. But the specific char-acter of each room places different demands and conditions on the production. So the point is not processuality; rather, with his staging, Beutler responds again and again to the respective space, in a chain of different decisions. The work must come to a con-clusion and fit the room. Together with the machine, the objects in their various forms—flat on the wall or suspended in space—thus testify to the developmental phases of this use of the room.

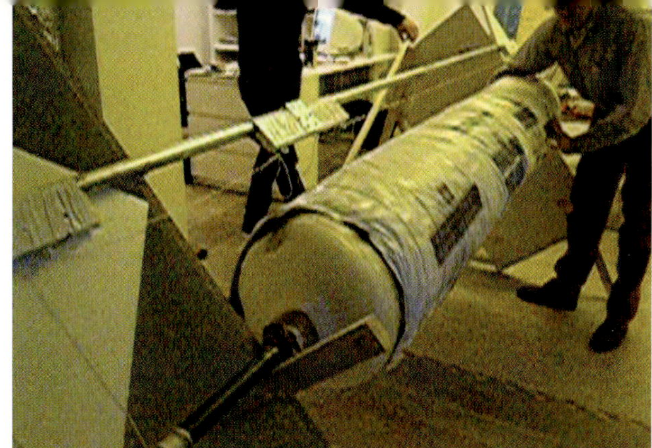

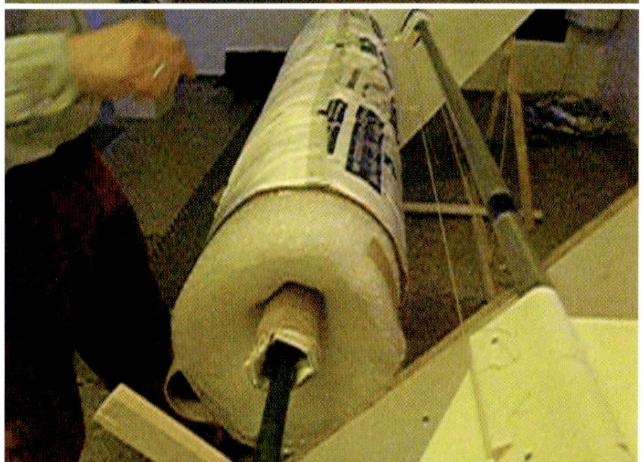

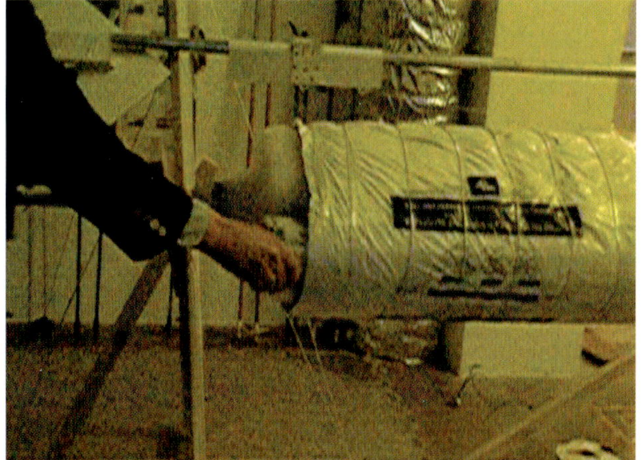

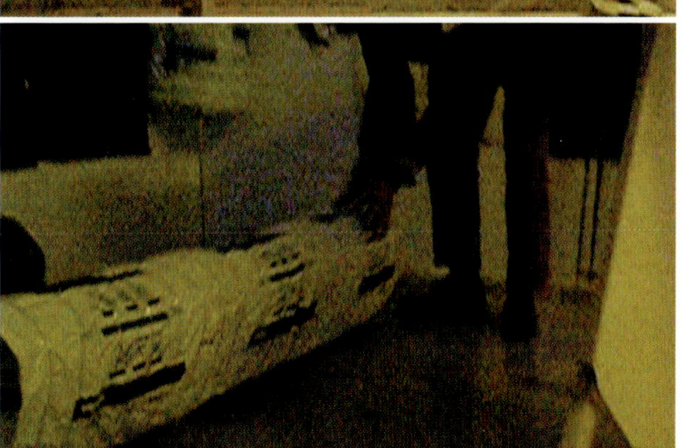

Michael Beutler

Geboren / Born 1976 in Oldenburg, DE.
Lebt und arbeitet / Lives and works in Berlin, DE.

Einzelausstellungen (Auswahl) / Solo Exhibitions (Selection)

2007 Portikus, Frankfurt am Main, DE (Kat. / cat.)
Galerie Christian Nagel, Berlin, DE

2006 *Aluminium Pagode,* LAC – Lufthansa Aviation Center, Frankfurt Airport,
Frankfurt am Main, DE (Kat. / cat.)
Manin City, Villa Manin Centro d´Arte Contemporanea, Codroipo, IT

2005 *pecafil,* Galerie Michael Neff, Frankfurt am Main, DE
Franco Soffiantino Arte Contemporanea, Turin, IT
Museumsstraße, Sprengel Museum, Hannover, DE
outdoor-yellow12/irrgarten, Botanischer Garten, München, DE
Taking the Matter into Common Hands, IASPIS – International Artist
Studio Program in Sweden, Stockholm, SE

2004 Signal, Malmö, SE
vier Orte – vier Skulpturprojekte, Oldenburger Kunstverein, Oldenburg,
DE; Kunstverein Heilbronn, Heilbronn, DE; Kunstverein Braunschweig,
Braunschweig, DE; Kunstverein Solothurn, Solothurn, CH (Kat. / cat.)
Nicht innen sondern außen – nicht drinnen sondern draußen,
Frankfurter Kunstverein, Frankfurt am Main, DE
Proper en Droog, dépendance, Bruxelles, BE

2003 Galerie Michael Neff, Frankfurt am Main, DE
Galerie Barbara Wien, Berlin, DE

2002 Secession, Wien, AT (Kat. / cat.)

2001 dontmiss, Frankfurt am Main, DE

Gruppenausstellungen (Auswahl) / Group Exhibitions (Selection)

2007 *Made in Germany,* Kestner Gesellschaft, Hannover, DE (Kat. / cat.)
Encuentro Internacional de Medellín 07, Medellín, CO
Modelle für Morgen, European Kunsthalle, Köln, DE

2006 *Von Mäusen und Menschen, 4. Berlin Biennale,* Berlin, DE (Kat. / cat.)
Playstation, Sprengel Museum, Hannover, DE (Kat. / cat.)
Bonanza, Tilton Gallery, New York, US
Bühne des Lebens. Rhetorik des Gefühls, Städtische Galerie im
Lenbachhaus und / and Kunstbau, München, DE (Kat. / cat.)
Don Quijote, Witte de With, Center for Contemporary Art, Rotterdam, NL
Fever Variations, 6th Gwangju Biennale, Gwangju, KR
Housewarming, Swiss Institute, New York, US

2005 *Dialectics of hope, 1. Moscow Biennale,* Mockba, RU
Bench, Kunsthalle St. Gallen, St. Gallen, CH; Bonner Kunstverein, Bonn,
DE (Kat. / cat.)
Memphis, Flaca Gallery, London, GB
Lore, Project Room, Glasgow, GB
*Negotiating Realities, Göteborg International Biennial for Contemporary
Art 2005,* Göteborg, SE (Kat. / cat.)
Quattro Flaca, Kunsthaus Langenthal, Langenthal, CH

2004 *The Savoy,* Collective Gallery, Edinburgh, GB
Heimweh, Haunch of Venison, London, GB
No money, Kunsthalle zu Kiel, Kiel, DE (Kat. / cat.)

2003 *Utopia Station Sindelfingen,* Städtische Galerie, Sindelfingen, DE
Total motiviert / The state of the upper floor: Panorama, Kunstverein
München, München, DE (Kat. / cat.)
Make it new!, Portikus und / and Dresdner Kleinwort Wasserstein,
Frankfurt am Main, DE

2002 *Terrassen,* Kjubh Kunstverein, Köln, DE
Origami rückwärts, Technoplus, Paris, FR
Fluten, Hinterconti, Hamburg, DE

2001 *Sour Cherry Soup (Meggyleves),* Mafuji Gallery, London, GB
Interim, Mackintosh Gallery, Glasgow School of Art, Glasgow, GB
Trash Art Festival, Gazi, Athína, GR
Haiku Installation, Unit2, London, GB; Podium Gallery, Glasgow School
of Art, Glasgow, GB
Vasistas, Technische Universität, Istanbul, TR
New Heimat, Frankfurter Kunstverein, Frankfurt am Main, DE
(Kat. / cat.)

2000 *Und was machen wir heute,* Steinweghalle, Oldenburg, DE
Membersshow, Transmission Gallery, Glasgow, GB

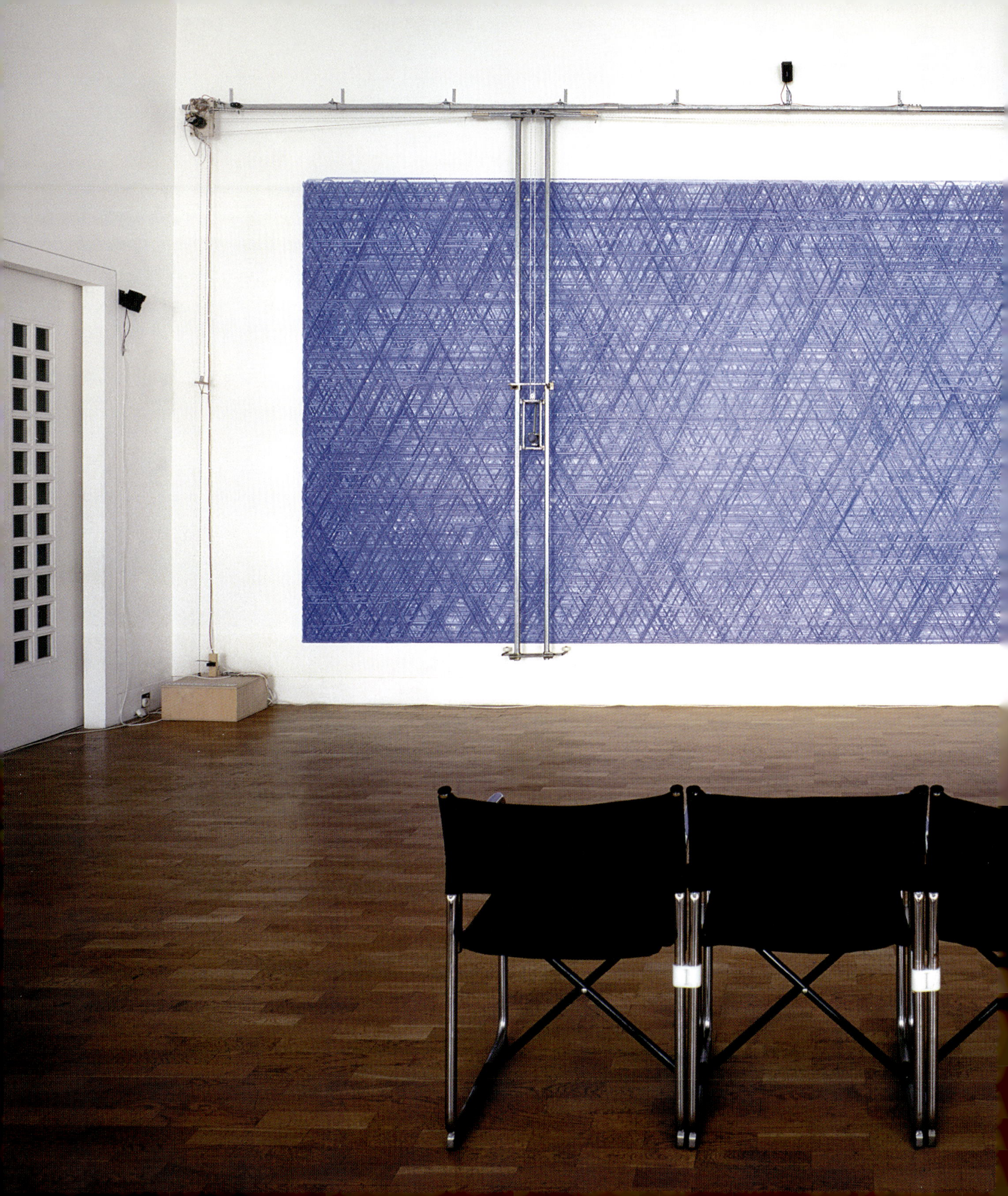

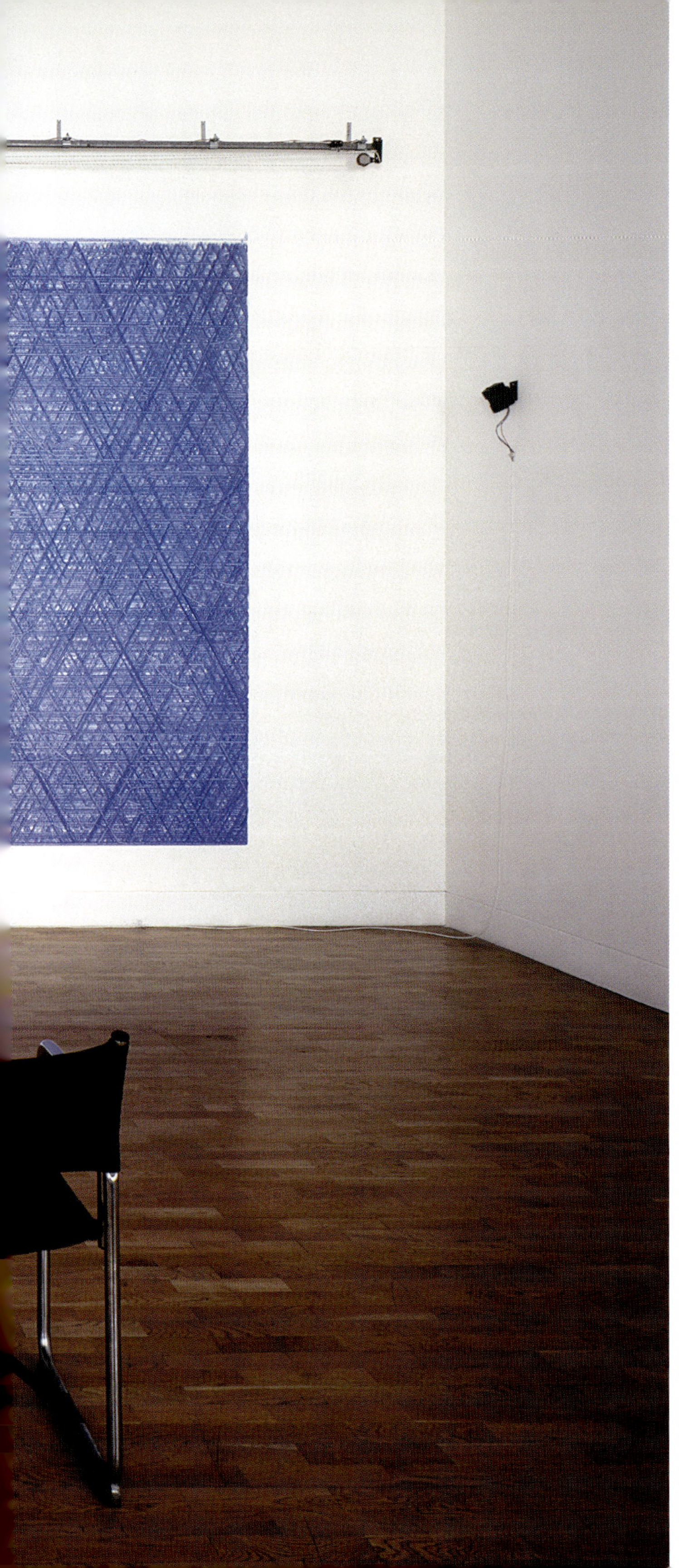

Angela Bulloch

Blue Horizon, 1990
Metallkonstruktion, Bewegungsmelder, Motor, Tinte
Metal construction, passive infrared detector, motor, ink
Maße variabel
Dimension variable

Installationsansicht / installation view *Seven Obsessions,*
Whitechapel Art Gallery, London, 1990

Hinterfragen Sie mit Ihren Zeichenmaschinen das Darstellungsvermögen von Malerei, indem Sie den Betrachter in eine Position setzen, in der sie/er im wahrsten Sinne des Wortes mit seinem Hintern malt?

Also, […] ich mache eine andere Art von Bild als ein traditionell anerkanntes Gemälde […], aber die Arbeitsweise hinterfragt die Idee des Künstlers als Schöpfer von etwas Originalem.

Aber der Betrachter ist auch nicht der Autor…

Nein, weil ich das ganze Ding festgelegt habe. Ich habe entschieden, wie es arbeitet und aussieht, und ich lasse nur einen kleinen Teil der Struktur offen.

Machen Sie sich dann über den Betrachter lustig?

Nein, ich mach den Prozess des Sehens sichtbar.[1]

Anfang der 1990er Jahre entwickelt Angela Bulloch verschiedene Zeichenmaschinen.[2] Diese bestehen aus Koordinatenschreibern, die direkt auf die Wand montiert und über Elektromotoren betrieben werden. Die Maschinen reagieren über bewegungs- oder klangempfindliche Sensoren auf den Betrachter, woraufhin sie vertikale und diagonale Linien direkt auf die Wand zeichnen. Der Betrachter löst durch Betreten des Raumes die Maschine und somit den Zeichenakt aus, aber – darin liegt zugleich die Begrenztheit der vordergründigen Interaktion – einmal in Aktion gesetzt läuft die Maschine ohne weitere Möglichkeiten zur Einflussnahme, und der Betrachter bleibt zurück in seiner distanzierten und kontemplativen Rolle. Juliane Rebentisch konstatiert im Zusammenhang mit Bullochs Zeichenmaschinen, dass es bei der installativen Kunst nicht mehr um die Infragestellung der Wichtigkeit von Betrachter und Kontext, sondern vielmehr um die Art und Bedeutung dieser Relevanz geht.[3] Die scheinbare Einbeziehung des Betrachters wird unmittelbar umfunktioniert. Im Gegensatz zu Künstlern wie Sol Lewitt, dessen Wandzeichnungen nach strengen Angaben per Hand an die Wand gebracht werden, tilgt Bulloch den künstlerischen Gestus aus ihrer Arbeit. Die Ästhetik der Maschine steht dabei im Widerspruch zu den entstandenen Linien, die sich eben nicht immer durch Exaktheit auszeichnen.

Do you question, with your drawing machines, the representational potential of painting by putting the viewers into a position where they literally paint with their ass?

Well, […] I'm making another kind of picture than a traditionally recognized painting […], but the way it works does question the idea of the artist as being the creator of something original.

But then the viewer isn't the author either…

No, because I've set the whole thing up. I've decided how it works and looks and I leave only a small part of the structure open-ended.

So, are you taking the piss out of the viewer?

No, I make the processing of viewing visible.[1]

At the beginning of the 1990s, Angela Bulloch developed a number of drawing machines.[2] They consist of coordinate scribes mounted directly on the wall and driven by electric motors. The machines react to the viewer via motion sensors or sound sensors, whereupon they draw vertical and diagonal lines directly on the wall. By entering the room, the viewer activates the machine and thereby the act of drawing, but—and here lies the limitation of the seeming interaction—once set in motion, the machine runs without any further possibility of influence, and the viewer remains in his distanced and contemplative role. Juliane Rebentisch notes in connection with Bulloch's drawing machines that the aim of installation art is no longer to question the importance of the viewer and the context, but rather the kind and meaning of this relevance.[3] The apparent integration of the viewer is immediately given a different function. Unlike artists like Sol Lewitt, whose wall drawings are carried out by hand in accordance with strict directions, Bulloch eliminates the artistic gesture from her work. The aesthetic of the machine thereby stands in contradiction to the resulting lines, which are not always characterized by precision.

---

(1) Interview aus: *Satelitte – Angela Bulloch,* Ausst. kat. Museum für Gegenwartskunst, Zürich; Le Consortium Dijon, London 1998, S. 98.

(2) Vgl. *Prime Numbers – Angela Bulloch,* Ausst.kat. Secession, Wien; Modern Art, Oxford; De Pont, Tillburg; The Power Plant, Toronto, Köln 2006, S. 218 ff.

(3) Juliane Rebentisch: »Partizipation und Reflexion. Angela Bullochs *The Disenchanted Forest x 1001*«, in: *Prime Numbers – Angela Bulloch,* a.a.O., S. 88-108, S. 90 ff.

(1) Interview from: *Satellite—Angela Bulloch,* exh. cat., Museum für Gegenwartskunst, Zurich; Le Consortium Dijon, London 1998, p. 98.

(2) Cf. *Prime Numbers—Angela Bulloch,* exh. cat. Secession, Vienna; Modern Art, Oxford; De Pont, Tillburg; The Power Plant, Toronto, Cologne 2006, p. 218 ff.

(3) Juliane Rebentisch: »Partizipation und Reflexion. Angela Bullochs *The Disenchanted Forest x 1001*«, in: *Prime Numbers—Angela Bulloch,* op. cit., p. 88-108, p. 90 ff.

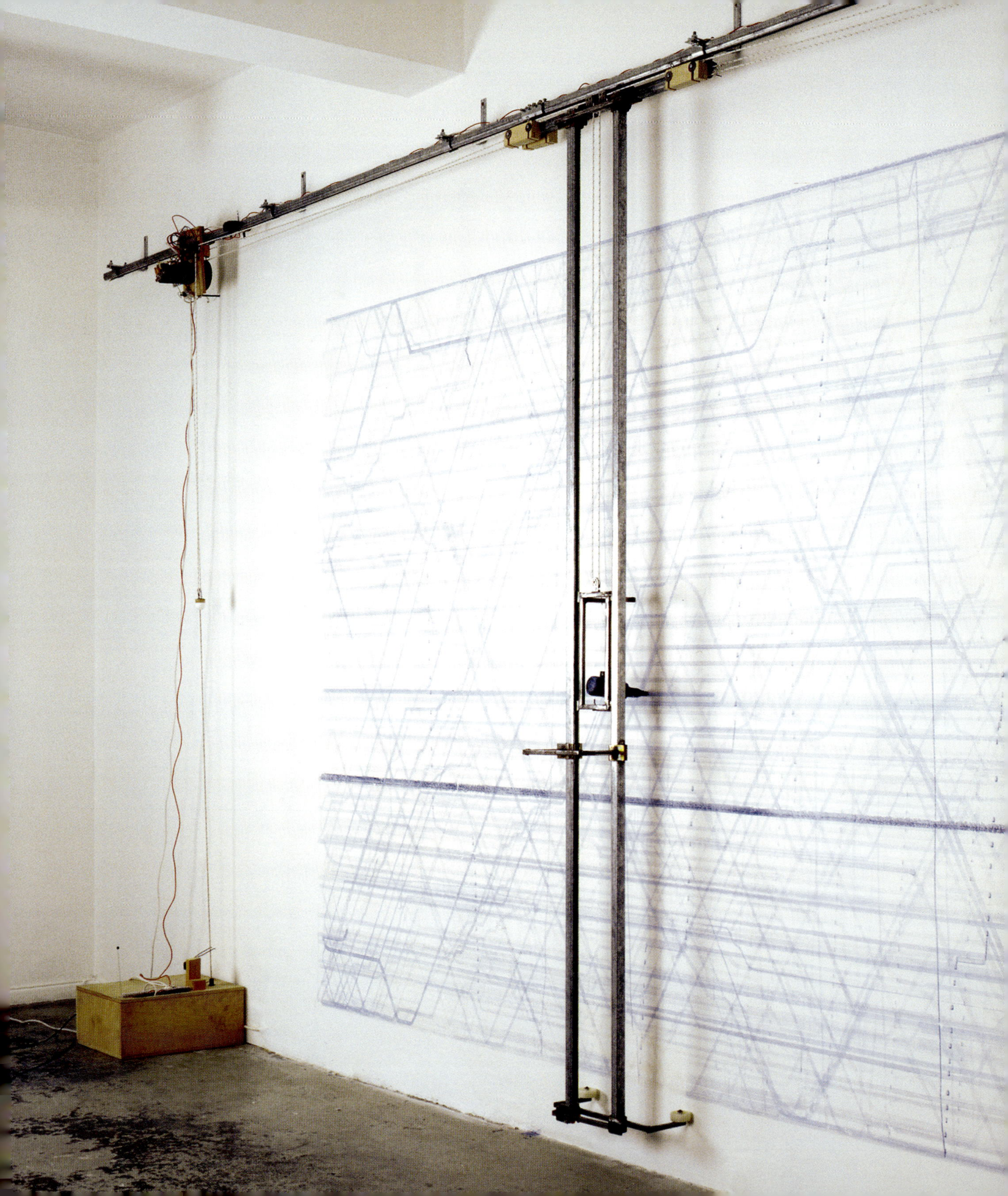

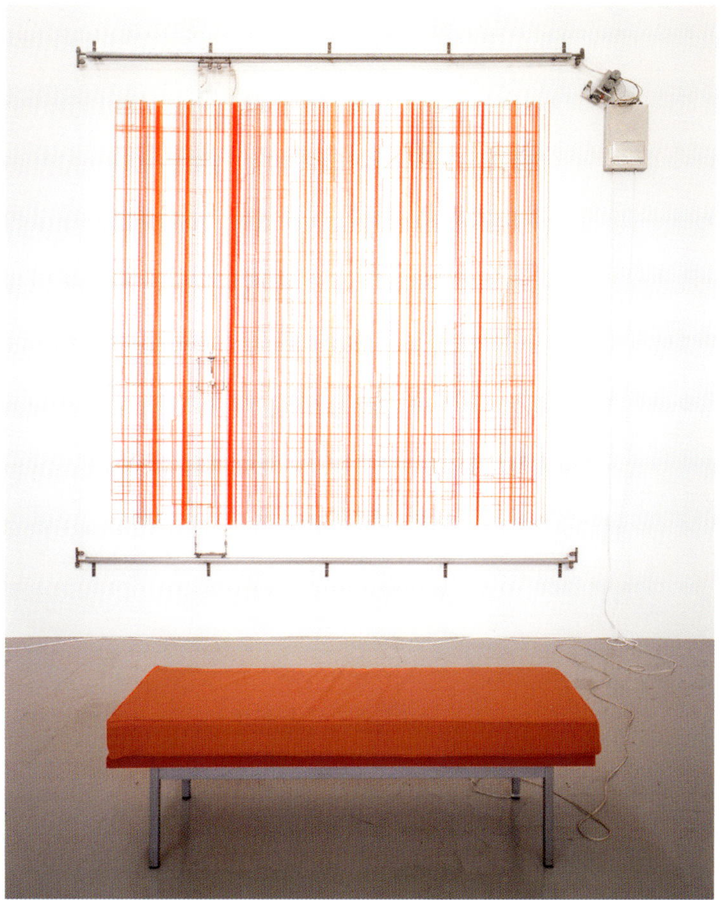

Betaville, 1996, in / at 1301 PE
in / at Narc Foxx Gallery, Los Angeles

Angela Bulloch
Geboren / Born 1966 in Rainy River, Ontario, CA.
Lebt und arbeitet / Lives and works in London, GB und / and
Berlin, DE.

Einzelausstellungen (Auswahl) / Solo Exhibitions (Selection)
2007 *Repeat Refrain,* Enel Contemporanea, Ara Pacis, Roma, IT
 Are you coming or going, around?, Esther Schipper, Berlin, DE
2006 The Power Plant, Toronto, CA
 De Pont Museum voor Hedendaagse Kunst, Tilburg, NL
 Yuko Gothic Grid, Micheline Szwajcer, Antwerpen, BE
2005 Modern Art Oxford, Oxford, GB
 To the Power of 4, Secession, Wien, AT (Kat. / cat.)
 Le Consortium, Dijon, FR
2004 *Antimatter3,* Galerie Eva Presenhuber, Zürich, CH
 Engholm Engelhorn Galerie, Wien, AT
2003 *Angela Bulloch / Matrix 206. Macromatrix: For your Pleasure,* UC
 Berkeley Art Museum und / and Pacific Film Archive, Berkeley, US
 New Work 8: Angela Bulloch, World Reflections, Aspen Art Museum,
 Aspen, US
2002 *Macro World: One Hour3 and Canned,* Schipper & Krome, Berlin, DE
 Institute of Visual Culture, Cambridge, GB
2001 *Matrix,* Magnani, London, GB
 Z Point, Kunsthaus Glarus, Glarus, CH
2000 *Prototypes,* Hauser & Wirth & Presenhuber, Zürich, CH
 From the Eiffel Tower to the Riesenrad, Galerie Kerstin Engholm, Wien, AT
 Headless with Legs + Tripping, 1301PE, Los Angeles, US

Gruppenausstellungen (Auswahl) / Group Exhibitions (Selection)
2007 *The Suspended Moment,* Z33, Hasselt, BE
2006 *From Damien Hirst's murderme Collection: In the Darkest Hour there
 will be Light,* Serpentine Gallery, London, GB (Kat. / cat.)
 Anstoß Berlin: Kunst macht Welt, Haus am Waldsee, Berlin, DE
 (Kat. / cat.)
 Collection Helga de Alvear, Centro Cultural de Belem, Lisboa, PT
 Tate Triennial, Tate Britain, London, GB (Kat. / cat.)
 Satellite Of Love, Witte de With, Center for Contemporary Art,
 Rotterdam, NL
 Backdrop, Bloomberg Space, London, GB
 Lichtkunst aus Kunstlicht, ZKM – Zentrum für Kunst und
 Medientechnologie Karlsruhe, Karlsruhe, DE (Kat. / cat.)
 Wrong, Klosterfelde Linienstraße, Berlin, DE
2005 *36 x 27 x 10,* White Cube – Palast der Republik, Berlin, DE
 Ambiance, K21, Düsseldorf und / and Museum Ludwig, Köln, DE
 (Kat. / cat.)
 Agua, Sin Ti No Soy, Valencia Biennale, Valencia, ES
 Extreme Abstraction, Albright Knox Art Gallery, Buffalo, US (Kat. / cat.)
 Preis der Freunde der Nationalgalerie für junge Kunst, Hamburger
 Bahnhof, Museum für Gegenwart, Berlin, DE (Kat. / cat.)
 EN/OF 001–030, Museum Kurhaus Kleve, Kleve, DE
 Bidibidobidiboo, Fondazione Sandretto Re Rebaudengo, Torino, IT
 The Suspended Moment, CRAC – Centre rhénan d'art contemporain
 d'Alsace, Altkirch, FR (Kat. / cat.)
 Someone Somewhere Is Furiously Traveling Towards You, La Casa
 Encendida, Madrid, ES
 La Traicion De La Escultura, Mario Sequeira Gallery, Braga, PT
2004 *Funny Cuts – Cartoons und Comics in der Zeitgenössischen Kunst,*
 Staatsgalerie Stuttgart, Stuttgart, DE (Kat. / cat.)

Villette Numerique, Parc et Grand Hall La Vilette, Paris, FR
100 Artists See God, Contemporary Jewish Museum, San Francisco,
US; Laguna Art Museum, Laguna Beach, US; ICA – Institute for
Contemporary Arts, London, GB (Kat. / cat.)
ein-leuchten, Museum der Moderne Salzburg, Salzburg, AT (Kat. / cat.)
Performative Installation #5: Performative Architektur, Galerie für
zeitgenössische Kunst, Leipzig, DE
2003 *Form Specific,* Moderna Galerija, Ljubljana, SI
Utopia Station, La Biennale di Venezia, Venezia, IT
Brightness, Museum of Modern Art, Dubrovnik, HR (Kat. / cat.)
Einbildung – Das Wahrnehmen in der Kunst, Kunsthaus Graz, Graz, AT
It's in our hands, Migrosmuseum für Gegenwartskunst, Zürich, CH
Coollust re, Collection Lambert en Avignon, Avignon, FR
Playlist, Palais de Tokyo, Paris, FR (Kat. / cat.)
One on One – Installations from the Collection (1968–1988),
Van Abbemuseum, Eindhoven, NL
2002 *Frequenzen (Hz). Audiovisuelle Räume,* Schirn Kunsthalle Frankfurt,
Frankfurt am Main, DE
*Ars Lucis et Umbrae. Licht und Schatten als selbständige Medien in der
Kunst,* Museum im Kinsky, Wien, AT
Häuser für Leipzig. KünstlerInnen als ArchitektInnen, Galerie für
zeitgenössische Kunst, Leipzig, DE
Claude Monet … bis zum digitalen Impressionismus, Fondation Beyeler,
Riehen, Basel, CH
Sweet Nothing. (Liege)Stätten des sommerlichen Nichtstuns,
Kunsthaus Baselland, Muttenz, CH
Remix, Tate Liverpool, Liverpool, GB
Touch: Relational Art from the 1990s to now, San Francisco Art
Institute, San Francisco, US
To Whom It May Concern, CCAC Wattis Institute for Contemporary Arts,
San Francisco, US
Urban creation, Shanghai Biennial, Shanghai, CN
2001 *L'Esprit de famille,* Musée d'art moderne et contemporain, Geneva, CH
art>music, Museum of Contemporary Art, Sydney, AU
Wertwechsel. Zum Wert des Kunstwerks, Museum für angewandte
Kunst, Köln, DE
Connivence, Biennale de Lyon, Lyon, FR
Der Dritte Sektor, Kunstverein Wolfsburg, Wolfsburg, DE; Galerie
für zeitgenössische Kunst, Leipzig, DE
Wechselstrom. Sammlung Hauser & Wirth / Teil 2, Lokremise St. Gallen,
St. Gallen, CH (Kat. / cat.)
Timewave Zero / The Politics of Ecstasy, Grazer Kunstverein, Graz, AT
2000 *Against Design,* ICA – Institute of Contemporary Art, University of
Pennsylvania, Philadelphia, US (Kat. / cat.)
Sonic Boom – The Art of Sound, Hayward Gallery, London, GB
(Kat. / cat.)
Presumed Innocent, CAPC musée d'art contemporain de Bordeaux,
Bordeaux, FR (Kat. / cat.)
M(odel) 4, BueroFriedrich-Berlin, Berlin, DE
media art 2000 – escape, media_city Seoul 2000, Seoul Metropolitan
Museum, Seoul, KR
EIN/räumen. Arbeiten im Museum, Hamburger Kunsthalle, Hamburg, DE

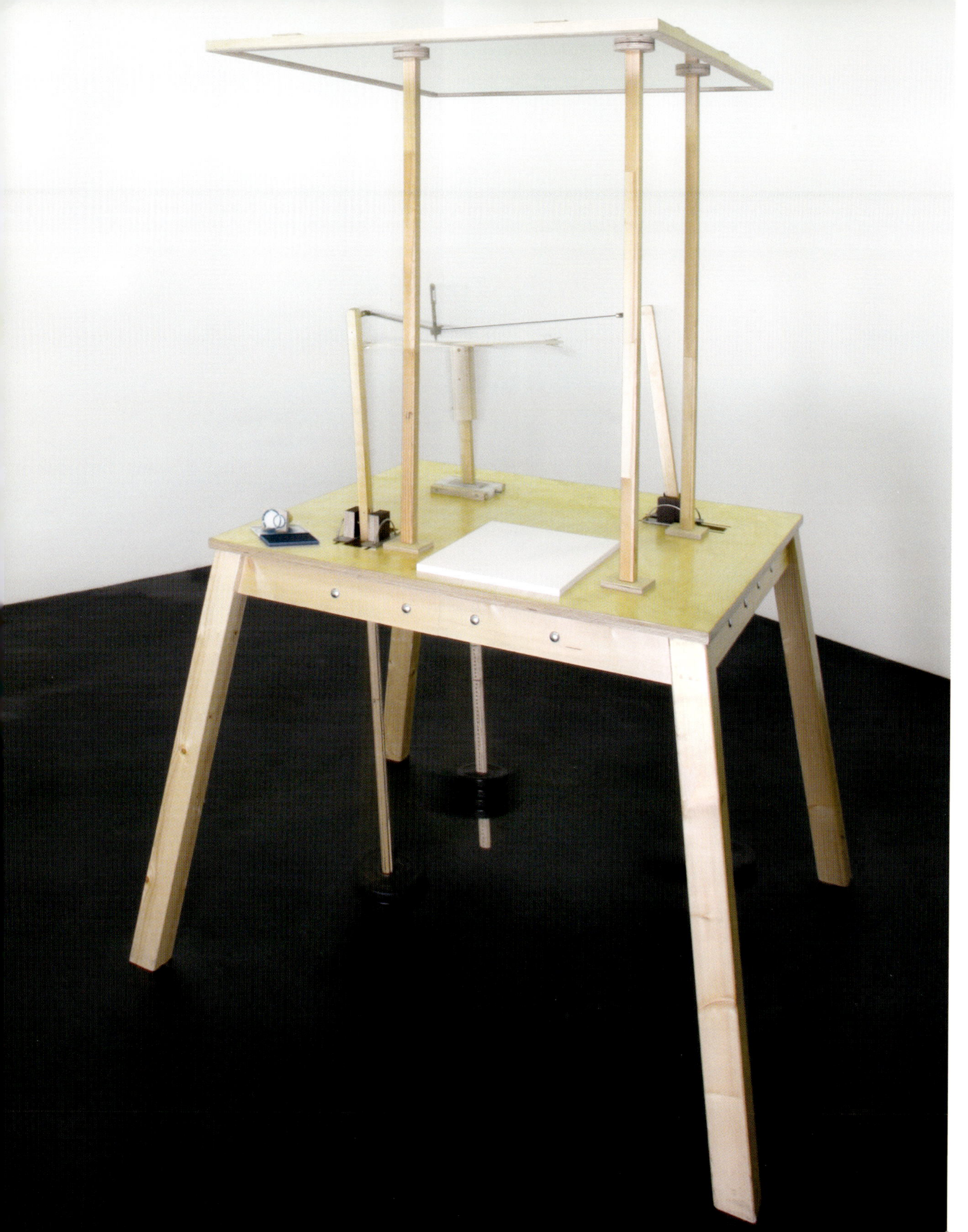

Olafur Eliasson

The endless study, 2005
(Ausstellungskopie / Exhibition copy, 2007)
Holz, Metall, Spiegel, Papier, Kugelschreiber, Stempel
Wood, metal, mirror, paper, pen, stamp
235 x 130 x 130 cm
92.5 x 51.2 x 51.2 inches

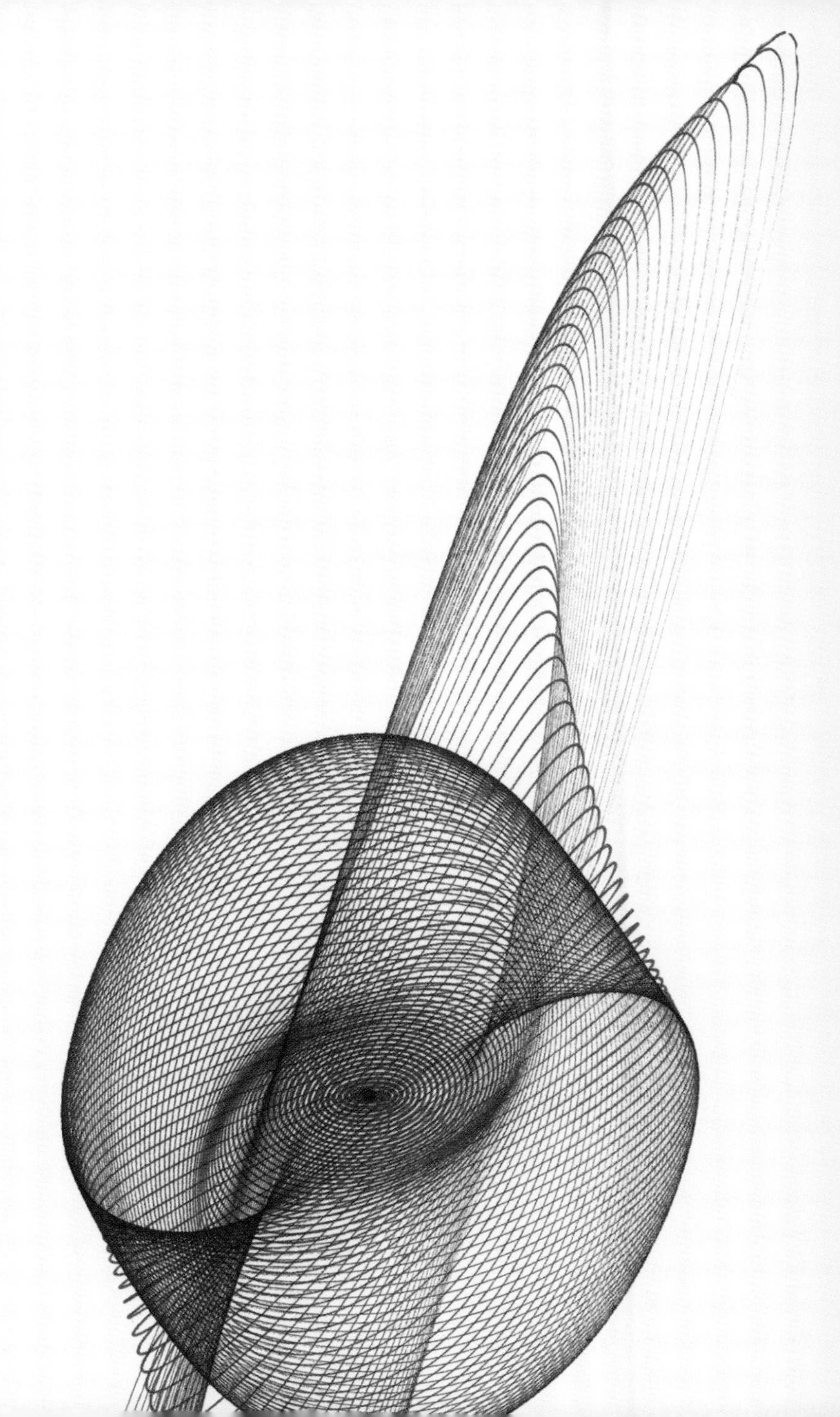

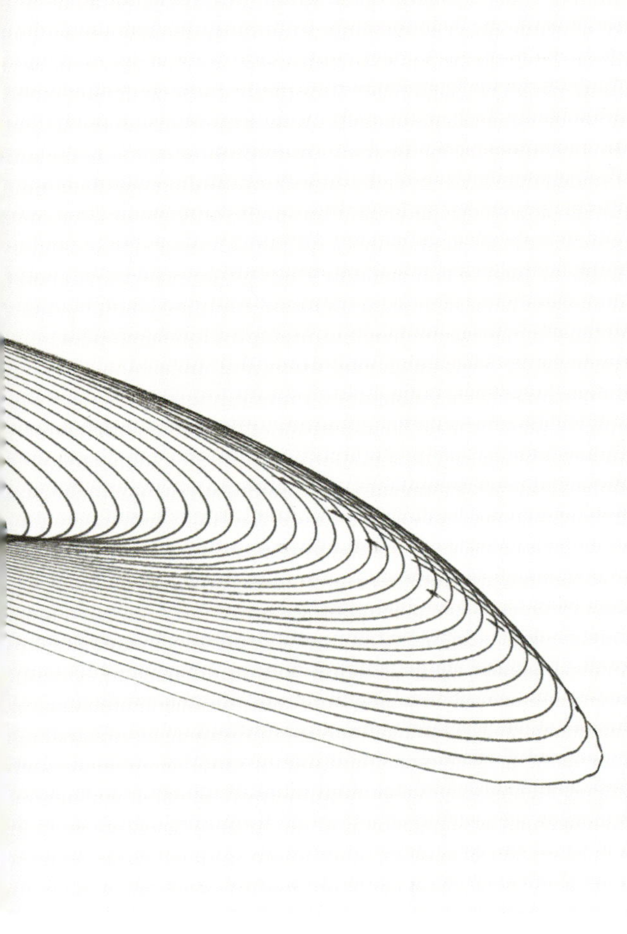

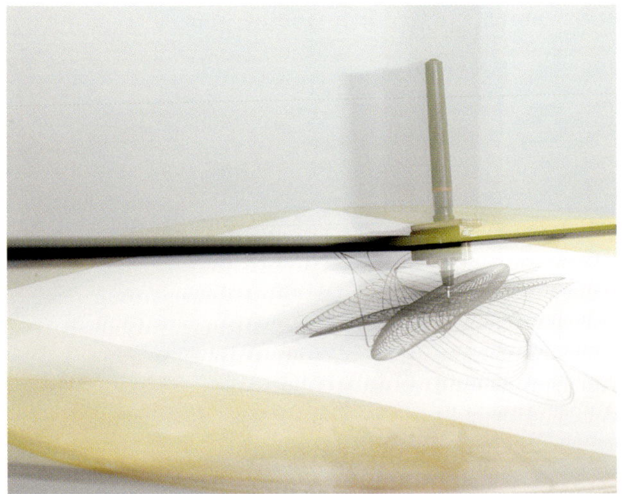

Olafur Eliasson

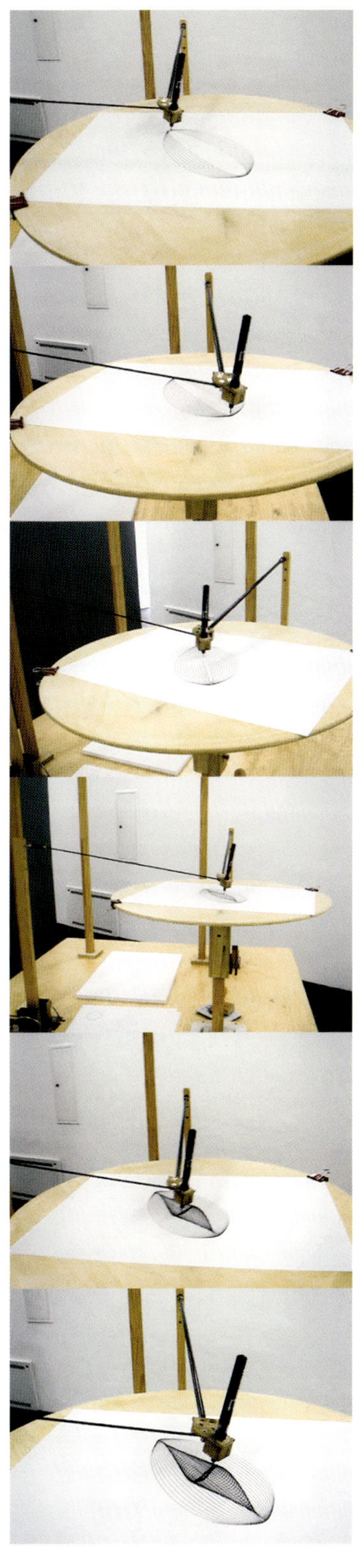

In seinen Werken, die häufig mit Phänomenen aus dem Bereich der Naturwissenschaft verbunden sind, untersucht Olafur Eliasson die Bedingungen der menschlichen Wahrnehmung. Bestehend aus einem Tisch mit Pendeln, einer Scheibe und einem Aufsatz wirkt *The endless study* einerseits wie eine Versuchsanordnung, andererseits erinnert der Tisch und die Schlichtheit der einzelnen Elemente an eine hausgemachte Apparatur. Funktionell handelt es sich um einen Harmonographen, ein in der Mitte des 19. Jahrhunderts entwickeltes Gerät zur grafischen Darstellung zweier Schwingungen. Der Harmonograph war damals sehr populär und befand sich tatsächlich in vielen Haushalten. In *The endless study* werden zwei im rechten Winkel zueinander stehende Pendel in Bewegung gesetzt, an denen ein Stift befestigt ist, der auf ein Blatt Papier auf der sich drehenden Scheibe zeichnet. Im Spiegelaufsatz kann der Betrachter die Bewegung und zugleich die grafische Umsetzung der Schwingung gut verfolgen.

Weitere Aspekte wie Zeit und Energie zeigen sich hier, denn die Stärke vom Pendelanstoß wirkt sich auf die Geschwindigkeit und Dauer der Zeichnung aus. Der Betrachter setzt die Maschine in Gang, aber er hat keinen weiteren kreativen Einfluss, es sei denn, er stoppt den Vorgang. Ist der Zeichenakt vollendet, kann das Blatt mit einem Stempel versehen werden und wird so zu einem Werk autorisiert. Die Zeichnungen von *The endless study* erstaunen durch ihre dreidimensional wirkende Schönheit besonders in Hinblick auf den schlichten Aufbau und die leichte Handhabung.

Obgleich sich Tinguelys und Eliassons Arbeiten formal und ästhetisch unterscheiden, vereint sie beide das Interesse am Verhältnis zwischen Betrachter und Kunstwerk. Eliasson nutzt den Harmonographen nicht in erster Linie, um ein physikalisches Geschehen zu illustrieren, sondern den Akt der Wahrnehmung, die Beziehung zwischen Betrachter und Kunstwerk zu fokussieren.[1]

In his works, which are often connected to natural scientific phenomena, Olafur Eliasson investigates the conditions of human perception. Consisting of a table with pendulums, a disc, and a stand, *The endless study* seems like the setup for an experiment, on the one hand; on the other hand, the table and the simplicity of the individual elements recall a homemade apparatus. Functionally, the object is a harmonograph, a device invented in the mid-19th century to graphically depict two separate swinging motions. At that time, the harmonograph was very popular and could be found in many households. In *The endless study,* two pendulums at a right angle to each other are set in motion. A writing implement is attached to each and draws on a piece of paper affixed to the rotating disc. The mirror setup makes it easy for the viewer to follow the motion and also the graphic implementation of the swinging motions.

Additional aspects like time and energy also manifest themselves here, because the force used to push the pendulums affects the speed and duration of the drawing procedure. The viewer sets the machine in motion, but has no further creative influence, unless he stops the process. When the act of drawing is finished, the piece of paper can be stamped, thereby authorizing it as a work. The drawings from *The endless study* are astonishing for their seemingly three-dimensional beauty—especially considering the simple construction and easy operation of the machine.

Although Tinguely's and Eliasson's works differ formally and aesthetically, they have in common an interest in the relationship between viewer and work of art. Eliasson does not use the harmonograph primarily to illustrate a physical process, but to focus on the act of perception and the relationship between viewer and work of art.[1]

(1) »I'm really just interested in art and people, in pushing the boundary between what we know and what we think we know. Pursuing all these ideas has brought me into fields of optics. But optics are only my methodology to get closer to the eye and to the mind.« Olafur Eliasson, 2007, zitiert nach: Marc Spiegler: »In the Studio: Olafur Eliasson«, in: *Art + Auction,* Juni 2007, S. 70-76, S. 76.

(1) "I'm really just interested in art and people, in pushing the boundary between what we know and what we think we know. Pursuing all these ideas has brought me into fields of optics. But optics are only my methodology to get closer to the eye and to the mind." Olafur Eliasson, 2007, quoted from: Marc Spiegler: "In the Studio: Olafur Eliasson", in: *Art + Auction,* June 2007, p. 70-76, p. 76.

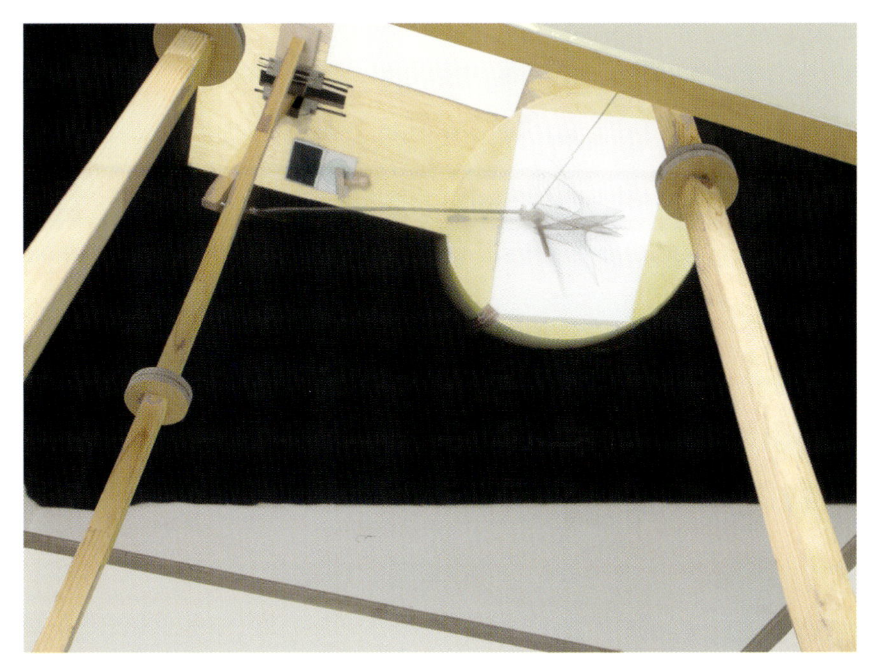

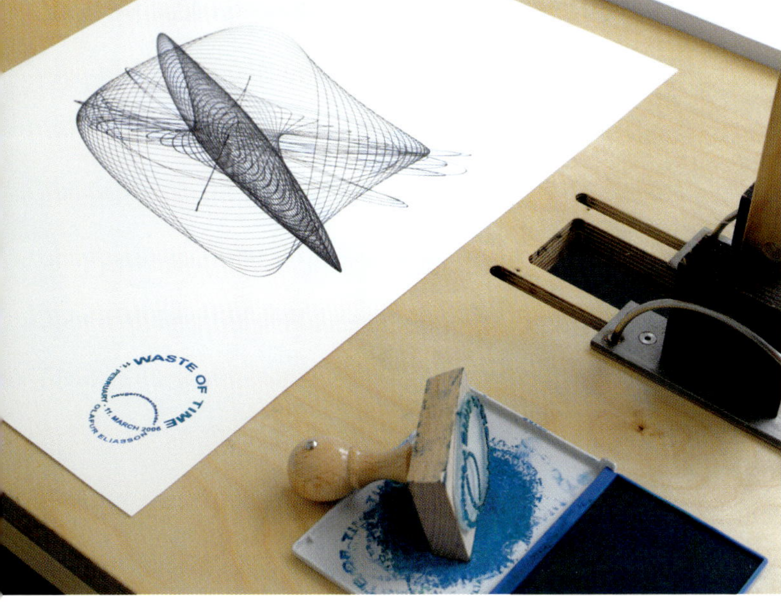

WASTE OF TIME
FEBRUARY · 11 · MARCH 2006
OLAFUR ELIASSON

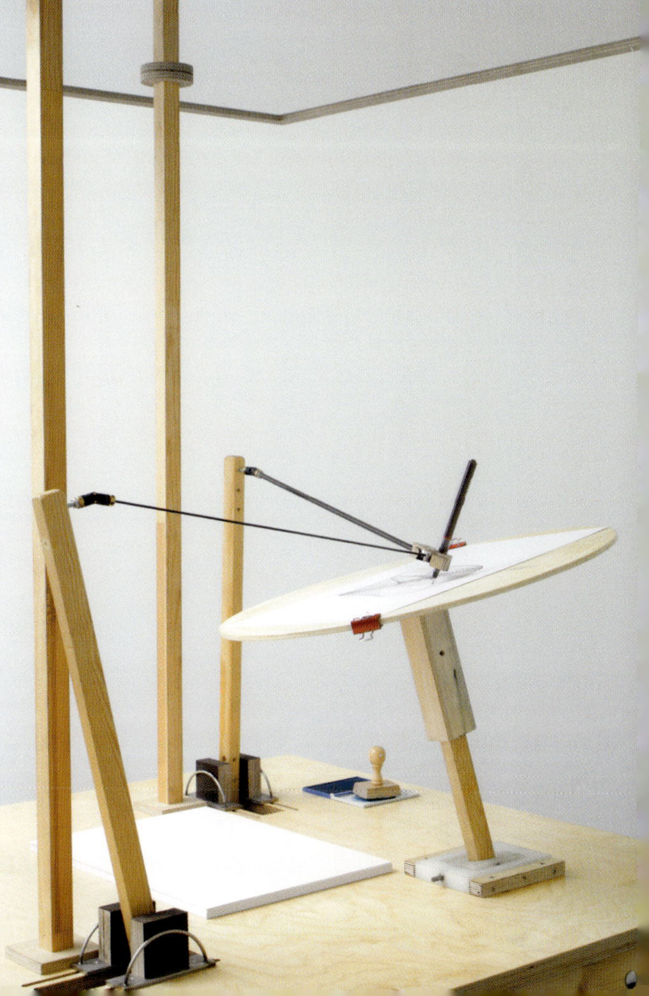

Olafur Eliasson
Geboren / Born 1967 in København, DK.
Lebt und arbeitet / Lives and works in Berlin, DE.

Einzelausstellungen (Auswahl) / Solo Exhibitions (Selection)
2007 PKM Gallery, Soul, KR
2006 *Your uncertainty of colour matching experiment,* Ikon Gallery,
Birmingham, GB
Your constants are changing, Koyanagi Gallery, Tokyo, JP
Your engagement Squence, Tanya Bonakdar Gallery, New York, US
Your waste of time, neugerriemschneider, Berlin, DE
2005 *Your light shadow,* Hara Museum of Contemporary Art, Tokyo, JP
Notion Motion, Museum Boijmans van Beuningen, Rotterdam, NL
The light Setup, Lunds Konsthall, Lund, SE; Malmö Konsthall, Malmö, SE
The endless study, Foksal Gallery Foundation, Warszawa, PL
2004 *Forgetting,* Brandström & Stene, Stockholm, SE
Minding the world, ARoS Aarhus Kunstmuseum, Åarhus, DK (Kat. / cat.)
I only see things when they move, Aspen Art Museum, Aspen, US
The Body as Brain, Kunsthaus Zug, Zug, CH
Olafur Eliasson: Your Lighthouse. Works with Light 1991–2004,
Kunstmuseum Wolfsburg, Wolfsburg, DE (Kat. / cat.)
Olafur Eliasson: Photographs, The Menil Collection, Houston, US
(Kat. / cat.)
Color memory and other informal shadows, Astrup Fearnley Museet for
Moderne Kunst, Oslo, NO (Kat. / cat.)
Frost Activity, Hafnarhus, Reykjavik Art Museum, Reykjavik, IS
(Kat. / cat.)
2003 *The Weather Project,* Tate Modern, London, GB (Kat. / cat.)
The Blind Pavilion, Danske Pavillon, La Biennale di Venezia, Venezia, IT
(Kat. / cat.)
Sonne statt Regen, Städtische Galerie im Lenbachhaus und / and
Kunstbau, München, DE (Kat. / cat.)
Funcionamiento silencioso, Palacio de Cristal, Parque del Retiro, Museo
Nacional Centro de Arte Reina Sofia, Madrid, ES (Kat. / cat.)
2002 *chaque matin je me sens différent, chaque soir je me sens le même,*
Musée d'Art Moderne de la Ville de Paris, Paris, FR (Kat. / cat.)
2001 *die Dinge, die Du nicht siehst die Du nicht siehst,* neugerriemschneider,
Berlin, DE
The mediated motion, Kunsthaus Bregenz, Bregenz, AT (Kat. / cat.)
Your only real thing is time, The Institute of Contemporary Art, Boston, US
2000 *Your now is my surroundings,* Bonakdar Jancou Gallery, New York, US
(Kat. / cat.)
Your intuitive surroundings versus your surrounded intuition, The Art
Institute of Chicago, Chicago, US
Surroundings Surrounded, Neue Galerie am Landesmuseum Joanneum,
Graz, AT; ZKM – Zentrum für Kunst und Medientechnologie Karlsruhe,
Karlsruhe, DE (Kat. / cat.)
Your blue afterimage exposed, Masataka Hayakawa Gallery, Tokyo, JP
Aldrich Museum of Contemporary Art, Ridgefield, US

Gruppenausstellungen (Auswahl) / Group Exhibitions (Selection)
2007 *futuresystems: rare momente,* Lentos Kunstmuseum Linz, Linz, AT
Lavaland, Olafur Eliasson & Johannes Kjarval, GL Strand Museum,
København, DK
2006 *Eye on Europe: Prints, Books & Multiples. 1960 to now,* Museum of
Modern Art, New York, US (Kat. / cat.)
Where are we going?, Opere scelte dalla collezione François Pinault,
Palazzo Grassi, Venezia, IT

Faster! Bigger! Better!, ZKM – Zentrum für Kunst und Medientechnologie
Karlsruhe, Karlsruhe, DE (Kat. / cat.)
Surprise Surprise, ICA – Institute for Contemporary Arts, London, GB
Bühne des Lebens – Rhetorik des Gefühls, Städtische Galerie im
Lenbachhaus und / and Kunstbau München, DE (Kat. / cat.)
Peace Tower Event, Whitney Biennial, Whitney Museum of American
Art, New York, US (Kat. / cat.)
The Garden Party, Deitch Projects, New York, US
Expérience de la durée, Biennale d'art contemporain de Lyon, Lyon, FR
(Kat. / cat.)
2005 *Here comes the sun,* Magasin 3 Stockholm Konsthall, Stockholm, SE
Always a little further, 51. Esposizione Internazionale d'Arte,
La Biennale di Venezia, Venezia, IT (Kat. / cat.)
Ecstasy: in and about altered states, Museum of Contemporary Art,
The Geffen Contemporary, Los Angeles, US (Kat. / cat.)
2004 *The Nature Machine: Contemporary Art, Nature and Technology,*
Queensland Art Gallery, Brisbane, AU
Utopia Station, Mostra d'Oltre Mare, Neapel, IT; Haus der Kunst,
München, DE
Everything is connected he, he, he, Astrup Fearnley Museet for
Moderne Kunst, Oslo, NO
Bewegliche Teile. Formen des Kinetischen, Kunsthaus Graz, Graz, AT;
Museum Tinguely, Basel, CH (Kat. / cat.)
ein-leuchten, Museum der Moderne Salzburg, Salzburg, AT (Kat. / cat.)
Monument to now, The Dakis Joannou Collection, Deste Foundation
for Contemporary Art, Athína, GR (Kat. / cat.)
2003 *The Fifth System: Public Art In The Age Of "Post-Planning",*
The 5th Shenzhen International Public Art Exhibition, Shenzhen, CN
Art Against Stigma, Statens Museum for Kunst, Danish National Gallery,
København, DK
2. Tirana Biennale, Tirana, AL
Arkens Samling 2003, Arken Museum für Moderne Kunst, Ishøj, DK
The Straight or Crooked Way, Royal College of Art, London, GB
(Kat. / cat.)
2002 *Topos – Atopos – Anatopos,* CCNOA – Center for Contemporary
Non-Objective Art, Bruxelles, BE
*Moving Pictures: Contemporary Photography and Video from the
Guggenheim Museum,* Solomon R. Guggenheim Museum, New York,
US (Kat. / cat.)
The object sculpture, The Henry Moore Institute, Leeds, GB (Kat. / cat.)
Claude Monet … bis zum digitalen Impressionismus, Fondation Beyeler,
Riehen, Basel, CH
Form follows fiction, Castello di Rivoli, Turin, IT (Kat. / cat.)
The Waste Land, Österreichische Galerie Belvedere, Wien, AT
(Kat. / cat.)
2001 *en pleine terre,* Museum für Gegenwartskunst Basel, Basel, CH
Preis der Nationalgalerie für junge Kunst, Hamburger Bahnhof, Museum
für Gegenwart, Berlin, DE
Wonderland, The Saint Louis Art Museum, St. Louis, US (Kat. / cat.)
The Greenhouse Effect, Serpentine Gallery, London, GB (Kat. / cat.)
Over the Edges, Stedelijk Museum voor Actuele Kunst, Gent, BE
(Kat. / cat.)
Vision and Reality: Conception of the 20th Century, Louisiana Museum
for Moderne Kunst, Humlebæk, DK

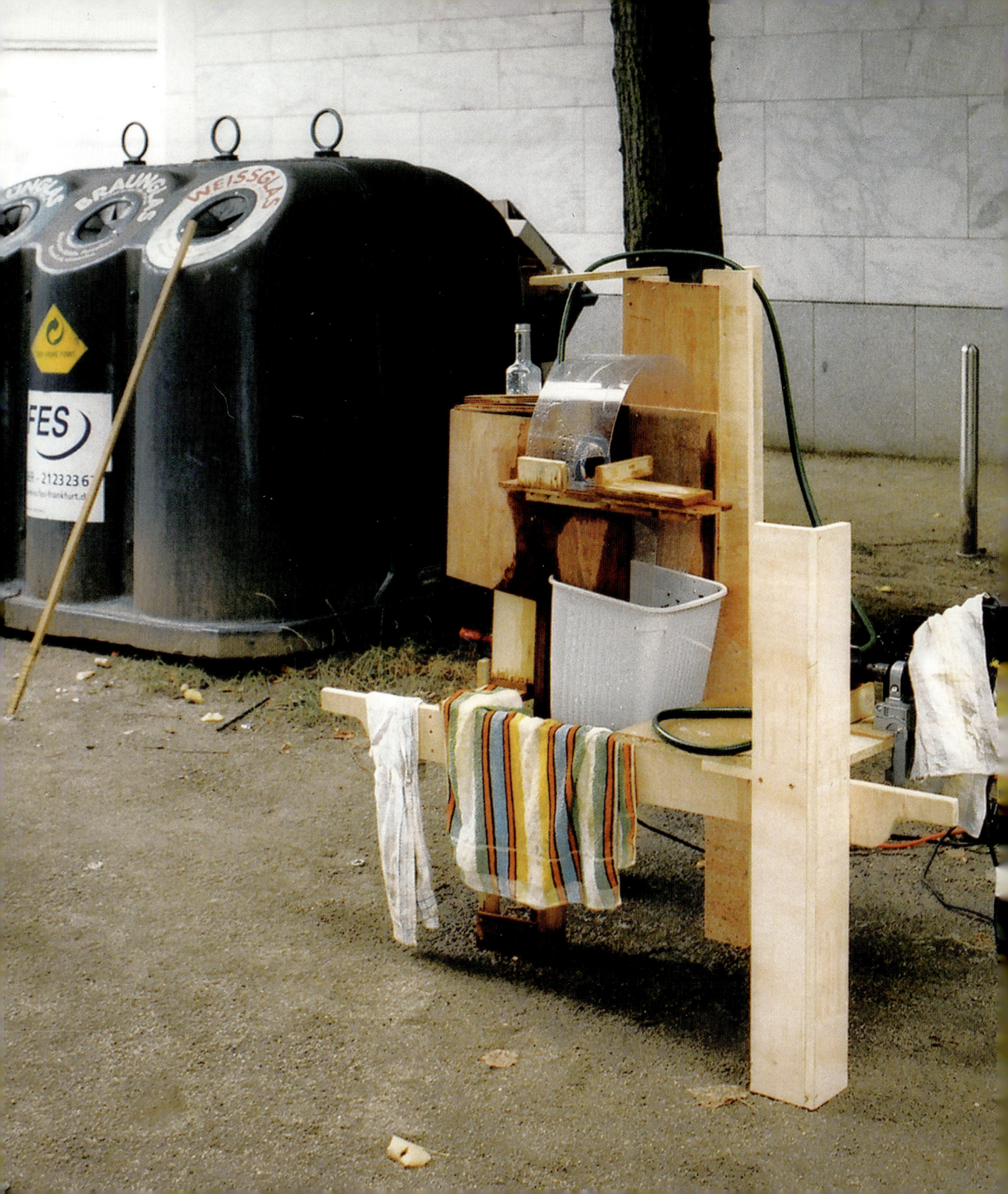
BRAUNGLAS
WEISSGLAS
FES
212323 6

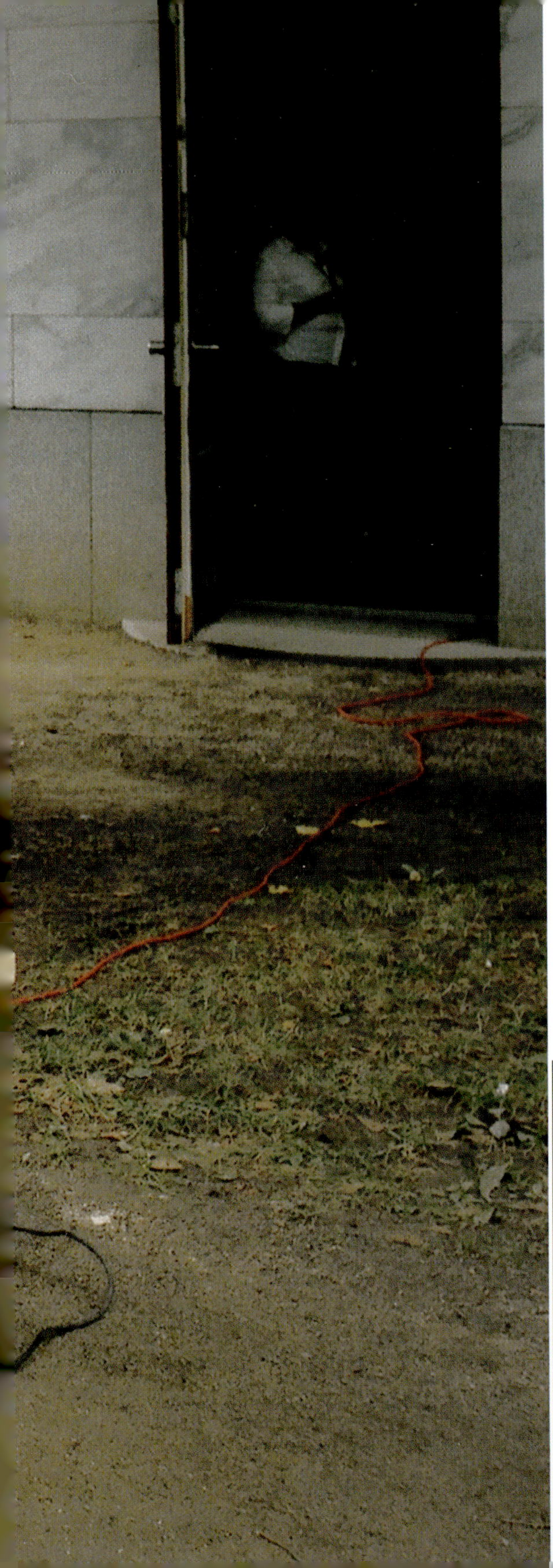

Tue Greenfort

Mobile Trinkglaswerkstatt, 2007
Holz, Schleifmaschine, Bohrer, Gummischlauch
Wood, grinder, drill, rubber tubes
ca. 120 x 90 x 120 cm
c. 47.2 x 35.4 x 47.2 inches

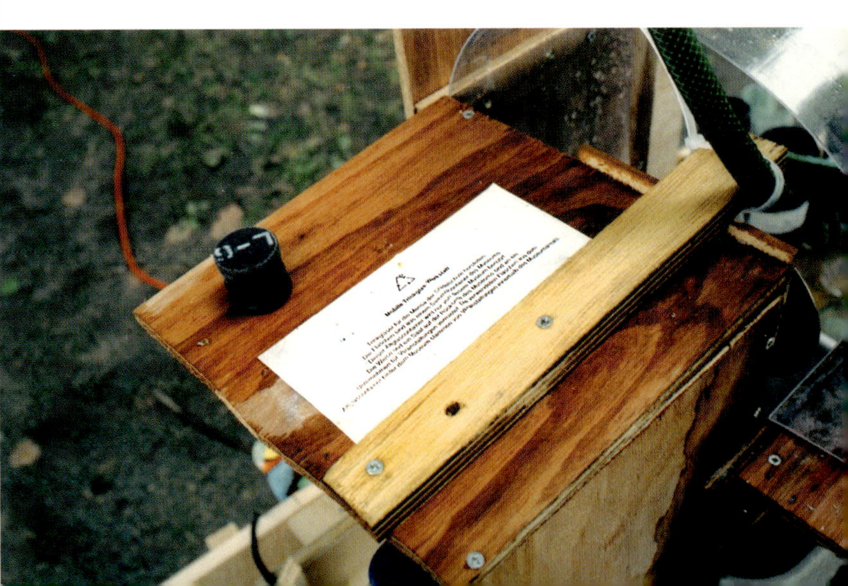

»Die Konservatoren waren sauer [, dass ich die Klimaanlage des Museums um zwei Grad heruntergefahren habe], aber von dem eingesparten Geld, das ich ausgerechnet habe, lasse ich gerade ein Stück Regenwald in Ecuador kaufen.«[1]

Spätestens seit der Mitte des vergangenen Jahrhunderts muss Kunst nicht mehr aus den traditionellen Materialien gemacht sein, sondern kann – wie bei Tue Greenfort – durchaus auch in Installationen und Aktionen bestehen, die ökonomische und ökologische Phänomene thematisieren.

Ob er während der Dauer einer Ausstellung als Fahrer eines mit Rapsöl betriebenen Busses agiert oder mit einem einfachen Aufbau Wasser filtern lässt, stets stehen Fragen nach der Verfügbarkeit von grundlegenden Ressourcen wie öffentlichem Raum oder Wasser im Zentrum.[2] Und stets geht seine Arbeit zwar von kunstimmanenten Phänomenen aus – so antwortete Greenfort auf die Frage, warum er bei seinem dezidierten Interesse für ökologische Phänomene nicht Umweltaktivist geworden sei: »In erster Linie: Weil ich Kunst mache.«[3] – doch zeitigen seine ästhetischen Entscheidungen immer auch weitergehende Folgen; so wenn er, wie oben zitiert, die Klimaanlage in den Ausstellungsräumlichkeiten der *Sharjah Biennale* in der Nähe von Dubai um just jene zwei Grad herunterfuhr, die die derzeitige Erderwärmung verlangsamen könnte, und mit dem eingesparten Geld ein Stück des ecuadorianischen Regenwaldes durch Kauf vor der Abholzung bewahrte.

Auch die *Mobile Trinkglaswerkstatt* – entstanden aufgrund des permanenten Mangels an Trinkgläsern in der Kantine der Städelschule, die von den Studentinnen und Studenten zweckentfremdet wurden – lotet ökologische und ökonomische Fragen aus: Durch die Umwandlung von Einwegflaschen in Trinkgläser wird die bei der Flaschenherstellung aufgewandte Energie einem weiteren Zweck dienstbar gemacht, und die Recyclierung im Museumskontext verweist ironisch auf die der Institution noch immer innewohnende Nobilitierungsfunktion.

“The conservators were angry [that I turned down the museum's air conditioning by two degrees], but from the money I calculated this would save, I am buying a plot of rainforest in Ecuador.”[1]

Since the mid-20th century at the latest, art has no longer had to be made of traditional materials. Rather, as with Tue Greenfort, it can definitely consist of installations and actions that take economic and ecological phenomena as their themes.

Whether he acts as the driver of a bus fueled with canola oil for the duration of an exhibition or sets up a simple apparatus to filter water, questions of the availability of basic resources like public space or water are always in the center of his interest.[2] Greenfort's work always starts from art-immanent phenomena; and he always answers the question why, with his strong interest in ecological phenomena, he did not become an environmental activist: “Primarily: because I make art.”[3] But his aesthetic decisions always also have more far-reaching consequences. For example, as cited above, when he turns down the air conditioning by two degrees in the exhibition rooms of the *Sharjah Biennal* near Dubai, which could slow the current warming of the earth, and uses the money saved to buy a piece of rainforest in Ecuador to protect it from clear-cutting.

He created the *Mobile Trinkglaswerkstatt* in response to the constant lack of drinking glasses in the canteen at the Städelschule, whose students take them to use for other purposes. This work, too, plumbs economic and ecological issues. Converting non-returnable bottles into drinking glasses means that the energy used to manufacture the bottles is put to further use, and recycling in the context of the museum ironically points to the ennobling function still inherent in this institution.

(1) Tue Greenfort, zitiert nach: Silke Hoffmann: »Grün wirkt«, in: *Monopol,* Nr. 7, 2007, S. 52-57, S. 56.

(2) Sabine Kunz: »Als ob wir nicht die Besitzenden wären«, in: *A whiter shade of pale. Kunst aus den nordischen Ländern an der Unterelbe,* Ausst.kat. Palais für aktuelle Kunst / Kunstverein Glückstadt u. a., Stade 2005, S. 76-89.

(3) Silke Hoffmann: »Grün wirkt«, a. a. O., S. 56.

(1) Tue Greenfort, quoted from: Silke Hoffmann: “Grün wirkt”, in: *Monopol,* Nr. 7, 2007, p. 52-57, p. 56.

(2) Sabine Kunz: “Als ob wir nicht die Besitzenden wären”, in: *A whiter shade of pale. Kunst aus den nordischen Ländern an der Unterelbe,* exh. cat. Palais für aktuelle Kunst / Kunstverein Glückstadt et al., Stade 2005, p. 76-89.

(3) Silke Hoffmann: “Grün wirkt”, op. cit., p. 56.

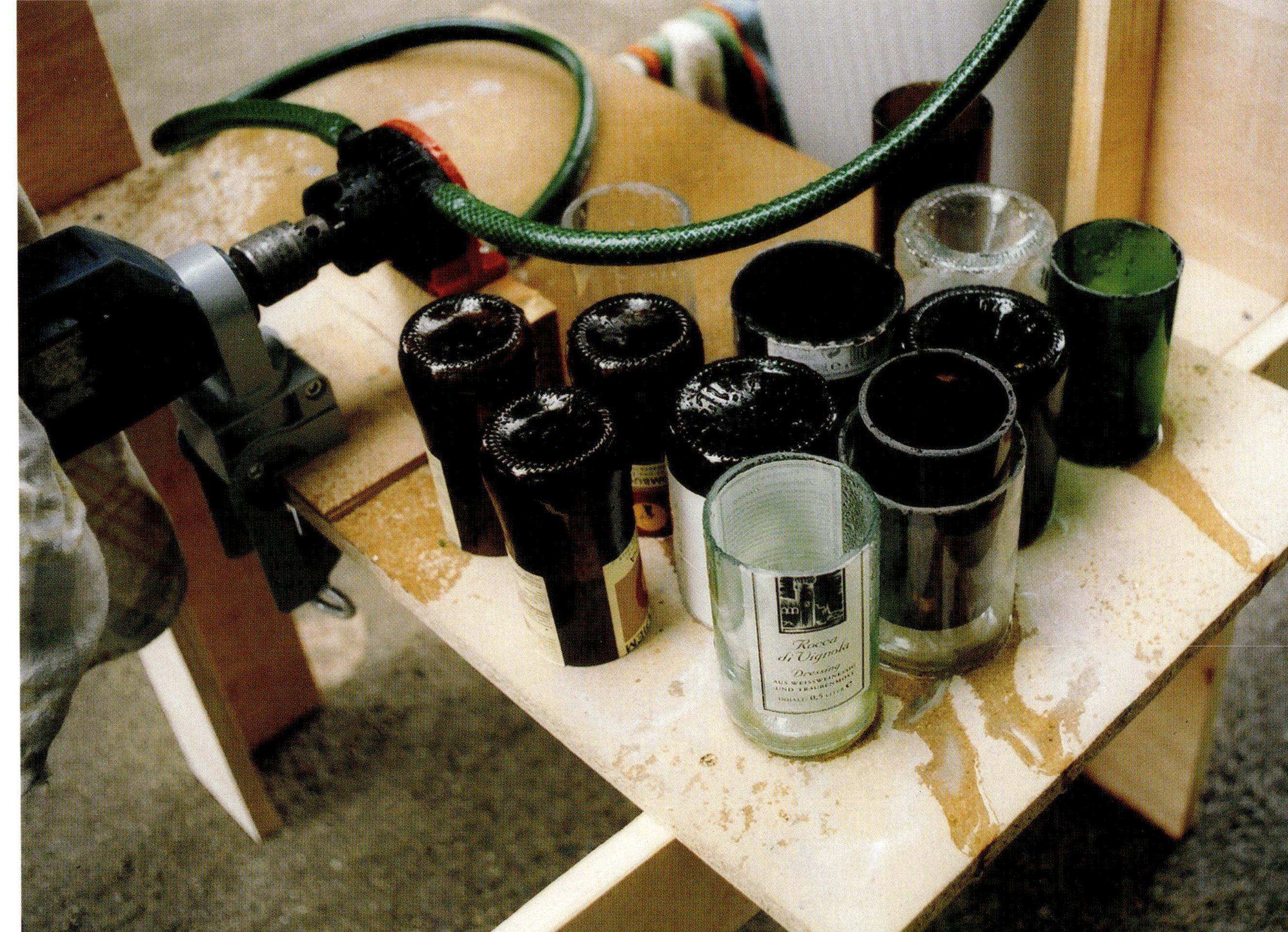

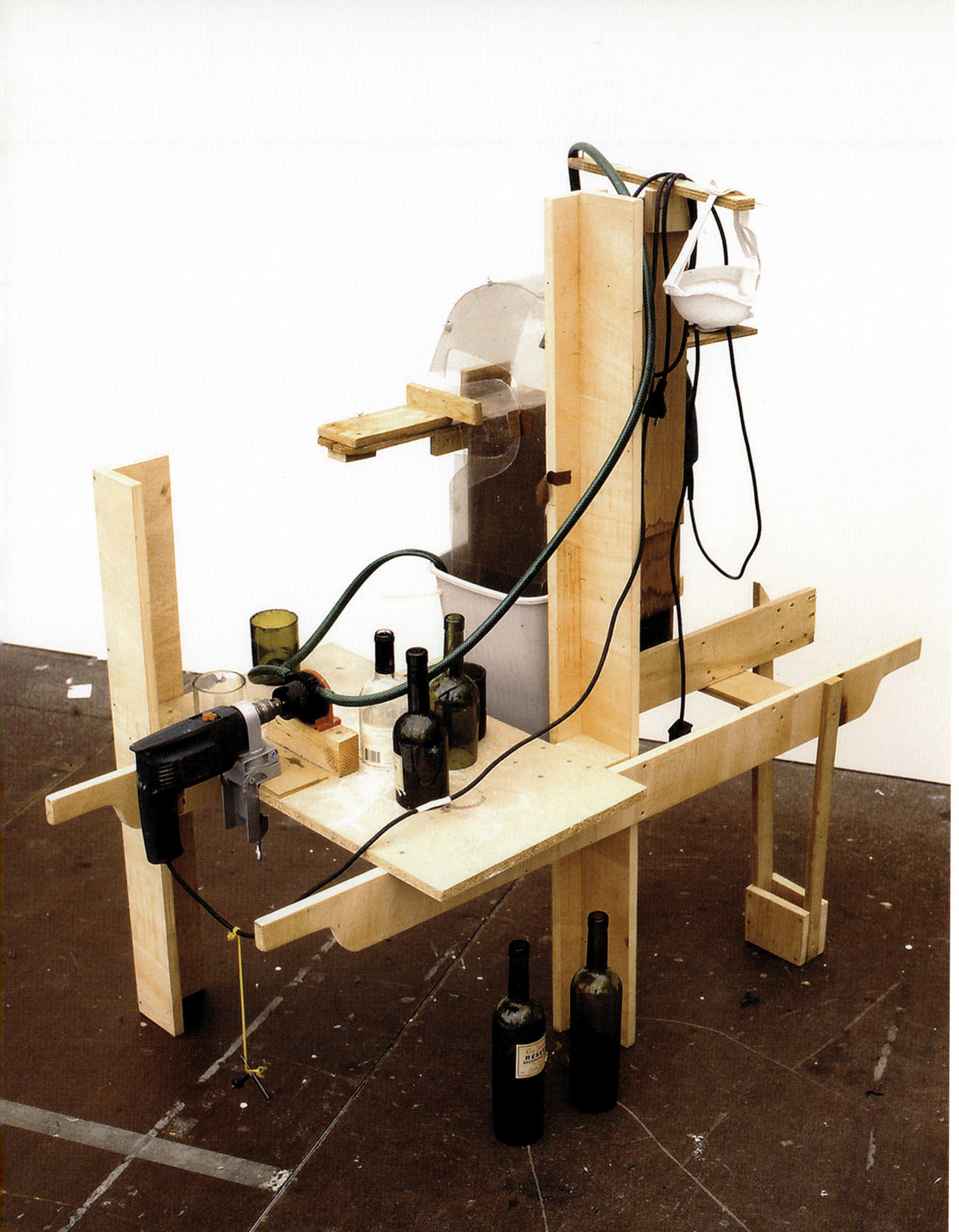

Tue Greenfort
Geboren / Born 1973 in Holbæk, DK.
Lebt und arbeitet in Dänemark und Berlin, DE /
Lives and works in Denmark and Berlin, DE.

Einzelausstellungen (Auswahl) / Solo Exhibitions (Selection)
2007 *Tue Greenfort,* Johann König, Berlin, DE
 Tue Greenfort, Secession, Wien, AT
2006 *Rococo Eco,* Max Wigram Gallery, London, GB
 Arts & Ecology programme, Royal Society of Arts, London, GB
 Tue Greenfort. Photosynthesis, Witte de With, Center for Contemporary
 Art, Rotterdam, NL (Kat. / cat.)
2005 *Betreten des Grundstücks erlaubt,* Kunstverein Arnsberg, Arnsberg, DE
 (Kat. / cat.)
 Als ob wir nicht die Besitzenden wären, Palais für Aktuelle Kunst,
 Glückstadt, DE (Kat. / cat.)
 Dänische Schweine und andere Märkte, Johann König, Berlin, DE
2004 *Umwelt,* Gallery Zero, Milano, IT
 RE PRÄSENTATION, 1822 Forum, Frankfurt am Main, DE
 Spediteurraum Erlenstrasse 15, Galerie Nicolas Krupp, Basel, CH
2003 *Used and Produced,* Schnittraum, Köln, DE
 Fresh and Upcoming, Frankfurter Kunstverein, Frankfurt am Main, DE
2002 *Out of site,* Johann König, Berlin, DE
2001 *The Peripheral Centre,* dontmiss, Frankfurt am Main, DE
2000 *Exchange,* Städelschule, Frankfurt am Main, DE

Gruppenausstellungen (Auswahl) / Group Exhibitions (Selection)
2007 *Made in Germany,* Sprengel Museum, Hannover, DE (Kat. / cat.)
 Le mythe du cargo, Crédac / Galerie Fernand Léger, Ivry, FR
 Modelle von morgen: Köln, Europäische Kunsthalle, Köln, DE
 OEen Group Show, OEen Group, København, DK
 Still Life: Art, Ecology and the Politics of change, Sharjah Biennial 8,
 Sharjah, AE (Kat. / cat.)
 Skulptur Projekte Münster 07, Münster, DE (Kat. / cat.)
 Offers for re-enacting, Kunsthalle Exnergasse, Wien, AT
2006 *Momentum, Nordic Festival of contemporary art,* Moss, NO
 Cluster, Participant Inc, New York, US
 Jagdsalon, Kunstraum Kreuzberg, Berlin, DE
 Inaugural Exhibition, Johann König, Berlin, DE
 The Show Will Be Open When The Show Will Be Closed,
 STORE gallery & various locations, London, GB
 Jan Freuchen, Tue Greenfort, ALP Peter Bergman Gallery, Stockholm, SE
 Stefan Thater, Frederike Klever, Tue Greenfort, Anna Helwing Gallery,
 Los Angeles, US
2005 *Lichtkunst aus Kunstlicht,* ZKM – Zentrum für Kunst und
 Medientechnologie Karlsruhe, Karlsruhe, DE (Kat. /cat.)
 Threshold, Max Wigram Gallery, London, GB
 Post Notes, ICA – Institute of Contemporary Arts, London, GB; Midway
 Contemporary Art, Minneapolis, US
2004 *L'attitude des autres,* SMP, Marseille, FR
 Tuesday is gone, Tblisi, GE
 Black Friday. Exercises in Hermetics, Galerie Kamm, Berlin, DE
 Suburbia, Chiostri San Domenico, Reggio Emilia, IT
 Ce qui reste, Galerie du TNB, Rennes, FR
 Prisma, Galerie Martin Janda, Wien, AT
 Revision-Stadt, Land, Kunst, Westfälischer Kunstverein, Münster, DE
2003 *Tue Greenfort / Yesim Akdeniz Graf,*
 Gallery Beaumontpublic + königsbloc, Luxembourg, LU

Absolvenz, Abschlußausstellung der Städelschule 2003,
Städel Museum, Frankfurt am Main, DE
Total motiviert / The state of the upper floor: Panorama, Kunstverein
München, München, DE
one place after another, Frankfurt Flughafen, Frankfurt am Main, DE
Bayrle / Greenfort / Zybach, Galerie Francesca Pia, Bern, CH
The sky beneath your window, Zero, Piacenza, IT
2002 *Pernille K. Williams / Tue Greenfort,* Posthorngasse 6/21, Wien, AT
2001 *Jahresgaben 01/02,* Frankfurter Kunstverein, Frankfurt am Main, DE
 Vasistas, Teknik Üniversitesi, Istanbul, TR
 Real Presence, Generation 2000, Museum »25. Maj«, Belgrad, RS
2000 *Flocking,* Gallerie North, København, DK

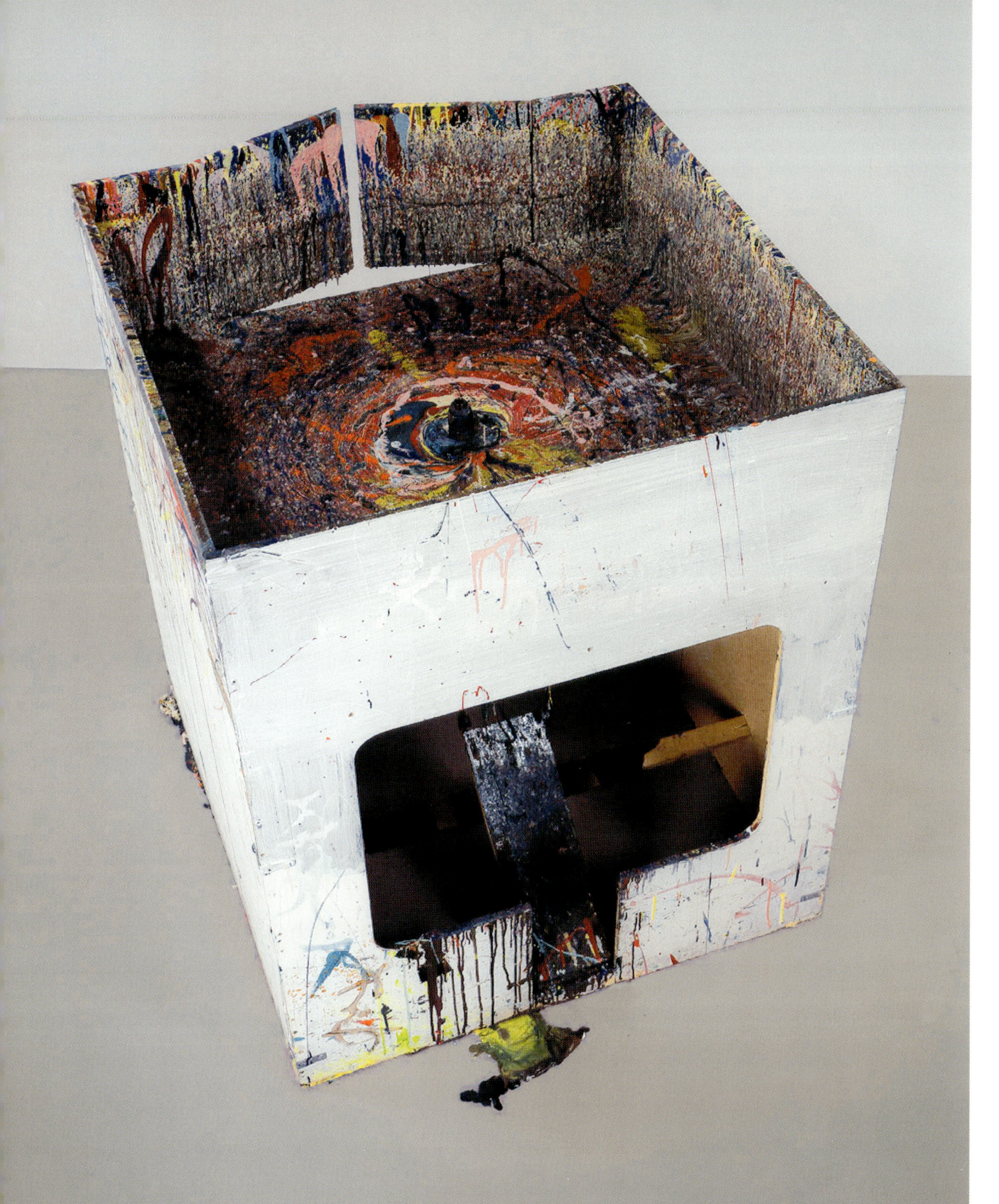

Damien Hirst

Making Beautiful Drawings, 2007

Drehmaschine, 24 Zeichnungen, Zeichenutensilien (Papier,
Bleistifte, Kreide, Tinte u. a.)
Spin machine, 24 drawings, drawing material (paper, pencils,
crayons, inks, etc.)
Maße variabel
Dimensions variable

»Nein! Fuck it, es ist einfach, die Arbeit ist einfach. Wir müssen alles einfach halten, jeder kann es machen, jeder kann schöne Zeichnungen machen. So einfach ist es: schöne Zeichnungen machen.«

»Sie sehen eher psychotisch als schön aus.«

»Nein, sie sind schön, du bist schön, ich bin schön, jeder ist schön, es ist so rein. Ich liebe es!«

»Aber ich könnte es mit geschlossenen Augen machen!«

»Genau.«

»Wo ist die Kunst dabei?«

»Das ist der Punkt.«

»Aber wo ist der Unterschied zwischen einer Zeichnung, die von dir gemacht wurde, und einer, die von jemand anderem gemacht wurde?«

»Eine, die von mir gemacht ist, … ist von mir gemacht … verstehst du das nicht?«

»Ist das der einzige Unterschied?«

»Abgesehen davon, dass ich sie unterschrieben habe.«

»Was, wenn Picasso eine gemacht hätte?«

»Er ist tot.«

»Ich meine hypothetisch.«

»Hat er nicht.«

»Also gibt es keinen Unterschied abgesehen davon, dass du sie signiert hast?«

»Probiere es, mache eine und wir können sie vergleichen!«[1]

"No! Fuck it, it's simple, the work's simple. We have to keep everything simple, anyone can do it, anyone can make beautiful drawings. It's as simple as that: making beautiful drawings."

"They look more psychotic than beautiful."

"No, they're beautiful, you're beautiful, I'm beautiful, everybody is beautiful, it's so pure. I love it!"

"But I could do that with my eyes closed!"

"Exactly."

"Where's the art in it?"

"That's the point."

"But what's the difference between a drawing made by you and one made by someone else?"

"One made by me … is made by me … don't you get it?"

"Is that the only difference?"

"Apart from that I've signed them."

"What if Picasso made one?"

"He is dead."

"I mean hypothetically."

"He didn't."

"So there's no difference apart from that you've signed them?"

"Have a go, make one and we can compare!"[1]

(1) Zitiert nach: *Damien Hirst – making beautiful drawings,* Ausst.kat. Bruno Brunnet Fine Arts, Berlin 1994, o. S.

(1) Quoted from: *Damien Hirst—making beautiful drawings,* exh. cat. Bruno Brunnet Fine Arts, Berlin 1994, n. p.

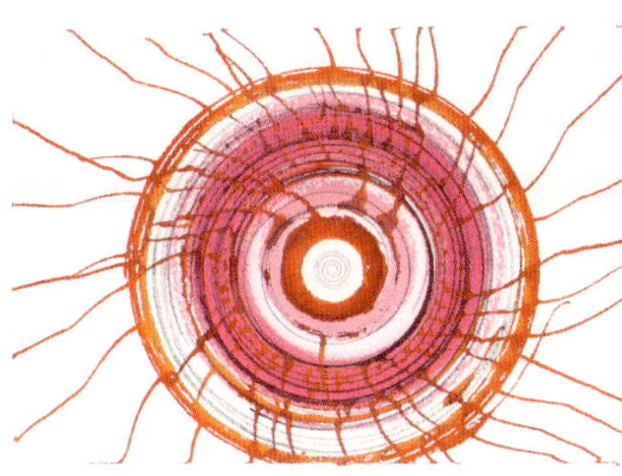

Beautiful Tangled Streamers Drawing, 2007

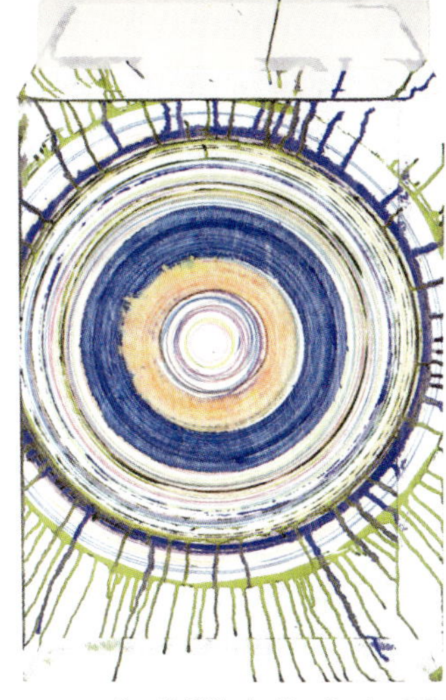

Beautiful Slithering Moss Drawing, 2007

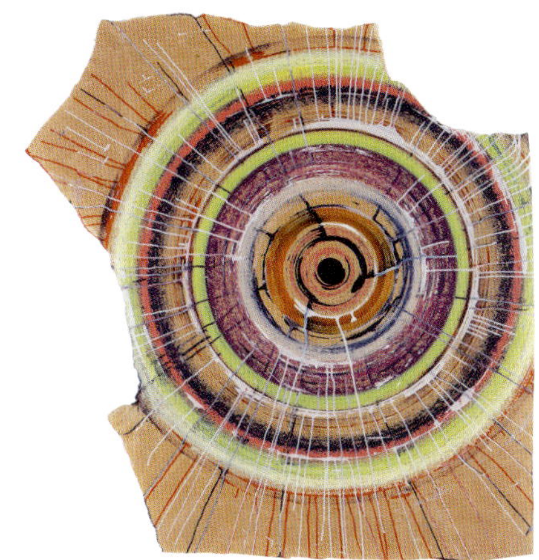

Beautiful Broken Spinning Wheel of Death Drawing, 2007

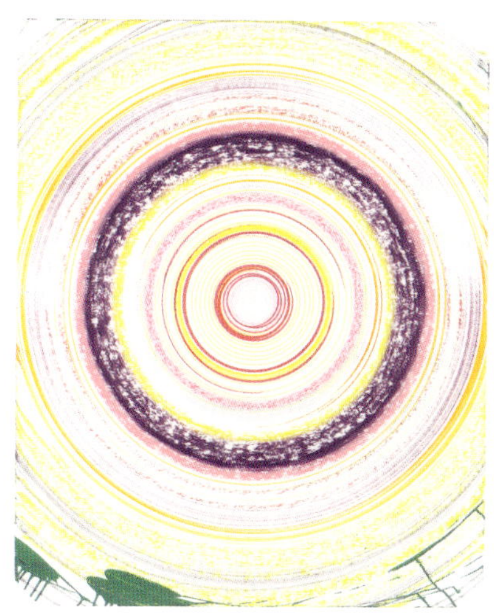

Beautiful Spinning Plates Drawing, 2007

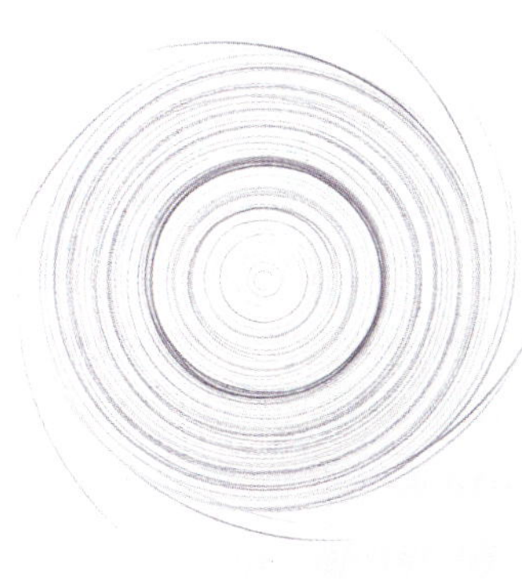

Beautiful Sparks Flying Drawing, 2007

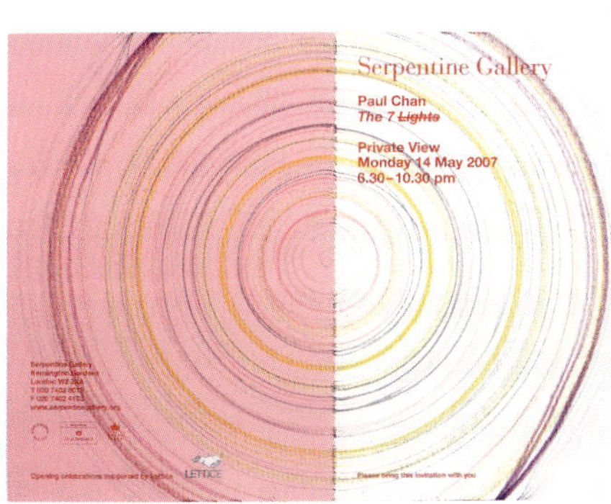

Beautiful Whirling Metropolis Drawing, 2007

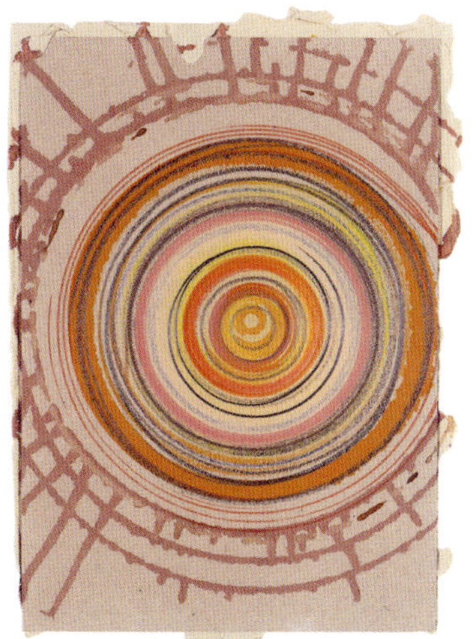

Beautiful Meltdown Drawing, 2007

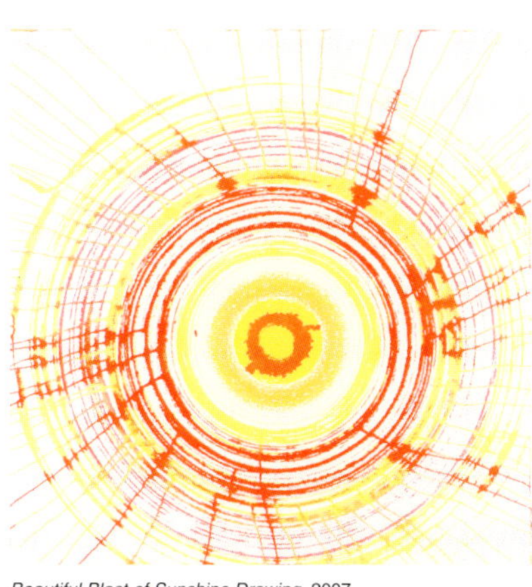

Beautiful Blast of Sunshine Drawing, 2007

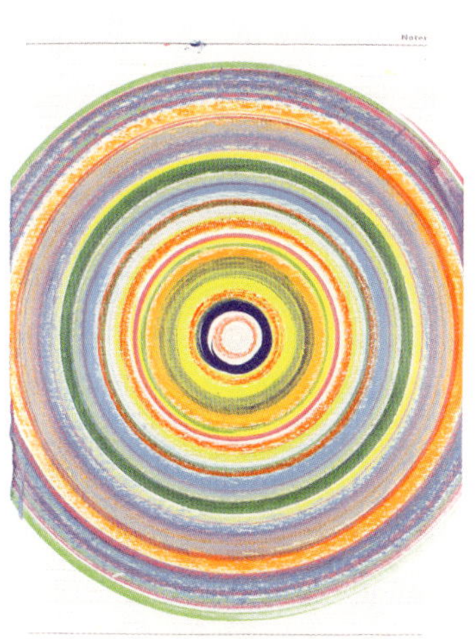

Beautiful Whirling Parachute Drawing, 2007

Damien Hirst

Die Installation *Making Beautiful Drawings* gehört zur Serie der *Spin Drawings* und besteht aus einer Zeichenmaschine und einer Auswahl an Zeichnungen, die von Damien Hirst signiert worden sind. Der Besucher hat in der Ausstellung die Möglichkeit, die Maschine selbständig zu benutzen und die eigene Arbeit mit einem Stempel, der Ort und Anlass bezeugt, zu versehen. Hirsts Arbeiten entstehen häufig in Form von Serien als Massenprodukte wie beispielsweise die *Spin Paintings* oder die *Spot Paintings.* Ausgehend von letzteren, interessiert Hirst, dass sie aussehen sollen, als wären sie von einer Maschine gemacht worden: »Die Vorstellung vom Künstlerroboter, einer Maschine statt des Künstlers, hat mich immer gereizt.«[2] So malt er die ersten *Spot Paintings* noch eigenständig, später übernehmen mehrere Assistenten diese Arbeit. Hirst glaubt nicht an die Aura des Originals, und wie bei den *Spin Paintings* schreibt er auch bei den *Spin Drawings* lediglich vor, wie der Titel beginnt und endet: »Beautiful« soll am Anfang stehen, und auf »Drawing«[3] soll der Titel enden. Der Einsatz der Maschine zur Bildproduktion stellt für ihn eine Möglichkeit dar, das Malen zu erleichtern und der Angst vor der Leere zu entkommen. Das Faszinierende an den Maschinen bezeichnet er zugleich als »Cheap Trick«[4]: Aufregend ist der Entstehungsprozess, in dem Bewegung zeichnerisch oder malerisch umgesetzt wird. Nach Beendigung, dem Anhalten dieses Prozesses haftet der Arbeit etwas Trauriges und Totes an.

Hirst ist die zugrunde liegende Idee wichtiger als das Objekt, dabei ist er sich gleichzeitig sehr wohl darüber bewusst, dass in der Kunstwelt das Objekt wichtiger ist.[5] Deswegen macht es keinen Unterschied, wer die Zeichenmaschine betätigt, aber sehr wohl, wer sie signiert.

(2) *Contemporary Voices. Die UBS Art Collection zu Gast in der Fondation Beyeler,* Ausst.kat. Fondation Beyeler, Riehen, Basel 2005, S. 44 ff.

(3) Ebenda, S. 46.

(4) *Damien Hirst. The Agony and the Ecstasy. Selected Works from 1989-2004,* Ausst.kat. Museo Archeologico Nazionale, Napoli 2004, S. 194.

(5) *Contemporary Voices. Die UBS Art Collection zu Gast in der Fondation Beyeler,* a. a. O., S. 47.

The installation *Making Beautiful Drawings* belongs to the series of the *Spin Drawings* and consists of a drawing machine and a selection of drawings signed by Damien Hirst. The visitor in the exhibition has the chance to use the machine himself und to label his own work with a stamp that records place and occasion. Hirst often creates his works in the form of series as mass products, like the *Spin Paintings* and the *Spot Paintings.* Beginning with the latter, what interests Hirst is that they should look as if they were made by a machine: "The idea of an artist-robot, a machine instead of the artist, always fascinated me."[2] Thus, he painted the first *Spot Paintings* himself, but later several assistants took on this task. Hirst does not believe in the aura of the original, and, as with the *Spin Paintings,* for the *Spin Drawings* he merely stipulates that the title begins with "Beautiful" and ends with "Drawing".[3] He regards the use of the machine to produce pictures as a possibility to make painting easier and to escape from the fear of the void. At the same time, he terms the fascination of the machines a "cheap trick"[4]: The process by which the pictures arise, in which motion is translated by drawing or painting, is exciting. After this process ends or halts, there is something sad and dead about the work.

For Hirst, the underlying idea is more important than the object; although he is simultaneously quite aware that the object is more important in the art world.[5] That is why it makes no difference who operates the drawing machine, but it does matter who signs it.

(2) *Contemporary Voices. Die UBS Art Collection zu Gast in der Fondation Beyeler,* exh. cat. Fondation Beyeler, Riehen, Basel 2005, p. 44 ff.

(3) Ibid., p. 46.

(4) *Damien Hirst. The Agony and the Ecstasy. Selected Works from 1989-2004,* exh. cat. Museo Archeologico Nazionale, Naples 2004, p. 194.

(5) *Contemporary Voices. Die UBS Art Collection zu Gast in der Fondation Beyeler,* op. cit., p. 47.

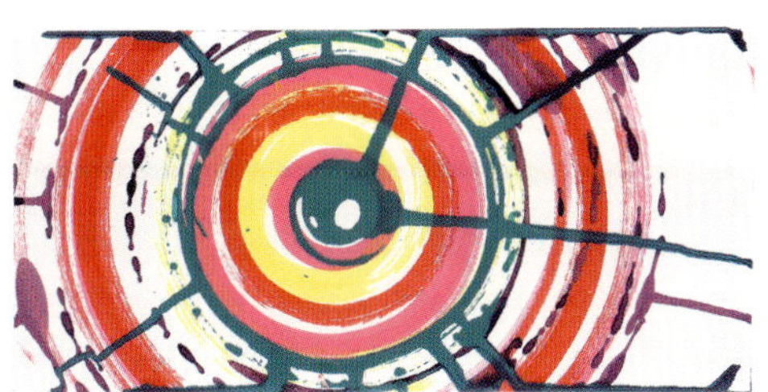

Beautiful Firework Explosion Drawing, 2007

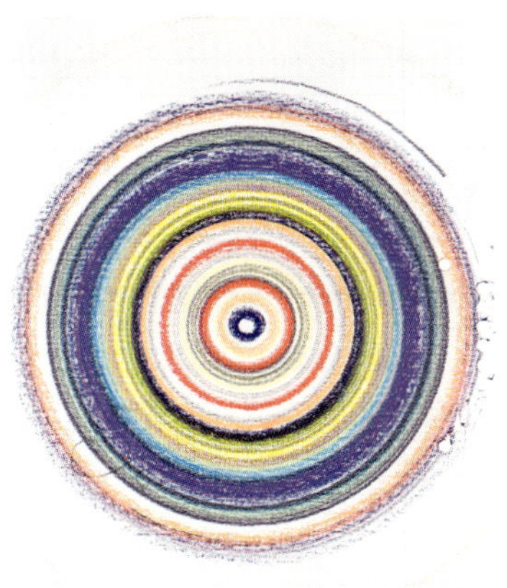

Beautiful Spinning Top Drawing, 2007

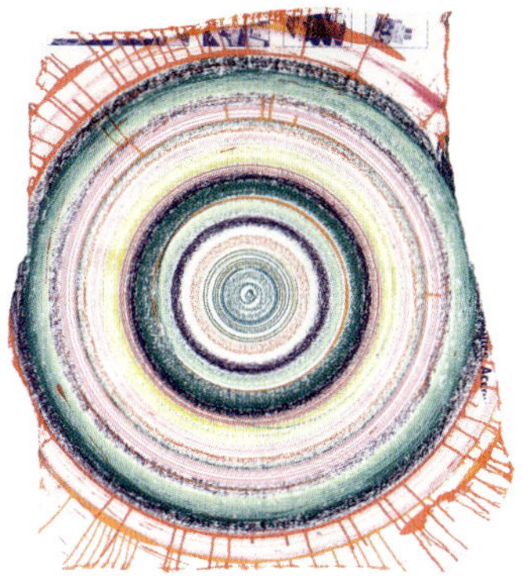

Beautiful Flying in the Forest Drawing, 2007

Beautiful Shimmering Vortex Drawing, 2007

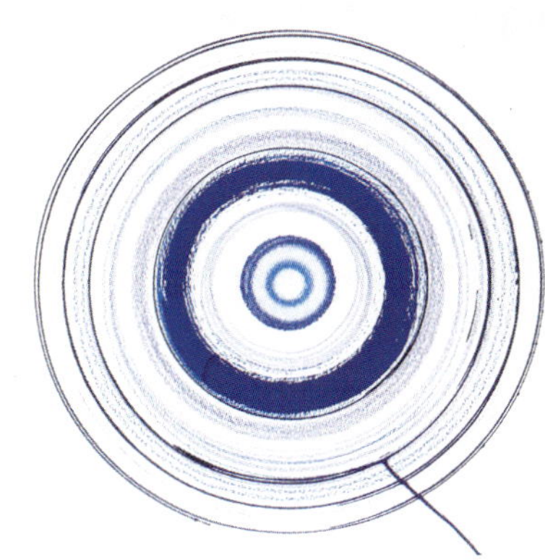

Beautiful Yo-Yo-ing Lollipop Drawing, 2007

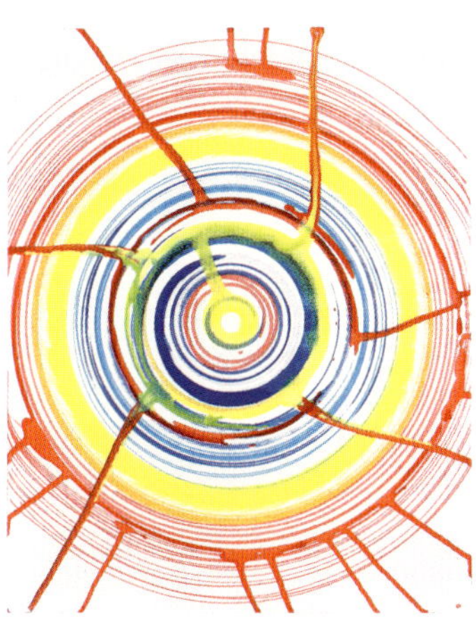

Beautiful Spinning Out of Control Drawing, 2007

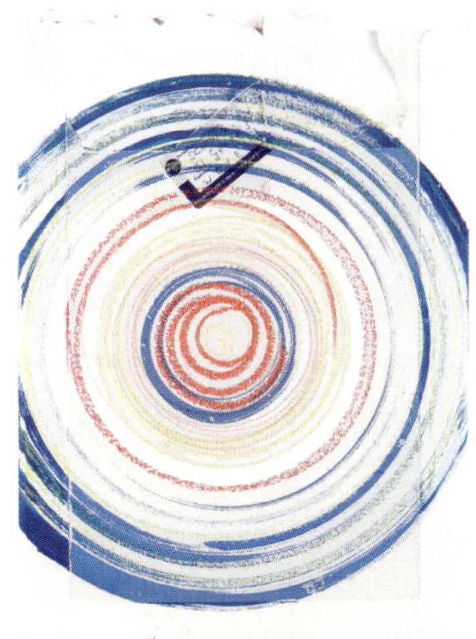

Beautiful Fluttering Spirograph Drawing, 2007

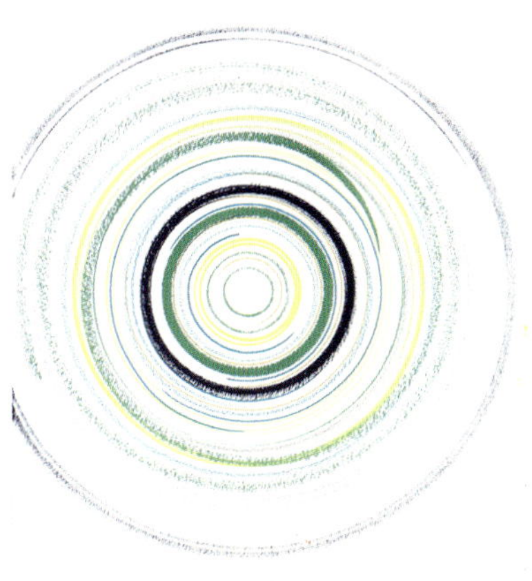

Beautiful Organised Chaos Drawing, 2007

Beautiful Fertilisation Drawing, 2007

Damien Hirst

Damien Hirst
Geboren / Born 1965 in Bristol, GB.
Lebt und arbeitet / Lives and works in Devon, GB.

Einzelausstellungen (Auswahl) / Solo Exhibitions (Selection)

2007 *Beyond Belief,* White Cube Masons Yard, White Cube Hoxton Square,
London, GB (Kat. / cat.)
The Five Aspects of God, Herz-Jesu-Kirche, Köln, DE
Superstition, Gagosian Gallery, London, GB; Gagosian Gallery, Los
Angeles, US (Kat. / cat.)

2006 *Corpus: Drawings 1981–2006,* Gagosian Gallery, New York, US
(Kat. / cat.)
A Thousand Years & Triptychs, Gagosian Gallery, London, GB
*The Death of God. Towards a Better Understanding of a Life Without
God Aboard the Ship of Fools,* Galería Hilario Galguera, MX (Kat. / cat.)

2005 Astrup Fearnley Museet for Moderne Kunst, Oslo, NO (Kat. / cat.)
The Elusive Truth!, Gagosian Gallery, New York, US (Kat. / cat.)
The Bilotti Paintings, Gagosian Gallery, London, GB; Norton Museum
of Art, West Palm Beach, US (Kat. / cat.)
A Selection of Works by Damien Hirst from Various Collections,
Museum of Fine Arts, Boston, US

2004 *The Agony and The Ecstasy: Selected Works from 1989–2004,* Museo
Archeologico Nazionale di Napoli, Napoli, IT (Kat. / cat.)

2003 *Romance In the Age of Uncertainty,* White Cube, London, GB
(Kat. / cat.)
From the Cradle to the Grave: Selected Drawings,
The 25th International Biennale of Graphic Arts, International Centre
of Graphic Arts, Ljubljana, SI; Marble Palace, The State Russian Museum,
St. Petersburg, RU
The Saatchi Gallery, London, GB
Damien Hirst. In A Spin; The Action of the World on Things,
Galerie Aurel Scheibler, Berlin, DE

2002 *Damien Hirst's art education,* The Reliance, Leeds, GB

2000 Sadler's Wells, London, GB
*Theories, Models, Methods, Approaches, Assumptions, Results and
Findings,* Gagosian Gallery, New York, US (Kat. / cat.)

Gruppenausstellungen (Auswahl) / Group Exhibitions (Selection)

2007 *Rummage,* The Winchester Gallery, Winchester, GB
Re-Object, Kunsthaus Bregenz, Bregenz, AT (Kat. / cat.)
Draw, Middlesbrough Institute of Modern Art, Middlesbrough, GB
Deep Inspiration, Jerwood Space, London, GB
Aftershock: Contemporary British Art 1990–2006, Guangdong Museum
of Art, Guangzhou und / and Capital Museum, Beijing, CN (Kat. / cat.)

2006 *Visitaciones,* Museo de San Carlos, Mexico City, MX
Where Are We Going?, La Collezione Francois Pinault, Palazzo Grassi,
Venezia, IT (Kat. / cat.)
Damien Hirst, David Salle, Jenny Saville – The Bilotti Chapel, Museo
Carlo Bilotti, Roma, IT (Kat. / cat.)
Into Me / Out of Me, P.S.1 Contemporary Art Center, New York, US; KW
Kunst-Werke Berlin e.V. – Institute of Contemporary Art, Berlin, DE;
MACRO – Museo d'Arte Contemporanea, Roma, IT (Kat. / cat.)
Infinite Painting, Villa Manin Centro d'Arte Contemporanea, Codroipo, IT

2005 *Art of the Garden,* Tate Britain, London, GB (Kat. / cat.)
Return to Space, Hamburger Kunsthalle, Hamburg, DE (Kat. / cat.)

2004 *100 Artists See God,* Contemporary Jewish Museum, San Francisco, US;
Laguna Art Museum, Laguna Beach, US; ICA – Institute for Contemporary Arts, London, GB (Kat. / cat.)

Intra-muros, Musée d'Art Moderne et d'Art Contemporain, Nice, FR
(Kat. / cat.)
Works and Days: Acquisitions for the Louisiana Collection 2000–2004,
Louisiana Museum of Modern Art, Humlebæk, DK
Monument To Now, Nea Ionia Exhibition Space, DESTE Foundation for
Contemporary Art, Athína, GR
The Stations of the Cross, Gagosian Gallery, London, GB; Frans Hals
Museum, Haarlem, NL
Secrets of the '90s, MMKA – Museum voor Moderne Kunst Arnhem,
Arnhem, NL
Singular Forms (Sometimes Repeated), Solomon R. Guggenheim
Museum, New York, US (Kat. / cat.)
In-A-Gadda-Da-Vida, Tate Britain, London, GB (Kat. / cat.)
Turning Points: 20th Century British Sculpture, Tehran Museum of
Contemporary Art, Tehran, IR (Kat. / cat.)
*Das große Fressen. Von Pop bis heute / The Big Eat. From Pop till the
Present,* Kunsthalle Bielefeld, Bielefeld, DE (Kat. / cat.)

2003 *Supernova: Art of the 1990s from the Logan Collection,* San Francisco
Museum of Modern Art, San Francisco, US (Kat. / cat.)
Switch, MDD – Museum Dhont – Dhaenens, Deurle, BE (Kat. / cat.)
Bull's Eye; Works from the Astrup Fearnley Collection, Arken Museum
for Moderne Kunst, Ishøj, DK (Kat. / cat.)
*Dreams and Conflicts: The Dictatorship of the Viewer, 50th La Biennale
di Venezia,* Venezia, IT (Kat. / cat.)

2002 *Le Part de l'Autre,* Carre d'Art – Musée d'Art Contemporain, Nîmes, FR
(Kat. / cat.)
Limits of Perception, Joan Miró Foundation, Barcelona, ES (Kat. / cat.)
Self-Medicated, Michael Kohn Gallery, Los Angeles, US
Last Spring in Paris, Jablonka Galerie, Köln, DE

2001 *Artist's London: Holbein to Hirst,* Museum of London, London, GB
(Kat. / cat.)
Double Vision, Galerie für Zeitgenössische Kunst, Leipzig, DE
(Kat. / cat.)
Freestyle. Werke aus der Sammlung Boros, Museum Morsbroich,
Leverkusen, DE (Kat. / cat.)
*Warhol, Koons, Hirst: Cult and Culture, Selections from the Vicki and
Kent Logan Collection,* Aspen Art Museum, Aspen, US (Kat. / cat.)
Public Offerings, The Museum of Contemporary Arts, Los Angeles, US
(Kat. / cat.)
Complementary Studies. Recent Abstract Painting, Harris Museum Art
Gallery, Preston, GB (Kat. / cat.)

2000 *Hyper Mental,* Kunsthaus Zürich, Zürich, CH; Hamburger Kunsthalle,
Hamburg, DE (Kat. / cat.)
Let's Entertain, Walker Arts Centre, Minneapolis, US; Portland Art
Museum, Portland, US; Centre Pompidou, Paris, FR; Kunstmuseum
Wolfsburg, Wolfsburg, DE; Miami Art Museum, Miami, US (Kat. / cat.)
Balls, James Cohan Gallery, New York, US
Out There, White Cube², Hoxton, London, GB
Ant Noises, Saatchi Gallery, London, GB (Kat. / cat.)
Sincerely yours. British art from the 90s, Astrup Fearnley Museet for
Moderne Kunst, Oslo, NO (Kat. / cat.)

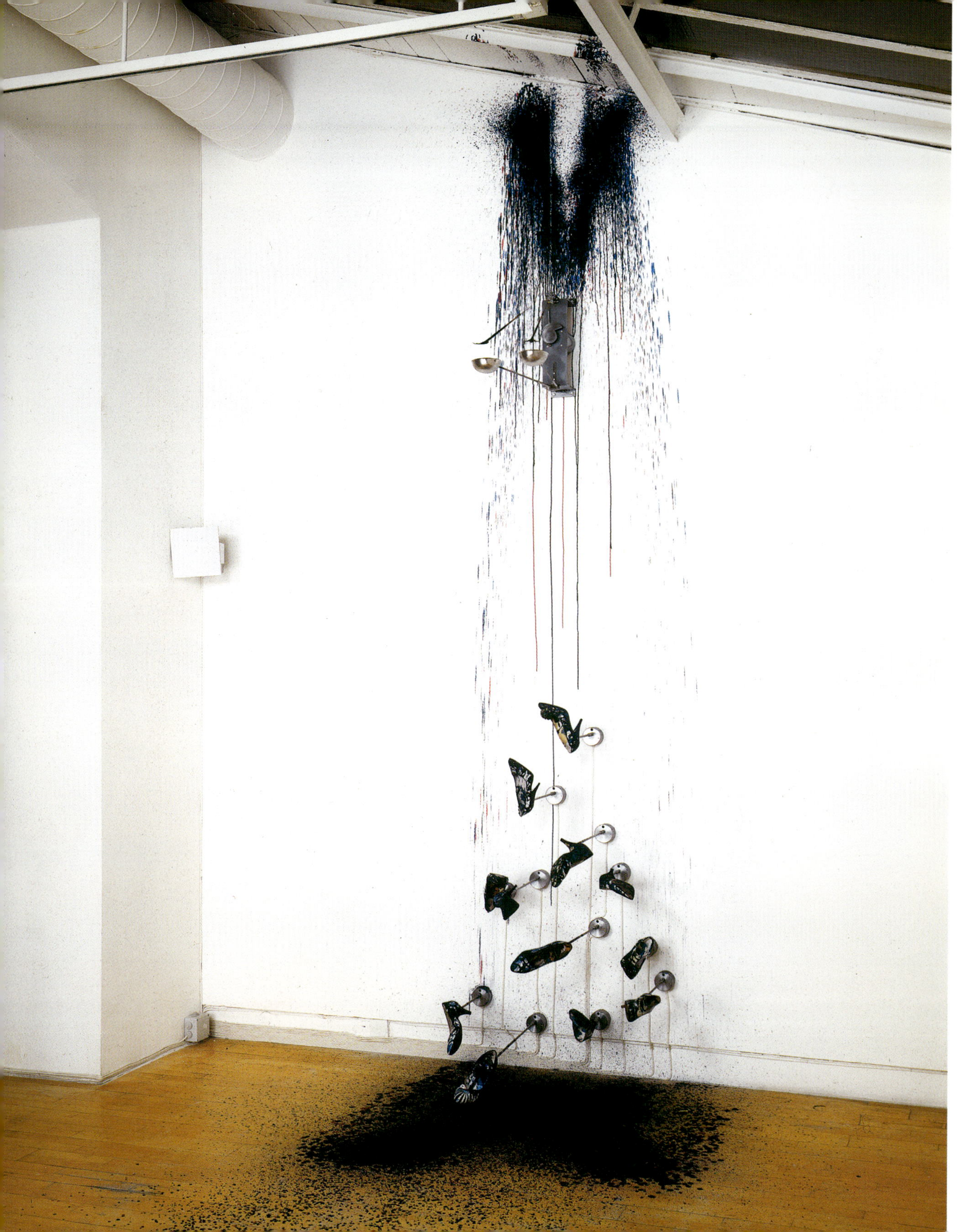

Rebecca Horn

Die Preußische Brautmaschine, 1988

Preußischblau, Brautschuhe, Metallkonstruktion, Pinsel, Motoren
Prussian blue, bridal shoes, metal construction, brushes, motors
350 x 120 x 50 cm
137.8 x 47.2 x 19.7 inches

Anders als bei Tinguely ist der Betrachter bei Rebecca Horns Arbeit nicht unmittelbar am maschinellen Schöpfungsvorgang beteiligt; vielmehr haben die Pinsel an den beweglichen Armen das Titel gebende Preußischblau schon vor der Eröffnung der Ausstellung verspritzt und ahmen diesen Vorgang später nur mehr nach.

Und doch ist der Betrachter sehr direkt an einem anderen Schöpfungsakt beteiligt. Denn Bestandteile und Titel der Installation eröffnen ein weites Assoziationsfeld: So sind die Schuhe als potenzieller Fetisch mit der Sexualität in Verbindung zu bringen, was, da es sich um Brautschuhe handelt, noch um den Aspekt des weiblichen Körpers im Spannungsfeld von Reinheit und (vermeintlicher) Verfügbarkeit erweitert wird. Das Preußischblau bringt Assoziationen von Zucht und Strenge ins Spiel und evoziert damit den Konflikt zwischen Ursprünglichkeit und Zivilisierung, wie er beispielsweise in der Theorie der deutschen Romantik aufscheint, die zudem fasziniert war von künstlichem Leben. Dass jedoch nicht nur das 19. Jahrhundert, sondern auch die Klassische Moderne Rebecca Horns Schaffen inspiriert, wird an der Nähe zu Marcel Duchamps vieldeutigem Hauptwerk *La Mariée Mise à Nu Par Ses Célibataires, Même* (Die Braut, von ihren Junggesellen nackt entblößt, sogar) deutlich; so lässt sich Horns *Brautmaschine* auch als Reverenz an den Künstler lesen, der in einem frühen Text die zentrale Rolle des Betrachteranteils am Kunstwerk hervorhob.

Unlike with Tinguely, the viewer of Rebecca Horn's work does not directly take part in the mechanical process of creation; rather, the brushes on the moving arms have already sprayed the Prussian blue that gives the work its title; later, they merely imitate this process.

And yet, the viewer participates quite directly in another act of creation. For the components and title of the installation open up a broad field of associations. The shoes, as a potential fetish, can be connected with sexuality; and since they are bridal shoes, this is expanded by an aspect of the female body in the field of tension between purity and (supposed) availability. Prussian blue also triggers associations of rigid discipline, thereby evoking the conflict between nature and civilization as it arises in, for example, German Romanticism, which was also fascinated by the idea of artificial life. But that Rebecca Horn's work is inspired not only by the 19th century, but also by Classical Modernism, is shown by its proximity to Marcel Duchamp's ambiguous main work *La Mariée Mise à Nu Par Ses Célibataires, Même* (The Bride Stripped Bare by Her Bachelors, Even); Horn's *Brautmaschine* can thus also be read as an homage to Duchamp, who in an early text underscored the central role of the viewer's contribution to a work of art.

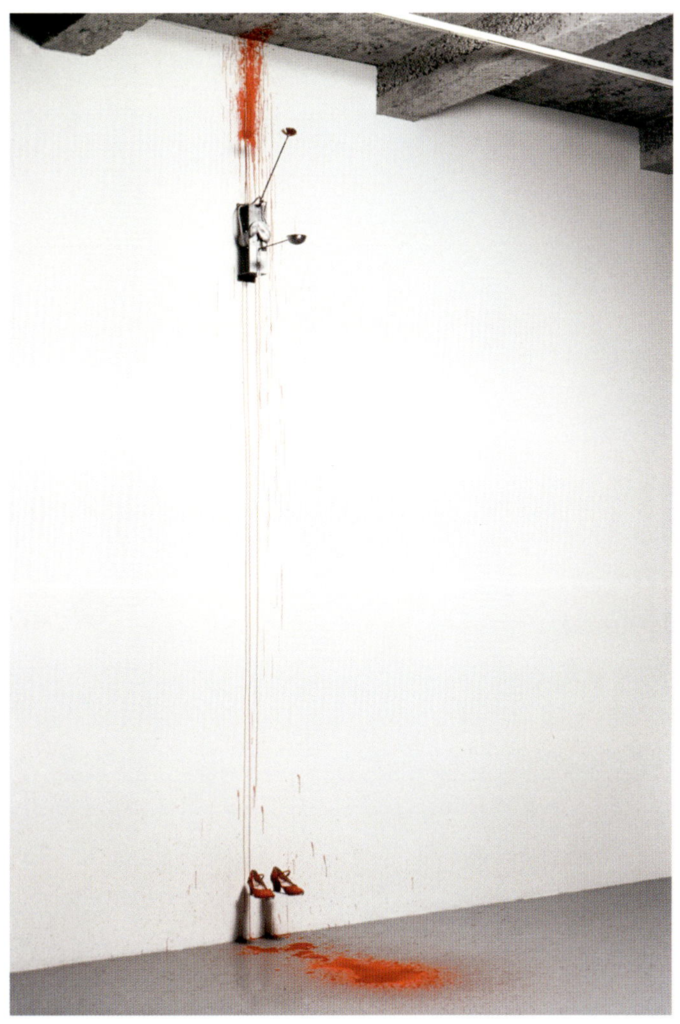

Lola, 1987

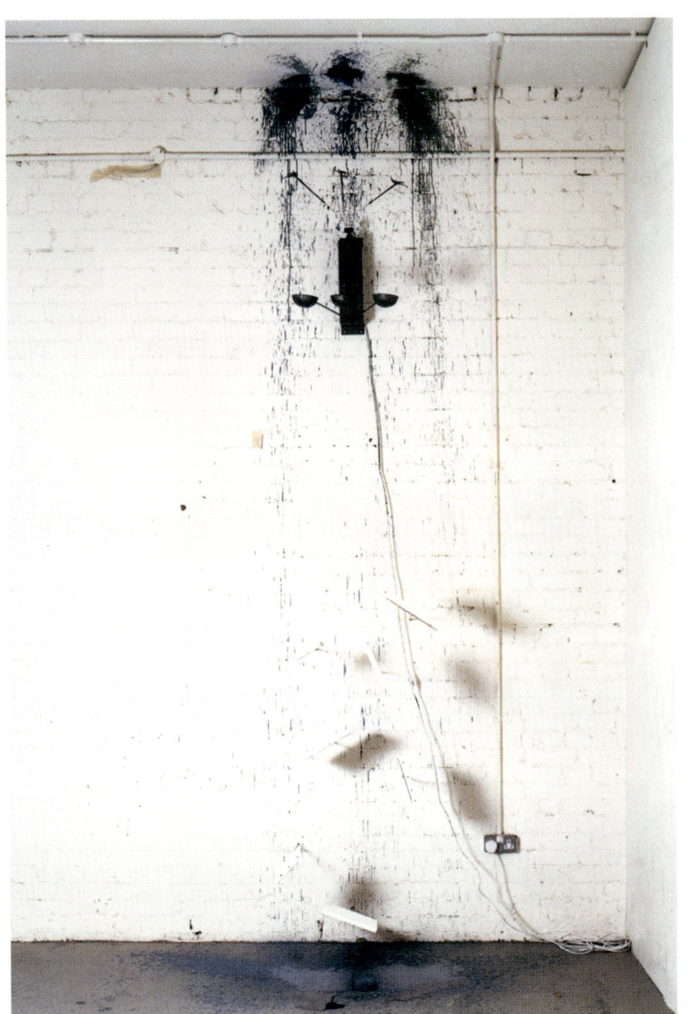

The 3-armed painting school, 1989

Rebecca Horn

79

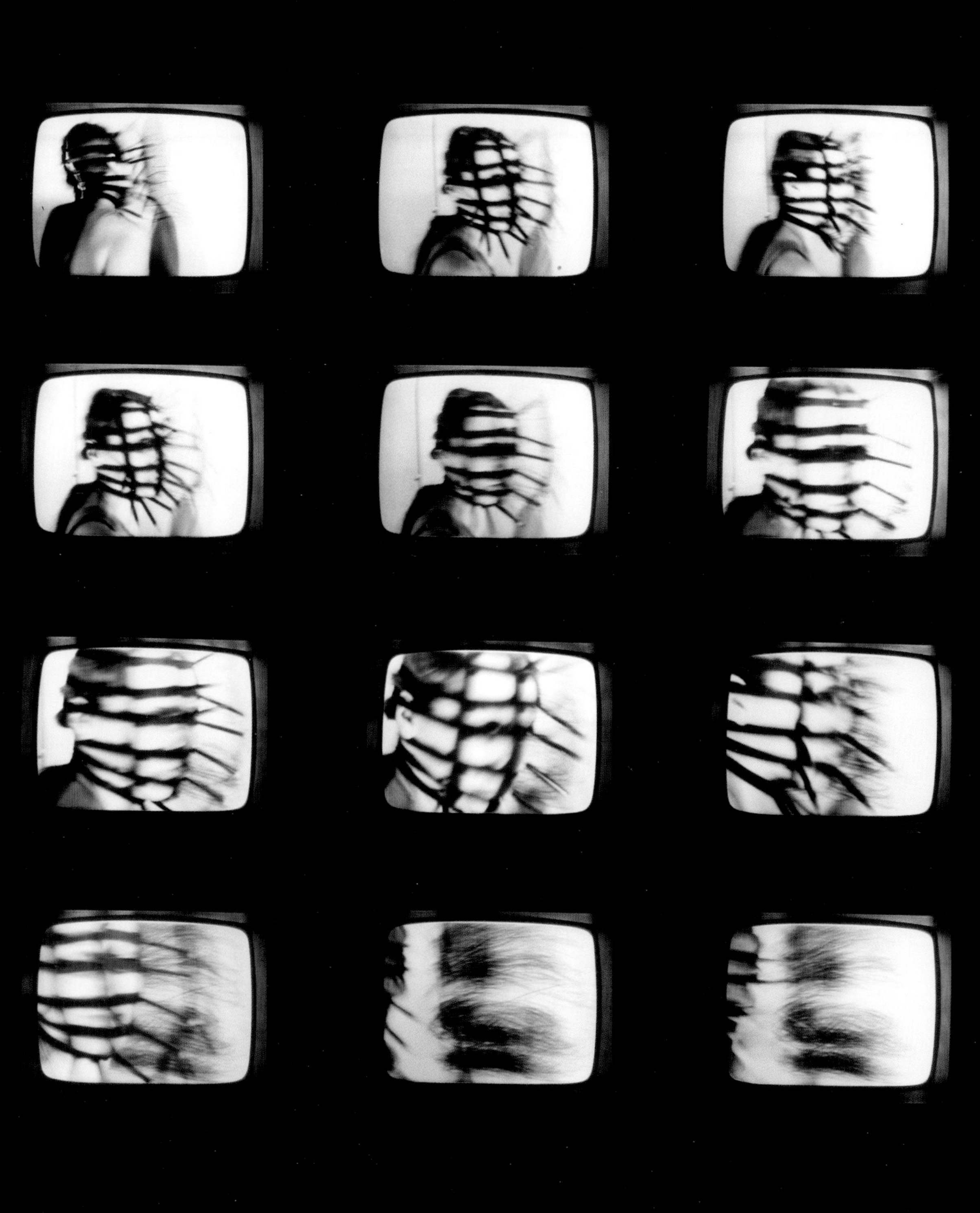

Performance *Bleistiftmaske,* 1972

80　Rebecca Horn

Rebecca Horn
Geboren / Born 1944 in Michelstadt, DE.
Lebt und arbeitet / Lives and works in Berlin, DE, Paris, FR
und / and Michelstadt, DE.

Einzelausstellungen (Auswahl) / Solo Exhibitions (Selection)

2007 *Rebecca Horn. Jupiter im Oktogon,* Museum Wiesbaden, Wiesbaden,
DE

2006 *Rebecca Horn,* Galerie Beyeler, Basel, CH (Kat. / cat.)
Lotusschatten, Zentrum für Internationale Lichtkunst, Unna, DE
*Rebecca Horn. Zeichnungen, Skulpturen, Installationen,
Filme 1964–2006,* Martin-Gropius-Bau, Berlin, DE (Kat. / cat.)

2005 *Twilight Transit,* Sean Kelly Gallery, New York, US
Time Goes By, Dunedin Public Art Gallery, Dunedin, AU; RMIT Gallery,
Melbourne, AU; Drill Hall Gallery, Canberra, AU (Kat. / cat.)

2004 *Bodylandscapes. Zeichnungen, Skulpturen, Installationen 1964–2004,*
K20 Kunstsammlung Nordrhein-Westfalen, Düsseldorf, DE; Fundação
Centro Cultural de Belém, Lisboa, PT; Hayward Gallery, London, GB
(Kat. / cat.)

2003 *Belle du vent,* Galerie de France, Paris, FR
Mondspiegel, Església del convent de Sant Domingo, Pollença, ES;
St. Johannes-Evangelist-Kirche, Berlin, DE; Kunstmuseum Stuttgart,
Stuttgart, DE (Kat. / cat.)

2002 *Herzschatten,* Sean Kelly Gallery, New York, US
Lumière en prison dans le ventre de la baleine, Palais de Tokyo,
Site de création contemporaine, Paris, FR ; Es Baluard, Palma de
Mallorca, ES (Kat. / cat.)
Spiriti di Madreperla, Piazza Plebescito, Napoli, IT (Kat. / cat.)

2001 *Rebecca Horn. Films,* Irish Museum of Modern Art, Dublin, IE
(Kat. / cat.)
Blue Bath, Galerie Jamileh Weber, Zürich, CH
Der brennende Busch, Galerie de France, Paris, FR
Rebecca Horn, Carré d'Art – Musée d'Art Contemporain, Nîmes, FR
(Kat. / cat.)

2000 *Where Rock and Ocean Meet,* CGAC – Centro Galégo de Arte
Contemporánea, Santiago de Compostela, ES (Kat. / cat.)
Spiriti blu, Lichtinstallation, Torino, IT
Seufzer der Steine, Galerie de France, Paris, FR

Gruppenausstellungen (Auswahl) / Group Exhibitions (Selection)

2007 *Vertigo. The century of off-media art from Futurism to the web,*
MaMbo – Galleria d'Arte Moderna di Bologna, Bologna, IT
Rouge Baiser, FRAC des pays de la Loire, Carquefou, FR

2006 *Walking & Falling,* Magasin 3 Stockholm Konsthall, Stockholm, SE
Pontus Hultén. Artisti da una collezione, Palazzo Franchetti, Venezia, IT
A Short History of Performance IV, Whitechapel Art Gallery, London, GB
40jahrevideokunst.de – Digitales Erbe, Kunstsammlung im Ständehaus,
Düsseldorf, DE (Kat. / cat.)
40jahrevideokunst.de – Die 60er, Kunsthalle Bremen, Bremen, DE
(Kat. / cat.)
40jahrevideokunst.de – update 06, Lenbachhaus, München, DE
(Kat. / cat.)
40jahrevideokunst.de – Revision.zkm, ZKM – Zentrum für Kunst und
Medientechnologie Karlsruhe, Karlsruhe, DE (Kat. / cat.)
40jahrevideokunst.de – Revision.ddr, Museum der bildenden Künste
Leipzig, Leipzig, DE (Kat. / cat.)
Verrückte Liebe – Von Dali bis Bacon, BA-CA Kunstforum, Wien, AT
(Kat. / cat.)

Eros in der Kunst der Moderne, Fondation Beyeler, Riehen, Basel, CH
(Kat. / cat.)

2005 *Behind the Facts. Interfunktionen 1968–75,* Kunsthalle Fridericianum,
Kassel, DE
Kunst und Cover / Lettre International, Museum für Angewandte Kunst,
Frankfurt am Main, DE
UdK Berlin – Fakultät Bildende Kunst, Berlinische Galerie, Berlin, DE
Körper – Leib – Raum, Skulpturenmuseum Glaskasten, Marl, DE
Sammel-Leidenschaften, Neues Museum Weserburg, Bremen, DE
(my private) Heroes, MARTa Herford, Herford, DE

2004 *The Pontus Hultén Collection,* Moderna Museet, Stockholm, SE
TanzMediale, Deutsches Tanzarchiv Köln / SK Stiftung Kultur, Köln, DE
Behind the Facts. Interfunktionen 1968–75, Fundació Joan Miró,
Barcelona, ES; Museu Serralves, Porto, PT
Bewegliche Teile, Kunsthaus Graz, Graz, AT; Museum Tinguely, Basel,
CH (Kat. / cat.)
Gegenwelten, Neue Nationalgalerie, Berlin, DE
100 Artists See God, Contemporary Jewish Museum, San Francisco, US;
Laguna Art Museum, Laguna Beach, US; ICA – Institute for Contempo-
rary Arts, London, GB (Kat. / cat.)

2003 *Live Culture,* Tate Modern, London, GB
Phantom der Lust, Neue Galerie, Graz, AT
Open the Curtain – Kunst und Tanz im Wechselspiel, Kunsthalle zu Kiel,
Kiel, DE
TV, Cinema, Video, Galerie Thomas Zander, Köln, DE
Berlin – Moskau / Moskau – Berlin 1950–2000, Martin-Gropius-Bau,
Berlin, DE; Historisches Museum am Roten Platz, Mockba, RU
(Kat. / cat.)

2002 *Rebecca Horn / Jannis Kounellis,* Galleria La Nuova Pesa, Roma, IT
*Kunst und Schock – der 11. September und das Geheimnis des
Anderen,* Haus am Lützowplatz, Berlin, DE
Tempo, The Museum of Modern Art, Queens, US
Drehen, Kreisen, Rotieren, Kunstmuseum Heidenheim, Heidenheim, DE;
Kunst-Museum Ahlen, Ahlen, DE; Pfalzgalerie, Kaiserslautern, DE

2001 *Celebrating a Decade,* Irish Museum of Modern Art, Dublin, IE

2000 *Über die Wirklichkeit,* Erzbischöfliches Diözesanmuseum, Köln, DE
La Beauté, Palais des Papes, Avignon, FR
*Contemporary Art from Germany – German Festival in India
2000–2001,* National Gallery of Modern Art, Bombay, IN
Regarding Beauty: A View of The Late Twentieth Century, Hirshhorn
Museum und / and Sculpture Garden, Washington, D.C., US;
Haus der Kunst, München, DE
New Works, Galerie Jamileh Weber, Zürich, CH

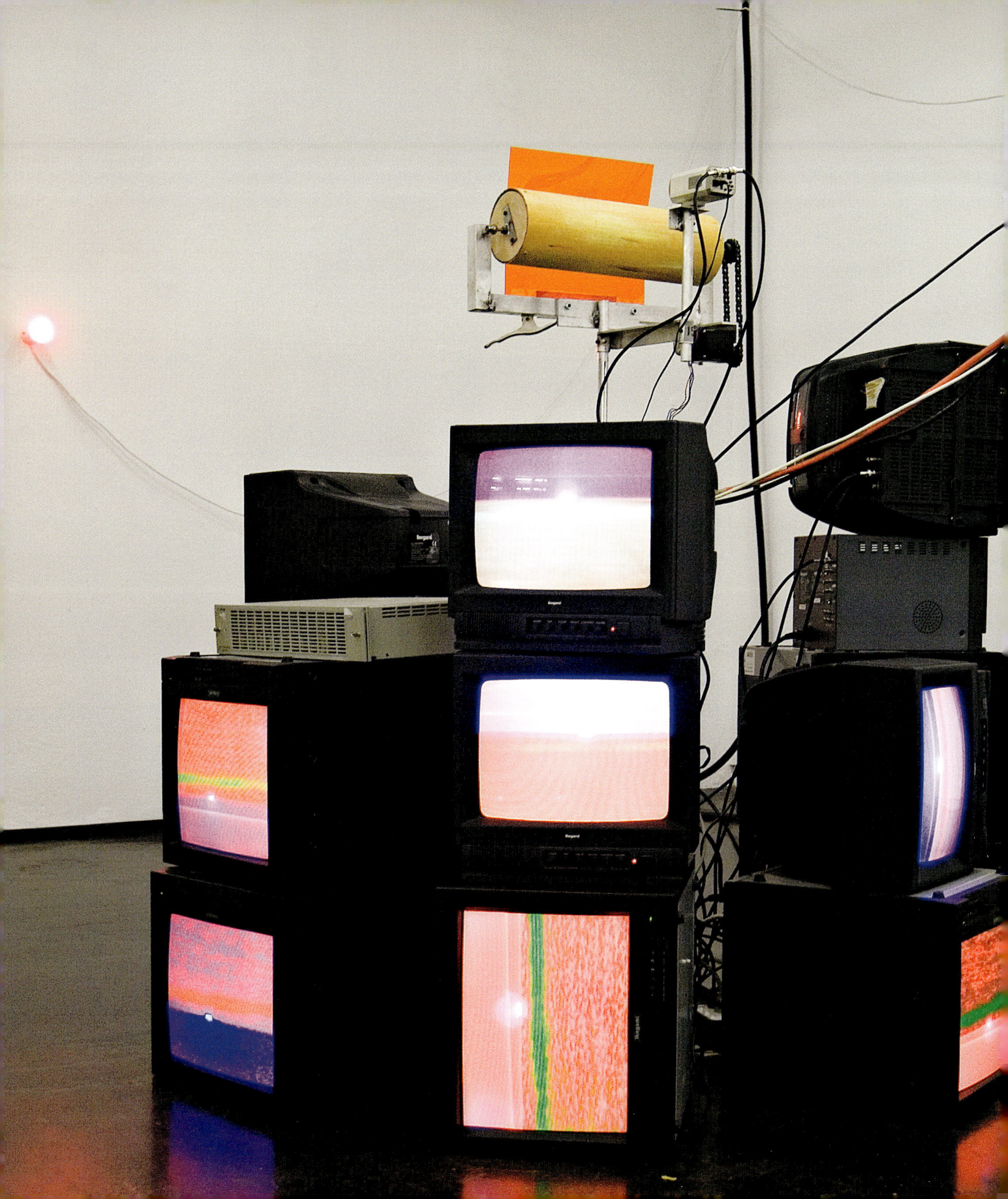

Jon Kessler

Desert, 2005

14 Monitore, Holz, Draht, Plexiglas, Glühbirne, Motor,
Überwachungskamera u. a.
14 monitors, wood, wire, plexiglass, light bulb, motor,
surveillance camera, etc.
Dimensions variable
Maße variabel

»Nichts von dem, was ich tue, folgt einer bewussten Strategie. Aber ich liebe die Mechanik des Schauspiels. Das erstreckt sich auf kommerzielle Shows, aufs Theater, auf Museumsarrangements und sogar auf Dioramen. Ich schaffe Modelle für mögliche oder virtuelle Welten.«[1]

Klischierter könnte das Bild auf den verschiedenen Monitoren kaum sein: Über einem sanft geschwungenen Horizont geht die Sonne unter und färbt dabei Himmel und Erde feurig rot. Was jedoch wie eine gelungene Spielfilmsequenz wirkt, entpuppt sich bei näherem Hinsehen als bloßes Abfilmen einer mechanischen Apparatur simpelster Machart: Hinter einer exzentrisch aufgehängten, rotierenden Holzrolle befindet sich eine brennende Glühbirne, deren Licht durch eine davor platzierte orangefarbene Plexiglasplatte seine feurige Farbigkeit erhält. Diese Installation wird von einer kleinen Überwachungskamera permanent abgefilmt, deren Bilder auf den Monitoren laufen. Erst der vollständig an die Kamera delegierte Aufnahmeakt verwandelt durch deren »Tunnelblick« das krude Arrangement in das pathetische Bild.

Wie Kessler schon selbst mehrfach betont hat, ist diese Kombination von raffiniert arrangiertem Alltagsschrott und alltäglich gewordener Hightech ein wesentliches Merkmal seines Schaffens: »Ich verwende digitale Technik nur, wenn ich unbedingt muss … Mir liegt wesentlich mehr daran, mit analogen Mitteln Dinge zu machen, die zu digitalen Prozessen in einem mimetischen Verhältnis stehen.«[2]

Erst in ihrer Kombination, die ihren Entstehungsprozess vorführt, wird das Lügen der medial vermittelten Bilder offenbar, die uns täglich einen vermeintlich objektiven Blick auf die Welt verschaffen. Insofern bildet *Desert* gewissermaßen das Bindeglied zwischen Kesslers früheren »Maschinen, die [bloß] Kunst machten«[3] und seiner gigantischen Installation *The Place at 4 A.M.* von 2005, in der er sich ironisch, subversiv und bitter mit 9–11, dem Irakkrieg und ihrer medialen Aufbereitung auseinandersetzt.

"Nothing I do is a very conscious strategy. But I am drawn to the mechanisms of the spectacle. This includes tradeshow design, theatre, museum displays, and even shoebox dioramas. What I make are models for possible or virtual worlds."[1]

The image on the various monitors could hardly be more clichéd: The sun sets over a gently rolling horizon, turning sky and earth a fiery red. But on a closer look, what seems like a well-executed sequence in a feature film turns out to be mere filmic recording of a mechanical apparatus of the simplest construction: Behind an eccentrically hung, rotating cylinder of wood is a glowing light bulb whose radiance takes on its fiery color by passing through an orange-colored sheet of plexiglass. This installation is continuously filmed by a small surveillance camera, whose images appear on the monitors. The act of recording, delegated entirely to the camera's tunnel vision, is what turns the crude arrangement into the pathos-laden image.

As Kessler himself has underscored more than once, this combination of cleverly arranged everyday scrap materials and high-tech equipment that has also become everyday is an essential characteristic of his work: "I do not use digital technology unless I absolutely have to … I am much more interested in using analog to make work that has a mimetic relation to digital process."[2]

Only their combination, which reveals their production process, exposes the lying of the media images that daily provide us with a supposedly objective view of the world. In this way, *Desert* is a kind of link between Kessler's earlier "machines that [merely] made art"[3] and his gigantic installation of 2005, *The Place at 4 A.M.*, in which he addresses 9–11, the Iraq War, and their media preparation ironically, subversively, and bitterly.

(1)   Jon Kessler, Juni 1993, zitiert nach: Lynne Cooke: »Jon Kessler im Gespräch«, in: *Jon Kessler's Asia,* hrsg. von Carl Haenlein, Ausst.kat. Kestner Gesellschaft, Hannover 1994, S. 47-56, S. 47.

(2)   Jon Kessler, Februar 2007, zitiert nach: Pamela Lee: »Das Überleben der Bilder: Kinetisches Bild und Modernes Sehen«, in: *Parkett,* 79, 2007, S. 87-92, S. 91.

(3)   Lori Waxman: »Der Maschinenbauer«, in: *Parkett,* 79, 2007, S. 75-79, S. 75.

(1)   Jon Kessler, June 1993, quoted from: Lynne Cooke: "Jon Kessler interviewed", in: *Jon Kessler's Asia,* ed. Carl Haenlein, exh. cat. Kestner Gesellschaft, Hanover 1994, p. 105-107, p. 105.

(2)   Jon Kessler, February 2007, quoted from: Pamela Lee: "On the survival of images: Kinetic image and modern vision", in: *Parkett,* 79, 2007, p. 80-87, p. 85.

(3)   Lori Waxman: "The Machine Maker", in: *Parkett,* 79, 2007, p. 70-74, p. 70.

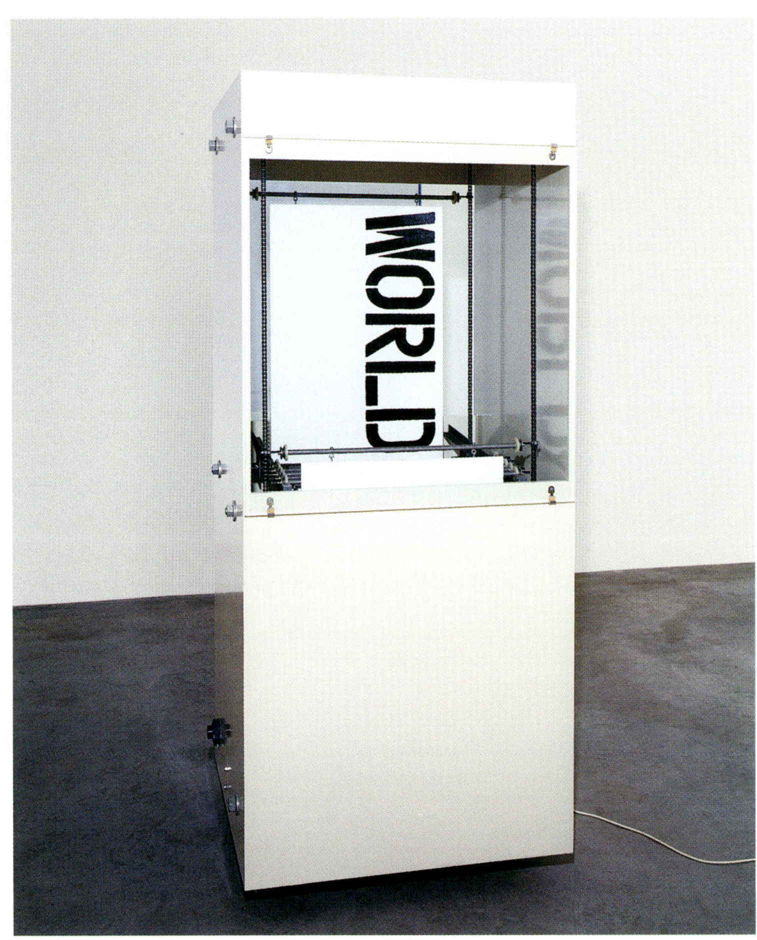

Jon Kessler in Zusammenarbeit mit / in cooperation with
Paul Auster und / and Christopher Wool, *Wordbox,* 1992

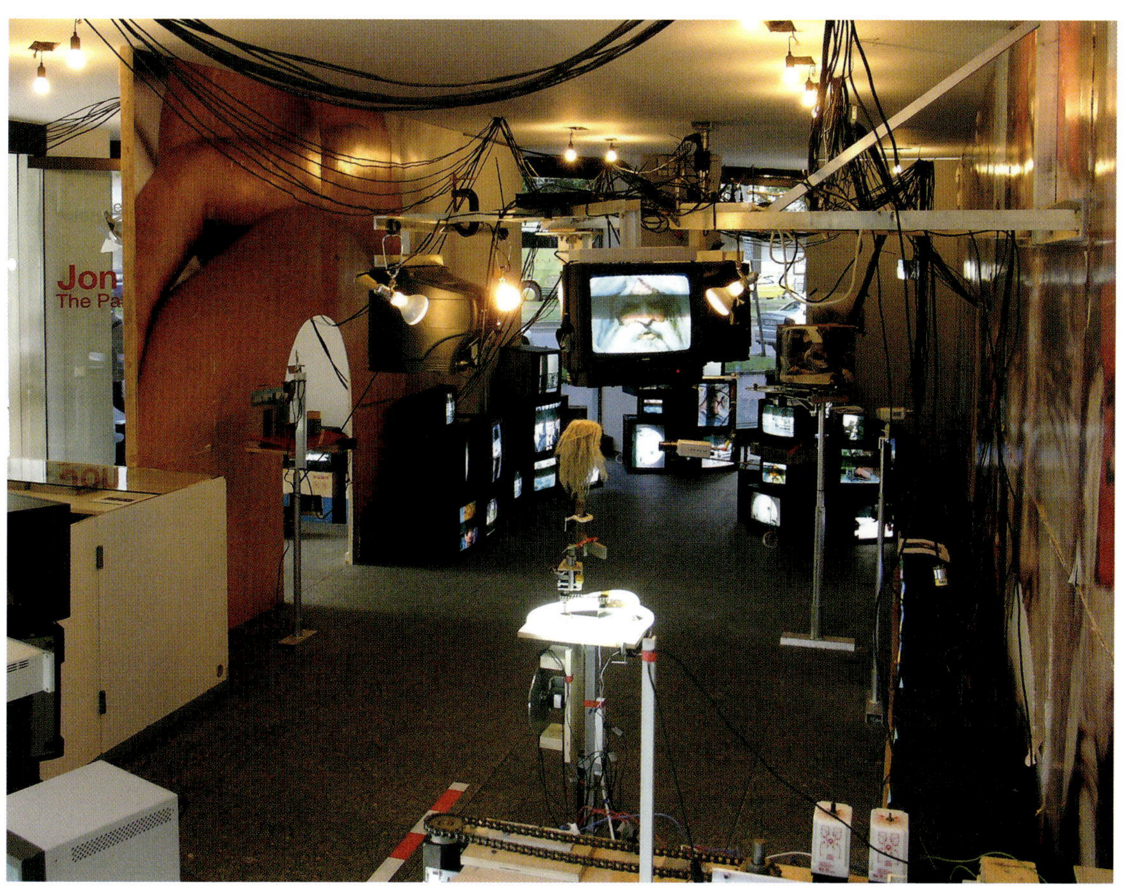

The Palace at 4 A.M., 2005, Installationsansicht /
installation view, Galerie Hans Mayer, Düsseldorf

Jon Kessler
Geboren / Born 1957 in Yonkers, US.
Lebt und arbeitet / Lives and works in New York, US.

Einzelausstellungen (Auswahl) / Solo Exhibitions (Selection)
2007 *The Palace at 4 A.M.,* Galerie Hans Mayer, Düsseldorf, DE (Kat. / cat.)
2006 *The Palace at 4 A.M.,* Phoenix Kulturstiftung / Sammlung Falckenberg,
     Hamburg, DE
2005 *The Palace at 4 A.M.,* P.S. 1 Contemporary Art Center, New York, US
     Hermes, Forum Gallery, Tokyo, JP
2004 *Ghosts* (mit / with Paul Auster), Hermes, Forum Gallery, Tokyo, JP
     (Kat. / cat.)
     Global Village Idiot, Deitch Projects, New York, US (Kat. / cat.)
2003 Hermes, Forum Gallery, Tokyo, JP
2002 Hermes, Forum Gallery, Tokyo, JP

Gruppenausstellungen (Auswahl) / Group Exhibitions (Selection)
2007 *New York – States of Mind,* Haus der Kulturen der Welt, Berlin, DE
     (Kat. / cat.)
2006 *Video-Rama,* Clifford Gallery, New York, US
     The Expanded Eye, Kunsthaus Zürich, Zürich, CH (Kat. / cat.)
     The Golden Hour, Gigantic Art Space, New York, US
     Faster! Bigger! Better!, ZKM – Zentrum für Kunst und Medientechnolo-
     gie Karlsruhe, Karlsruhe, DE (Kat. / cat.)
2005 *Overhead / Underfoot: The Topographical Perspective in Photography,*
     Whitney Museum of Art, New York, US
     Dreaming of a More Better Future, Rheinberger Gallery, The Cleveland
     Institute of Art, Cleveland, US
     Lichtkunst aus Kunstlicht, ZKM – Zentrum für Kunst und Medientechno-
     logie Karlsruhe, Karlsruhe, DE (Kat. / cat.)
2004 *Future Noir,* Gorney Bravin & Lee Gallery, New York, US
     Sexy Beasts, Ethan Cohen Fine Arts, New York, US
     Yesterday Begins Tomorrow, Deste Foundation Centre for Contempo-
     rary Art, Athína, GR
     Ambush, Van Brunt Gallery, New York, US
     Floorplay, The Brooklyn College Art Gallery, Brooklyn, US
     Emoticons, Guild and Greyshkul, New York, US
2003 *The Commodification of Buddha,* Bronx Museum, New York, US
2001 *Do You Have Time,* Liebman Magnin Gallery, New York, US
2000 *Superpredators,* CRP Gallery, Brooklyn, US
     American Bricolage, Sperone Westwater Gallery, New York, US

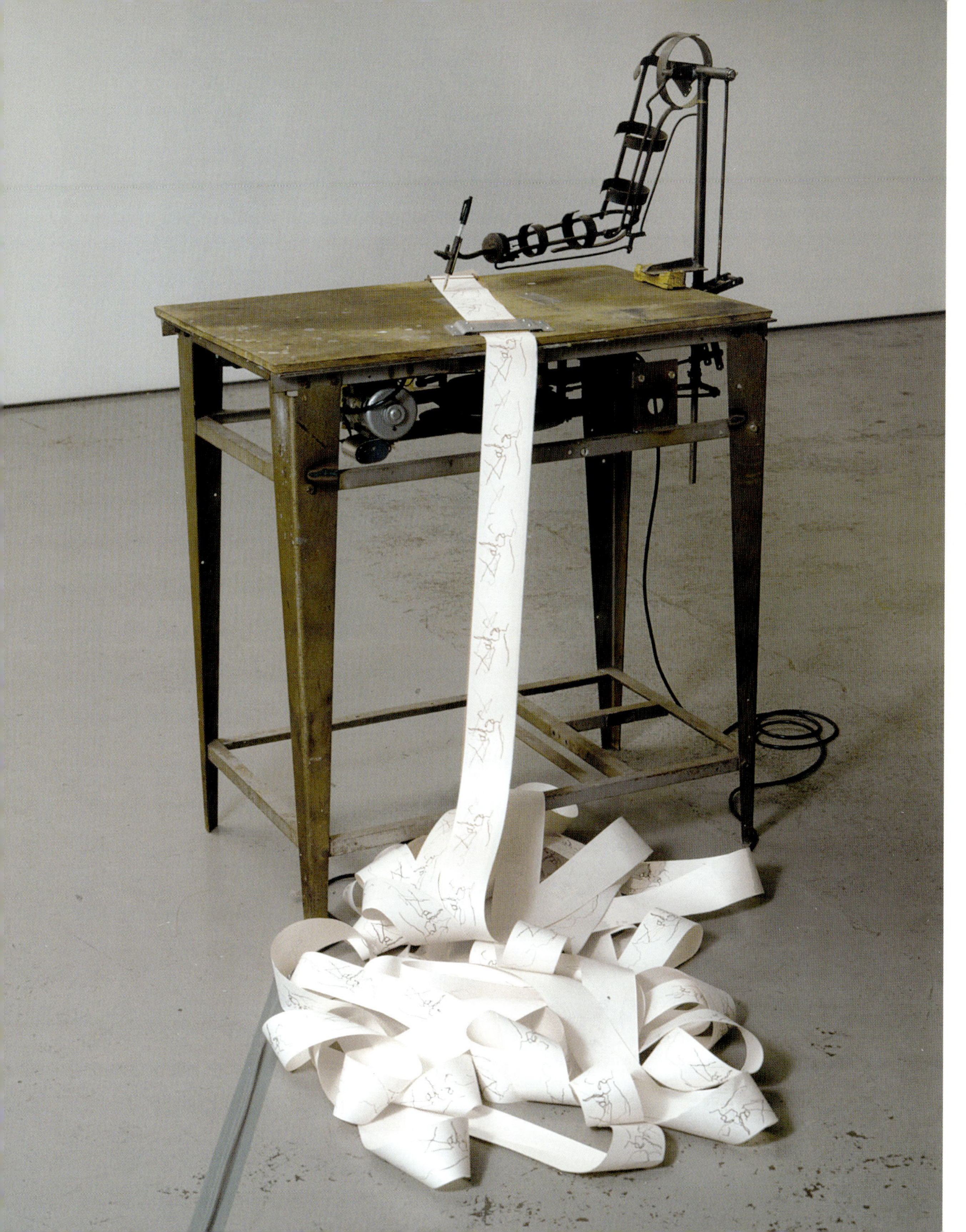

Tim Lewis

Auto-Dali Prosthetic, 2000

Tisch, Metall, Papier

Table, metal, paper

132 x 93 x 52 cm

52 x 36.6 x 20.5 inches

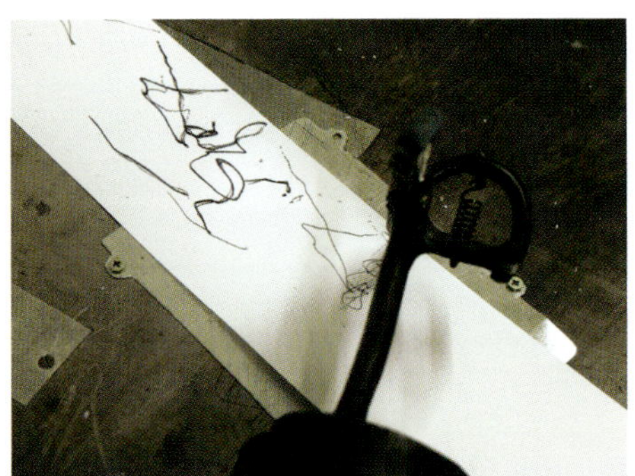

Kunst produzierende Maschinen sind stets auch Stellungnahmen zu Kunst und Künstlerschaft. Tim Lewis bringt mit seiner bewusst anachronistisch erscheinenden Maschine den Fall Salvador Dalí (1904-1989) ins Spiel. Der spanische Künstler, ein bekanntes Mitglied der Pariser Surrealistengruppe, zählte in der Zeit zwischen 1924 und 1939 zur Avantgarde, verkündete aber 1940 das Ende des Surrealismus und seine Rückwendung zu den Idealen der Renaissance – dies auch hinsichtlich der herausragenden Rolle des Künstlerindividuums. Wenngleich man diese forcierte Negation des Surrealismus verschiedentlich als nur folgerichtige Konsequenz des oft absichtsvoll paradoxen, surrealistischen Gedankenguts deutete, wurde Dalí nun die bildnerische und intellektuelle Autorität weitgehend abgesprochen. Sein Atelier mutierte durch zahlreiche Helfer zur nahezu industriellen Produktionsstätte, die die ständig wachsende Nachfrage zu befriedigen hatte, weshalb André Breton dem Künstler verächtlich den Beinamen »Avida Dollars« (d. h. »gierig nach Dollars«, zugleich ein Anagramm von »Salvador Dalí«) verlieh.

Lewis' Maschine kritzelt mit ihrem an altertümliche Prothesen erinnernden Arm permanent den Namen Dalí auf das von einer Rolle ablaufende Papier und spielt damit auf den Akt der Signatur als den gängigen »Beweis« von Autorschaft und Authentizität an – eine Vorstellung, die durch Dalís Vorgehen in Frage gestellt, wenn nicht gar ad absurdum geführt wurde.

Art-producing machines are always also statements on art and being an artist. With his consciously anachronistic-seeming machine, Tim Lewis brings the case of Salvador Dalí (1904-1989) into play. The Spanish artist, a well-known member of the Paris Surrealist group, was part of the avant-garde in the time between 1924 and 1939. But in 1940 he proclaimed the end of Surrealism and his return to the ideals of the Renaissance—including the prominent role of the individual artist. Although this willful negation of Surrealism has been variously interpreted as a consistent consequence of the often intentionally paradoxical Surrealist body of thought, many now denied Dalí's pictorial and intellectual authority. Numerous helpers mutated his studio into an almost industrial production site devoted to satisfying the constantly growing demand, so that André Breton contemptuously nicknamed the artist "Avida Dollars" ("avid for dollars", an anagram of "Salvador Dalí").

Lewis' machine's arm, reminiscent of a very old-fashioned prosthesis, constantly scribbles the name Dalí on an unwinding roll of paper, thereby alluding to the act of signing as the conventional "proof" of authorship and authenticity—an idea that Dalí's own procedures cast into doubt or even reduced to absurdity.

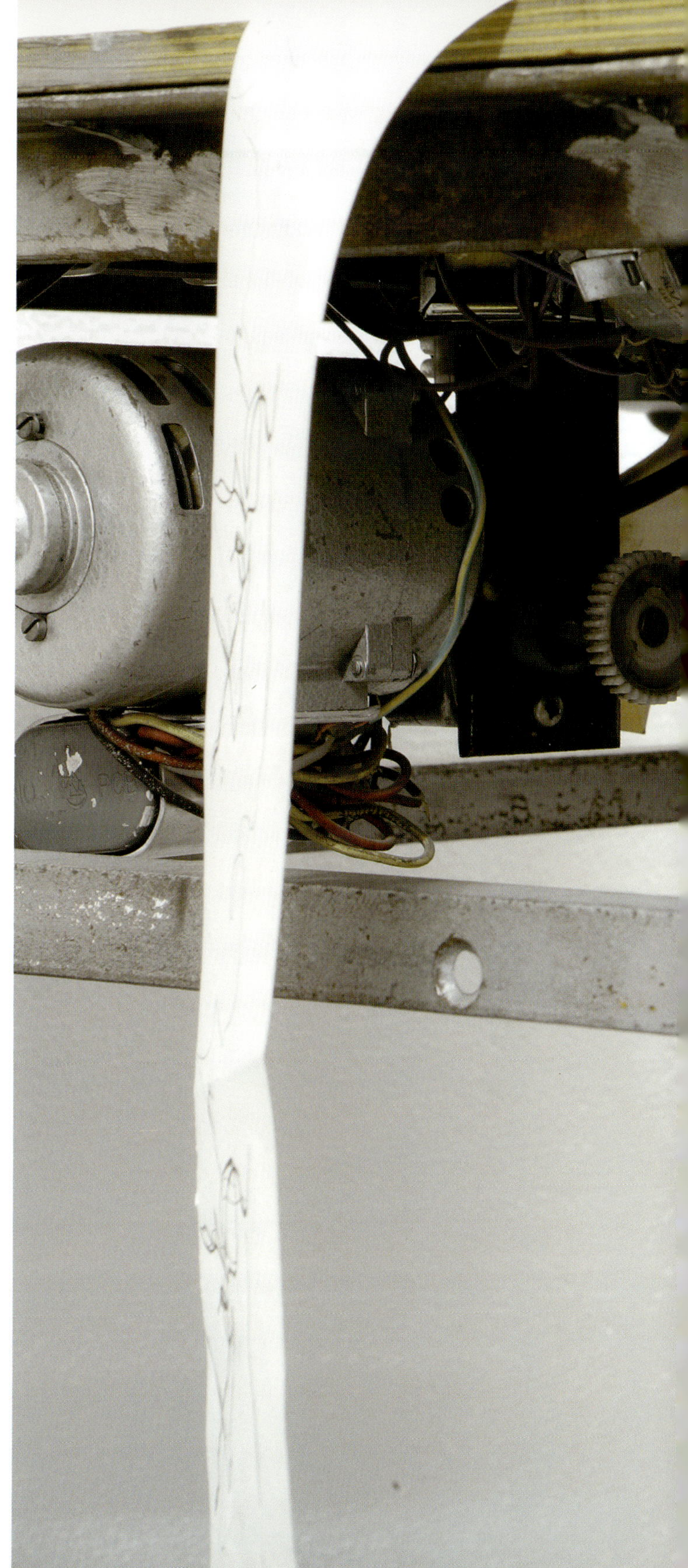

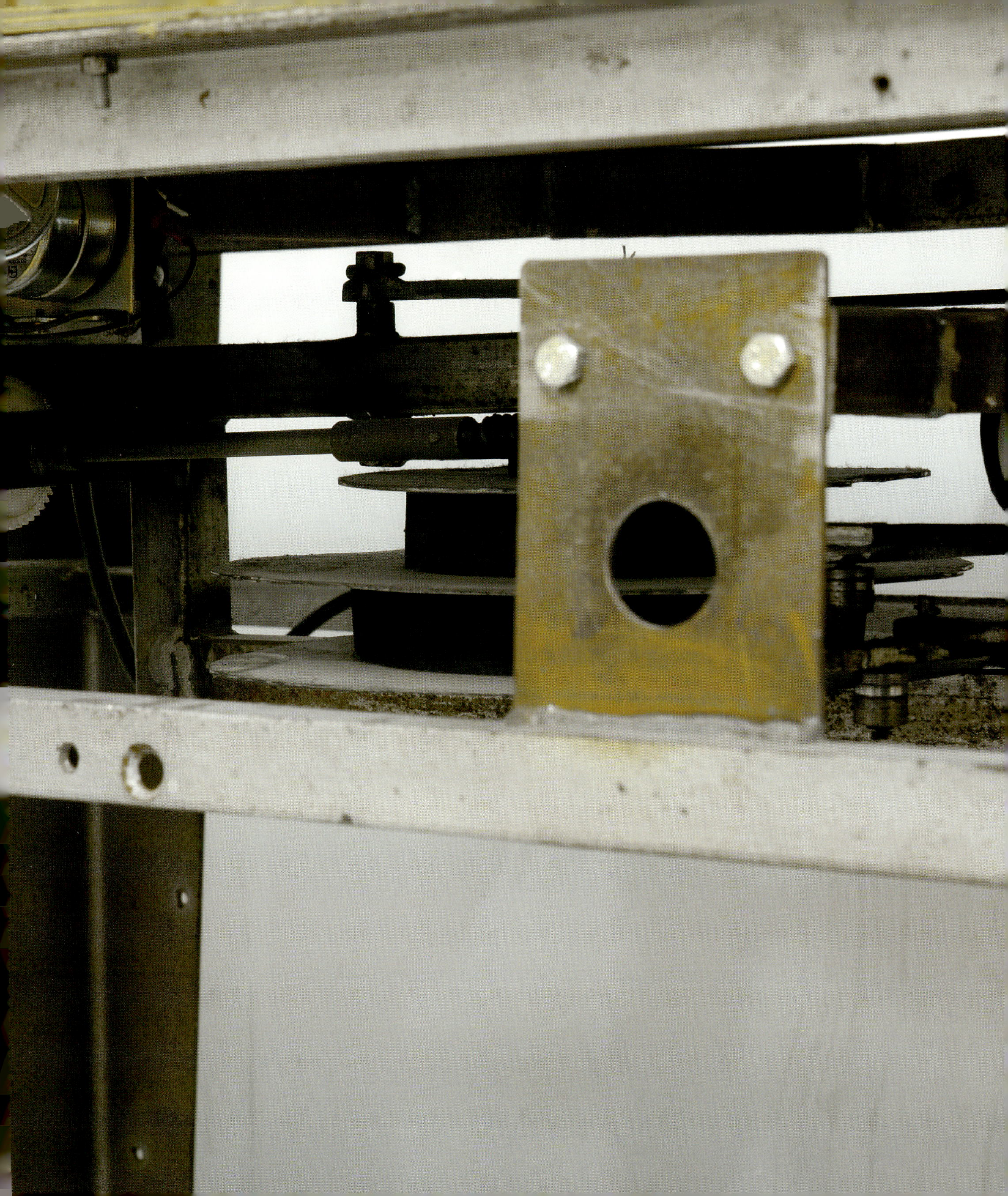

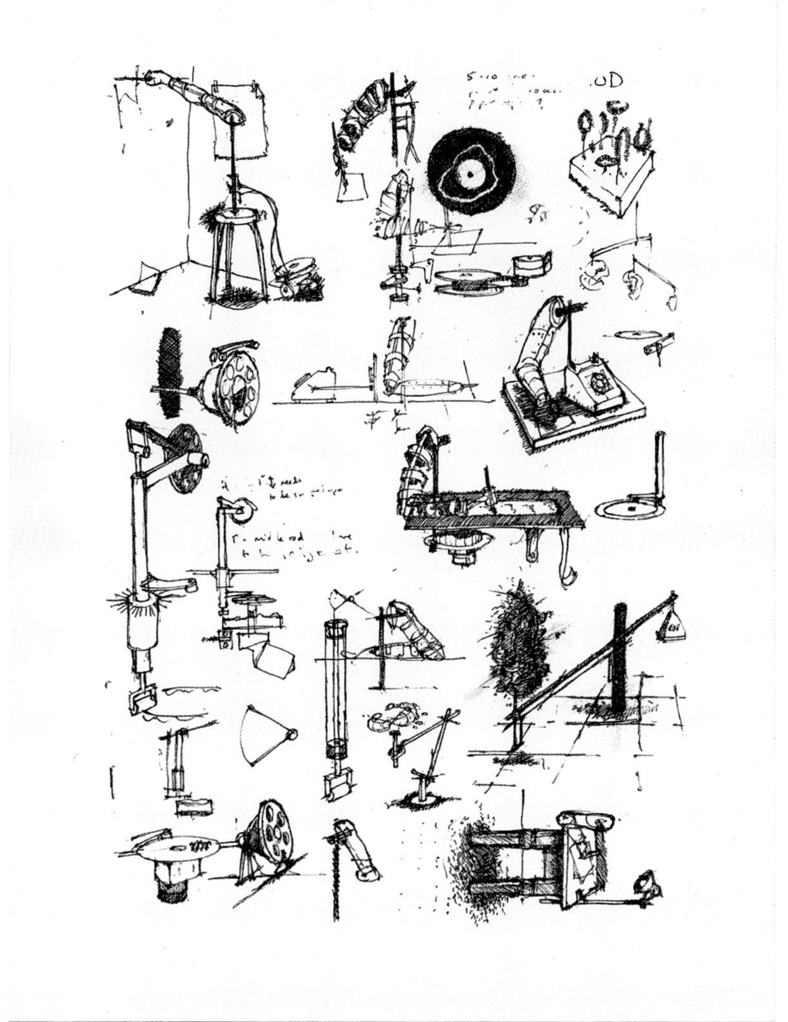

Unbetitelte Zeichnung XVI / Untitled Drawing XVI, 2002

Tim Lewis
Geboren / Born 1961 in Kingston-on-Thames, GB.
Lebt und arbeitet / Lives and works in London, GB.

Einzelausstellungen (Auswahl) / Solo Exhibitions (Selection)
2006 Flowers, New York, US
2004 *Uncanny valley. Recent sculpture by Tim Lewis,* Walker Art Gallery,
      Liverpool, GB (Kat. / cat.)
2003 Flowers Central, London, GB
2002 Städtische Museen Heilbronn, Heilbronn, DE
      Flowers West, Santa Monica, US
2001 Kunstmuseum Magdeburg, Magdeburg, DE
2000 Flowers East at London Fields, London, GB

Gruppenausstellungen (Auswahl) / Group Exhibitions (Selection)
2006 *New Works by Gallery Sculptors,* Flowers Central, London, GB
      Life Forms, Kinetica, London, GB
      *In the Darkest Hour there may be Light. Works from Damien Hirst's
      murderme collection,* The Serpentine Gallery, London, GB
2005 *Sculptures and Drawings,* Flowers East, London, GB
      Five Figurative Sculptors, Flowers Central, London, GB
2004 *Small is Beautiful XXII: Here and Now,* Flowers Central, London, GB
2003 *The Post-industrial Landscape,* Czech Museum of Fine Art, Praha, CZ
      Relative Values, PM Gallery & House, London, GB
2002 *Small is Beautiful: Self Portrait,* Flowers East, London, GB
2000 *Angela Flowers Gallery 30th Anniversary Exhibition,* Flowers East,
      London, GB

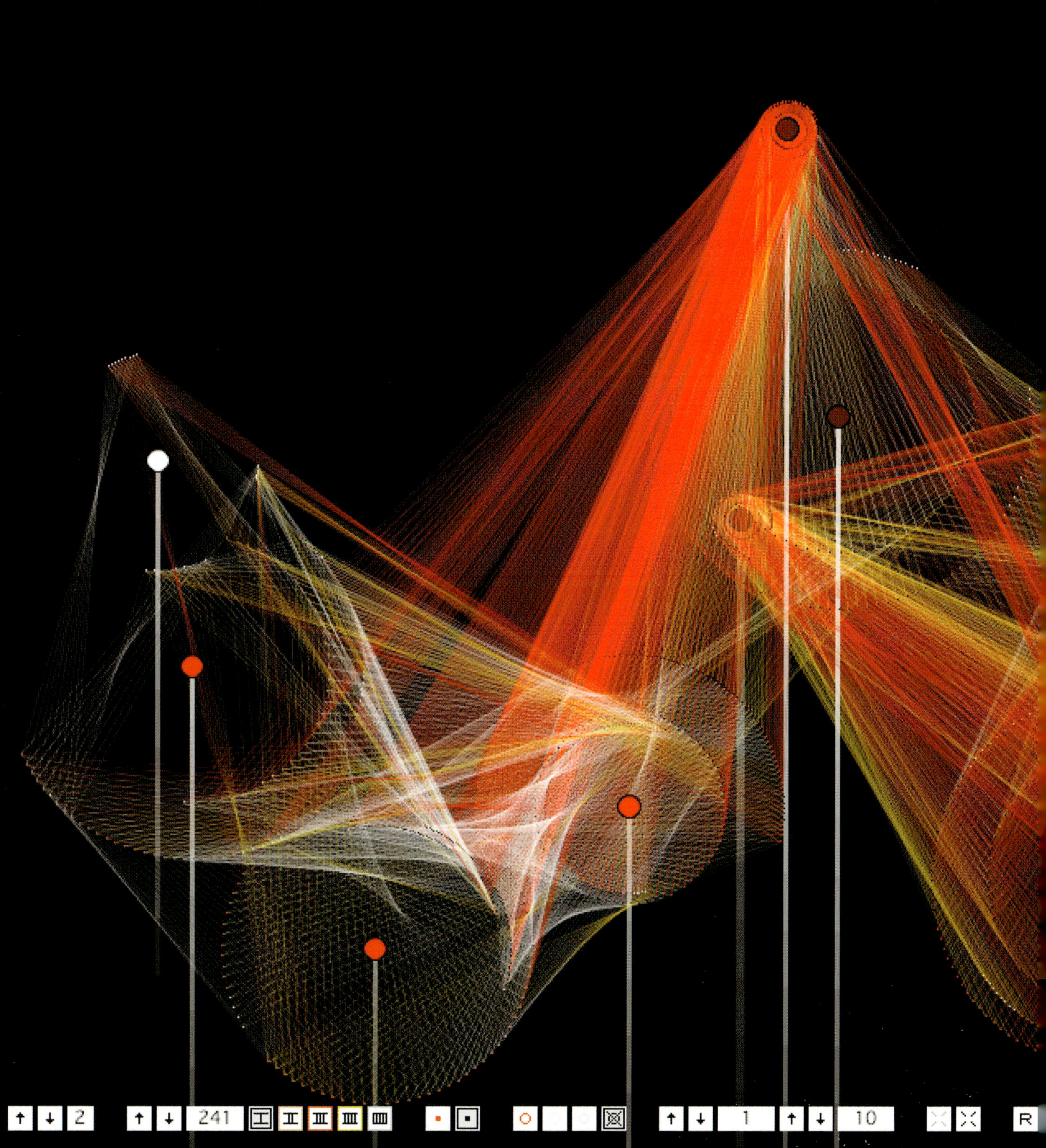

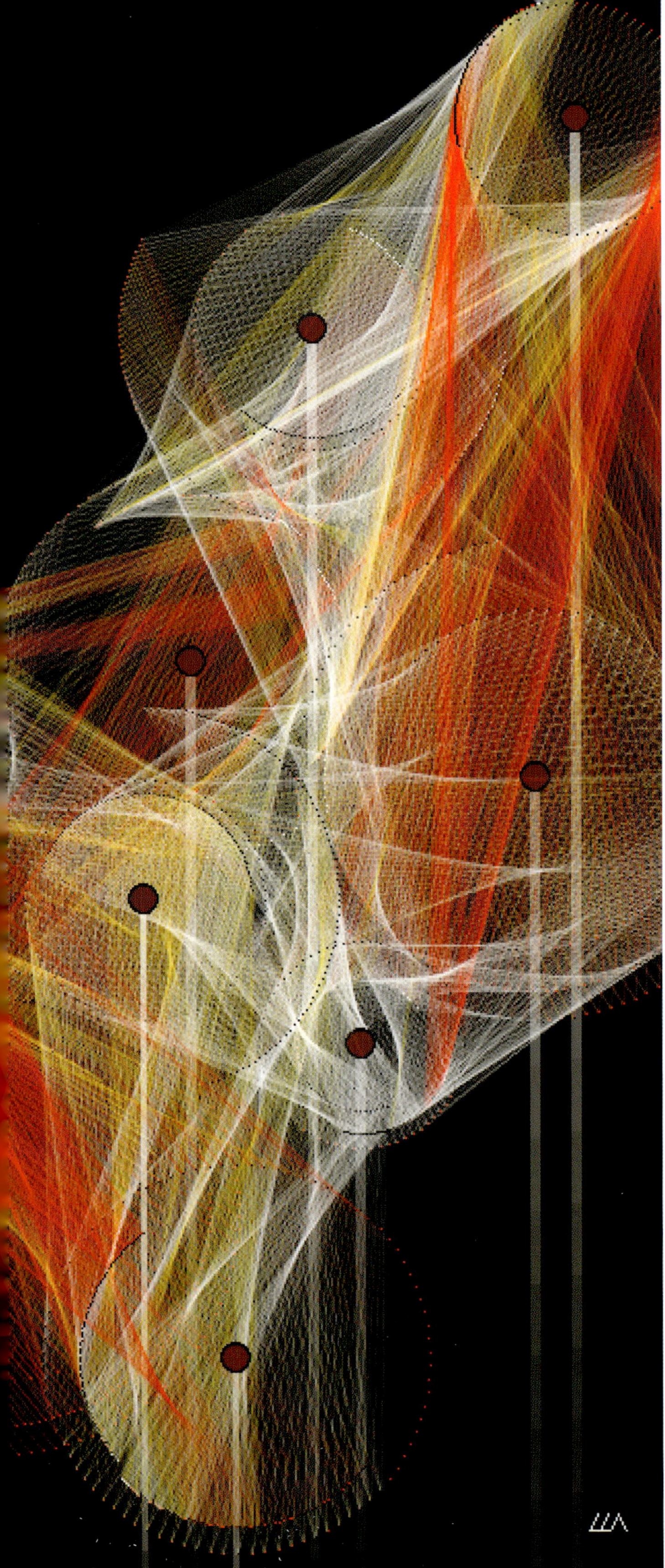

Lia

I Said If, 2007
www.isaidif.net
Interaktive Software- und Online-Applikationen, generativer Sound
Interaktive software- and online-applications, generative sound

Lias Kunstwerke sind digitale Programme, die sie aus Codefolgen zusammenstellt. Sie nutzt dafür Methoden, die aus der Evolution der Programmiertradition entstanden sind, und die gemeinhin international als »Softwarekunst«, »Generative Kunst« oder »Interaktive Kunst« bekannt geworden sind.

Lias Kunst ist Kommunikation – ein Spiel mit dem Prinzip »User«. Ihr Arbeitsmaterial ist Code, digitale Poesie, die mit einer traditionellen Anwendung nichts mehr gemein hat. Durch zahlreiche Experimente und bewusst hervorgerufene Unregelmäßigkeiten erzeugt sie Programme von unverwechselbarem Stil, die formale und akustische Ereignisse auslösen. Auf der Grundlage der von ihr vorgegebenen Anfangs-Settings und der darin enthaltenen erlaubten Möglichkeiten wird der Ablauf der Applikation von Playern selbst gesteuert. Ihre Kunst entspricht folglich der Idee der »Schöpfung«, der Erfindung eines selbst gesteuerten Systems, das sich aus einer Ursprungskonfiguration evolutionär entwickelt.

Der Werktitel *I Said If* bezieht sich auf die gesamte künstlerische Haltung von Lia. Im Software-Code wird generell mit dem Wort »if« eine Abfrage von herrschenden Zuständen eingeleitet, die in Verbindung mit Zufallsgeneratoren eine Vielzahl von verzweigten Entwicklungen zulassen können.

Lia grenzt die Gestaltungsmöglichkeiten insofern ein, dass ein Systemzusammenbruch ausgeschlossen wird, und ihre eigenen Wünsche an den Kunst-Rahmen, in dem sich das Werk entwickeln kann, eingehalten werden. Der User bewegt sich somit immer im Blickfeld ihres eigenen Kunstverständnisses, kann sich darin aber so frei bewegen, dass seine eigene Kreativität ein entscheidender Bestandteil des Werkes wird.

Eine weitere Bedeutung von Lias Werken besteht in ihrer Hybridität zwischen Massenkunst und Unikat: www.isaidif.net ist ein leicht erreichbares online-Spiel, das ohne Registrierung, ohne Gebühren, ohne Gruppenzwang gespielt werden kann. Gleichzeitig ist es ein einzigartiger Code, der in Verbindung mit seiner Domain weltweit einmalig ist, und so zum archivierbaren, sammelbaren Unikat wird.

I Said If wird in dreidimensionaler Präsentation erstmalig in der Ausstellung *Kunstmaschinen Maschinenkunst* installiert. Das Werk tritt so aus seiner Online-Umgebung in den Raum, und erzeugt als virtuelle audiovisuelle Kunstmaschine eine intensive neue physische Erfahrung.

Lia's works of art are digital programs that she puts together out of sequences of code. For this, she applies methods that arose in the evolution of the programming tradition and that have become generally known internationally as "Software Art", "Generative Art", or "Interactive Art".

Lia's art is communication—a game with the principle of the "user". Her working material is code, digital poetry, which no longer has anything in common with the traditional use. With numerous experiments and consciously evoked irregularities, she creates programs in an unmistakable style that trigger formal and acoustic events. On the basis of the beginning settings she provides and the possibilities thereby permitted, players can steer the course of the application themselves. Her art consequently corresponds to the idea of "creation", the invention of a self-controlling system that evolves from an original configuration.

The work title *I Said If* refers to Lia's overall artistic stance. In software code, the word "if" generally launches a monitoring of existing states that, in connection with randomness generators, permit a great number of branching developments.

Lia limits the possibilities of shaping in that a system collapse is ruled out and by maintaining her own desires for the framework in which the work of art can develop. The user thereby always moves within the field of vision of her own understanding of art; but within it, he can move freely enough that his own creativity is a decisive component of the work.

Another meaning of Lia's works consists in their hybridism between mass art and unique pieces: www.isaidif.net is an easily accessed online game that can be played without registration, fees, or the requirement to join a group. At the same time, it is a unique code, one of a kind in connection with its domain, thereby becoming a unique piece that can be archived and collected.

I Said If will be installed in a three-dimensional presentation for the first time in the exhibition *Art Machines Machine Art*. The work thereby moves out of its online environment into space, where, as a virtual audiovisual art machine, it creates an intense new physical experience.

(Joanna Render und / and Lia)

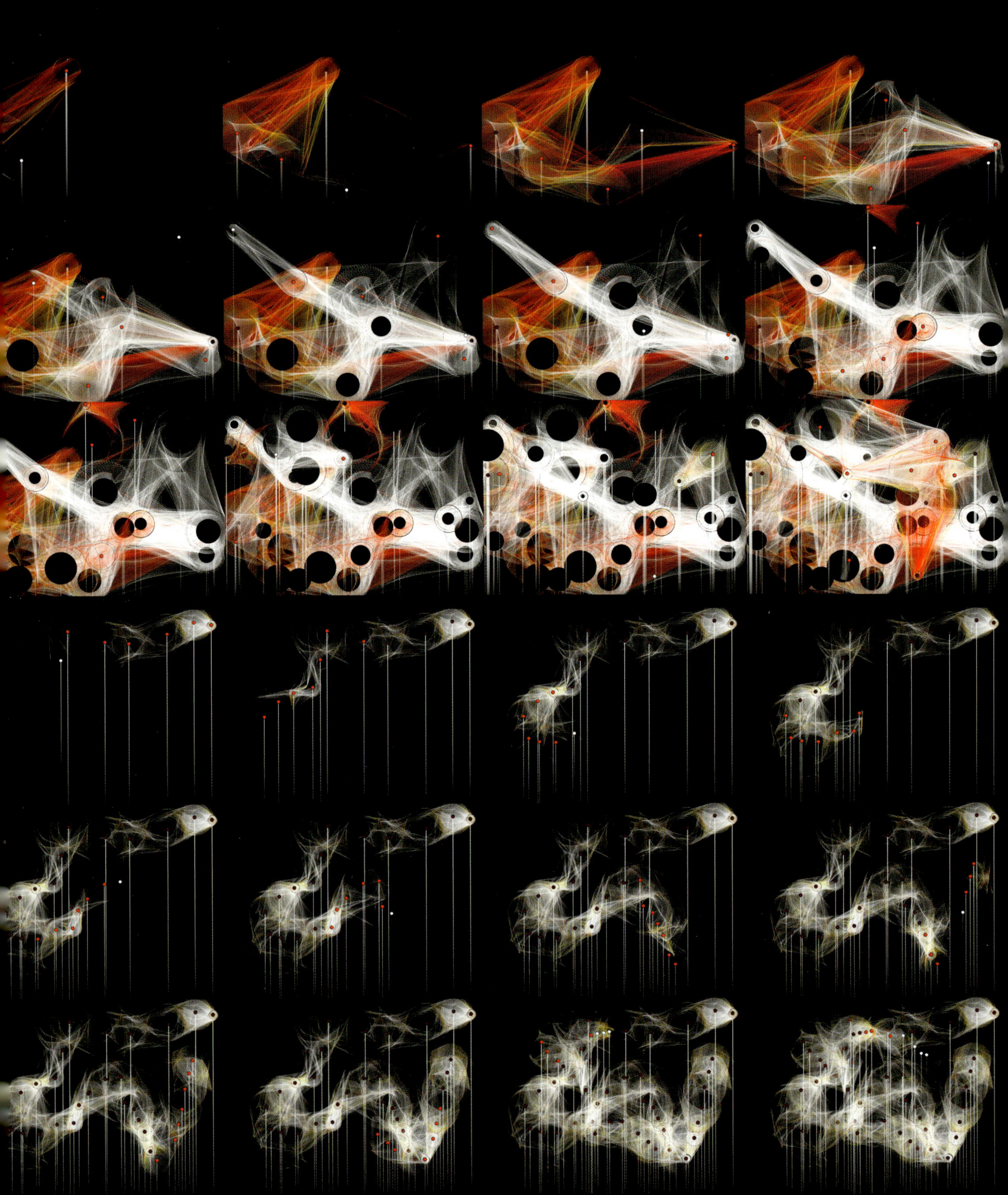

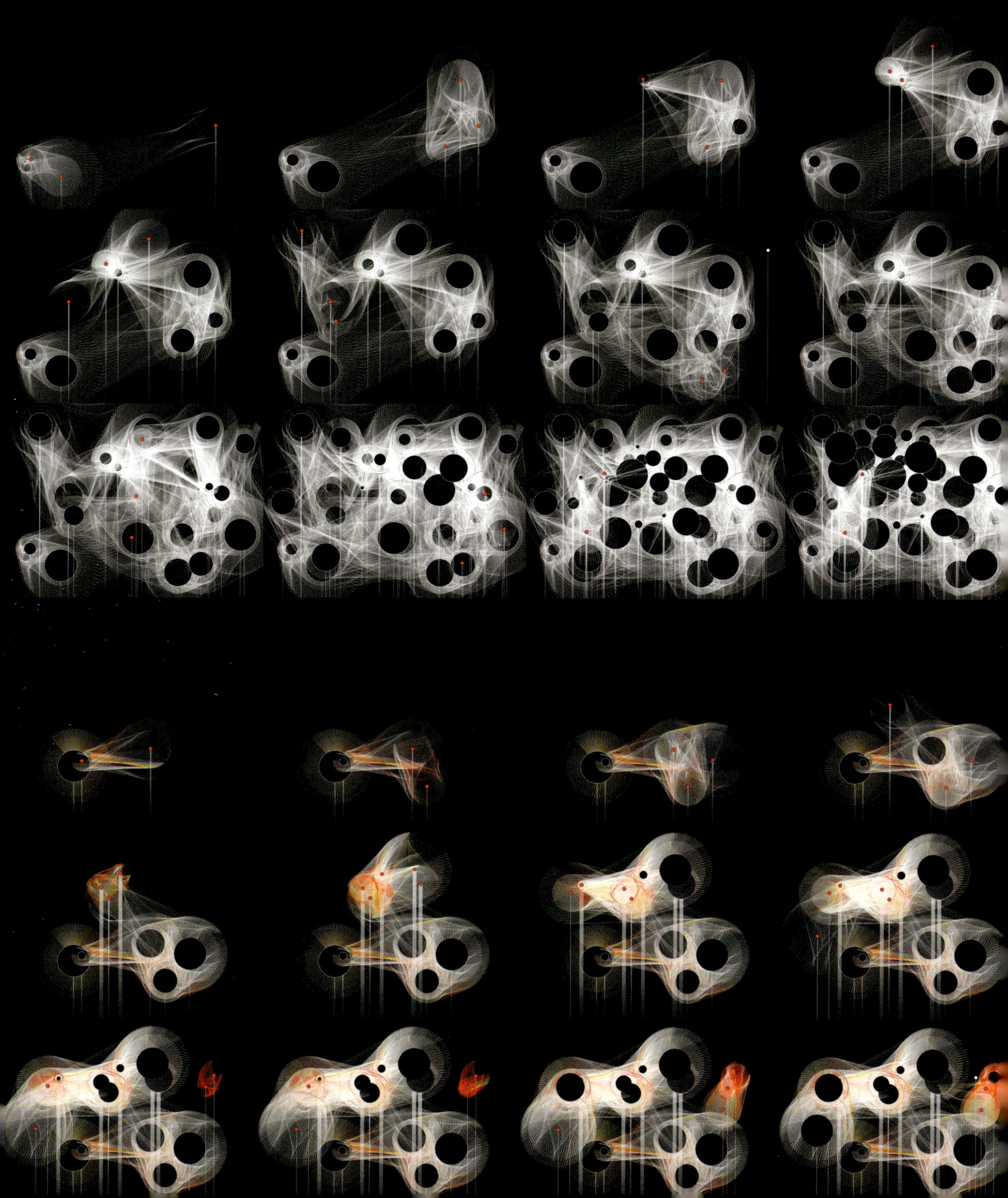

Lia
Geboren / Born in Graz, AT.
Lebt und arbeitet / Lives and works in Wien, AT.

Ausstellungen (Auswahl) / Exhibitions (Selection)

2007 *LabCyberspaces,* Laboral, Gijon, ES (Kat. / cat.)
30x1.2 (mit / with Miguel Carvalhais, Pedro Tutela), Casa Da Musica, Porto, PT
20. Stuttgarter Filmwinter, Stuttgart, DE

2006 *Further Processing. Generative Kunst, Offene Systeme,* Steirischer Herbst, Medienturm Zentral, Graz, AT
Generative Animation (mit / with Miguel Carvalhais), *Ars Electronica Animation Festival,* O.K Centrum für Gegenwartskunst, Linz, AT
update_1, Zebrastraat, Gent, BE

2005 *Generator.x,* National Museum, Oslo, NO
Generative X, ICA – Institute of Contemporary Arts, London, GB
BIX, Fassade / Facade Kunsthaus Graz, Steirischer Herbst, Graz, AT

2004 *Microwave International Media Art Festival,* Hong Kong City Hall, Hong Kong, CN
Seek, Fassade / Facade Ars Electronica Center, Linz, AT

2003 *Transmediale Extended Vol. 1, Biennial of Video and New Media,* Museum of Contemporary Art, Santiago, CL
Design Interactif, Centre Pompidou, Paris, FR
Abstraction Now (mit / with Miguel Carvalhais), *www.abstraction-now.at/ the-online-project,* Künstlerhaus Wien, AT (Kat. / cat.)
LMLB03 (mit / with Miguel Carvalhais), *Lovebytes Festival,* Sheffield, GB

2002 *impress//yourself,* Foundation Beyeler, Riehen, Basel, CH

2001 *Movement,* Mediatheque, Tokyo, JP

Projekte (Auswahl) / Projects (Selection)

2007 *Study #40* (2006), *Sonar Festival,* Barcelona, ES
(Video; sound: Miguel Carvalhais, Pedro Tudela)
Pixelache Festival, Museum of Contemporary Art Kiasma, Helsinki, FI
(Life Visuals; sound: Miguel Carvalhais, Pedro Tudela)
Casa Da Musica, Porto, PT
(Life Visuals; sound: Miguel Carvalhais, Pedro Tutela)
www.turux.at
www.itsBlackItsWhite.org
www.amiracle.at
www.4jonathan.org
www.withoutTitle.org

2006 *flow* (2005), *Backup Festival,* Weimar, DE (Video; sound: Vitor Joaquim)
int.16/45//son01/30x1 (2005), *Impakt Festival 2006,* Utrecht, NL
(Video; sound: Miguel Carvalhais, Pedro Tudela)
VS_process, Light Cone Preview Show, Centre Pompidou, Paris, FR
(Video; sound: bizz circuits)
radio_int.14/37 (2005), ZKM – Zentrum für Kunst und Medientechnologie Karlsruhe, Karlsruhe, DE (Video; sound: Miguel Carvalhais, Pedro Tudela, released on Art_Clips.ch.at.de)
Light Cone Preview Show, Centre Pompidou, Paris, FR (Video)
Dissonanze Festival, Palazzo dei Congressi, Roma, IT
(Life Visuals; sound: Sebastian Meissner)

2004 *int.5_27/G.S.I.L.XXX* (2004), Medienturm Graz, Graz, AT
(Video, sound: Miguel Carvalhais, Pedro Tutela)
EXiS2005, Experimental Film and Video Festival, Art Cinema, Seoul, KR (Video)
Sonar Festival, opening night, L'Auditori, Barcelona, ES (Life Visuals; sound: Orchestra Simfonica de Barcelon with Ryuichi Sakamoto)

2003 *Transmediale Extended Vol.1,* Museo de Arte Contemporaneo, Santiago, CL (Life Visuals; sound: Miguel Carvalhais, Pedro Tudela)
Principles of Indeterminism, metamorph #1 / #4, Ars Electronica Festival, Bucknerhaus, Linz, AT (Life Visuals; mit / with Bruckner Orchester Linz, Conductor: Dennis Russell Davies, Music: Iannis Xenakis)
www.re-move.org
www.strangeThingsHappen.org

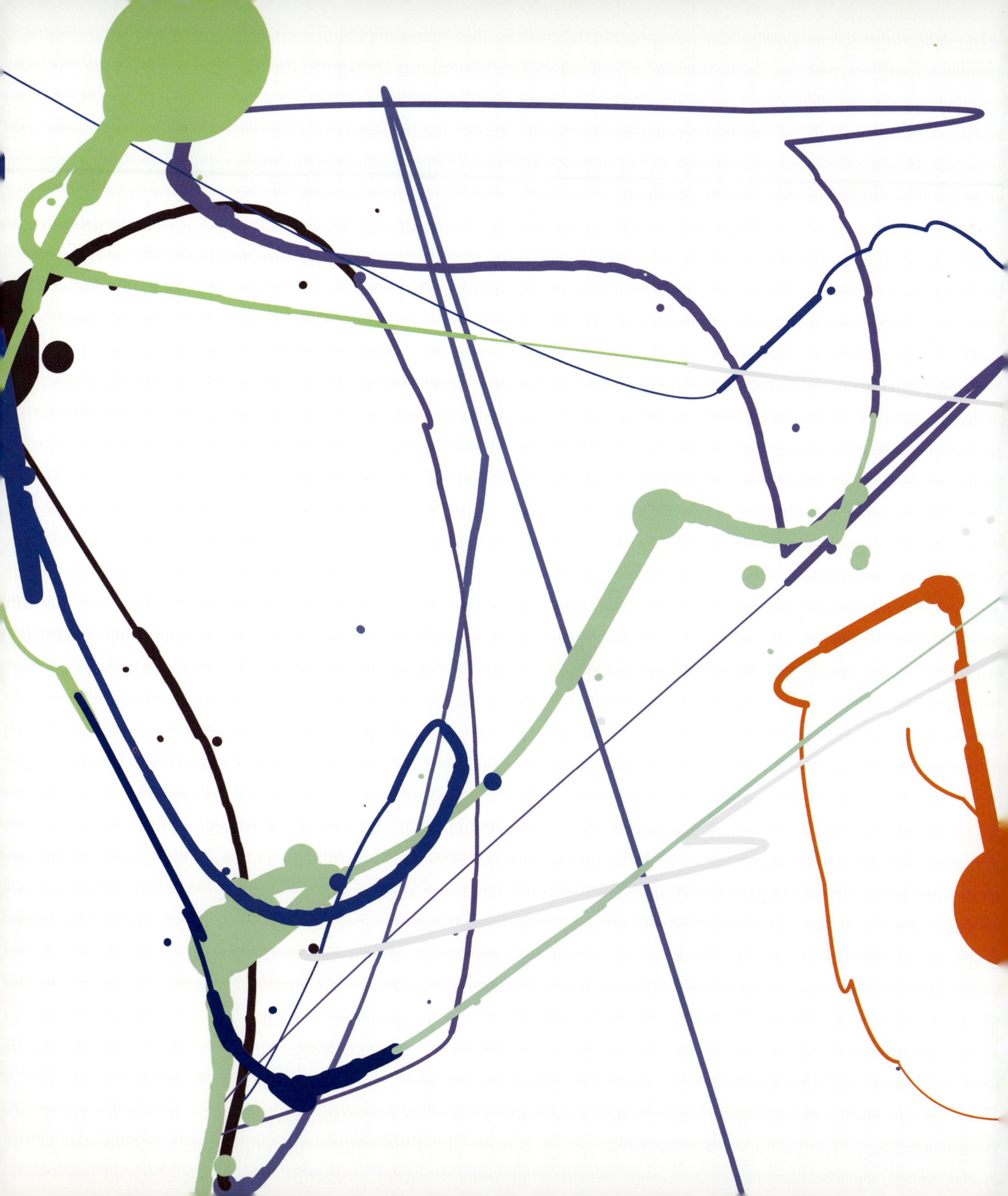

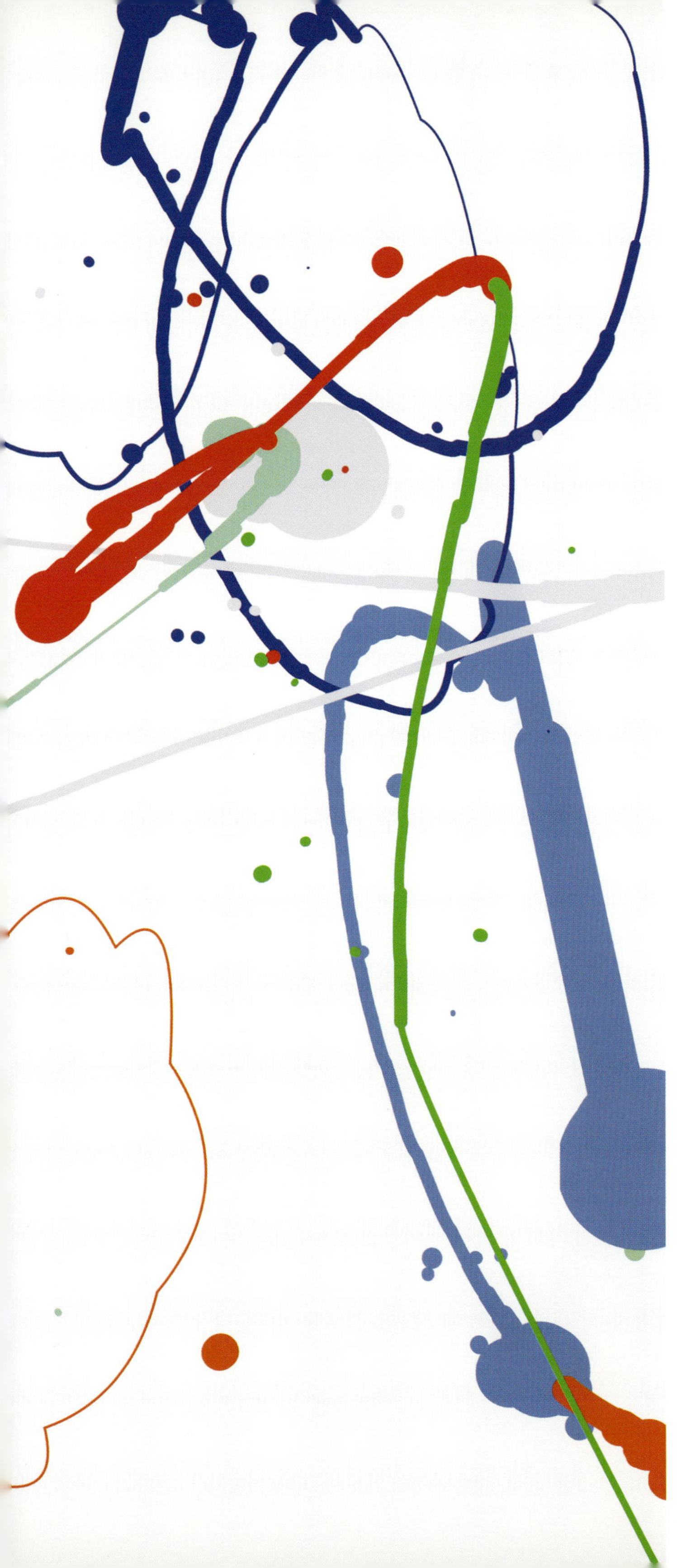

Miltos Manetas

Jacksonpollock.org, 2001
Webseite
Website

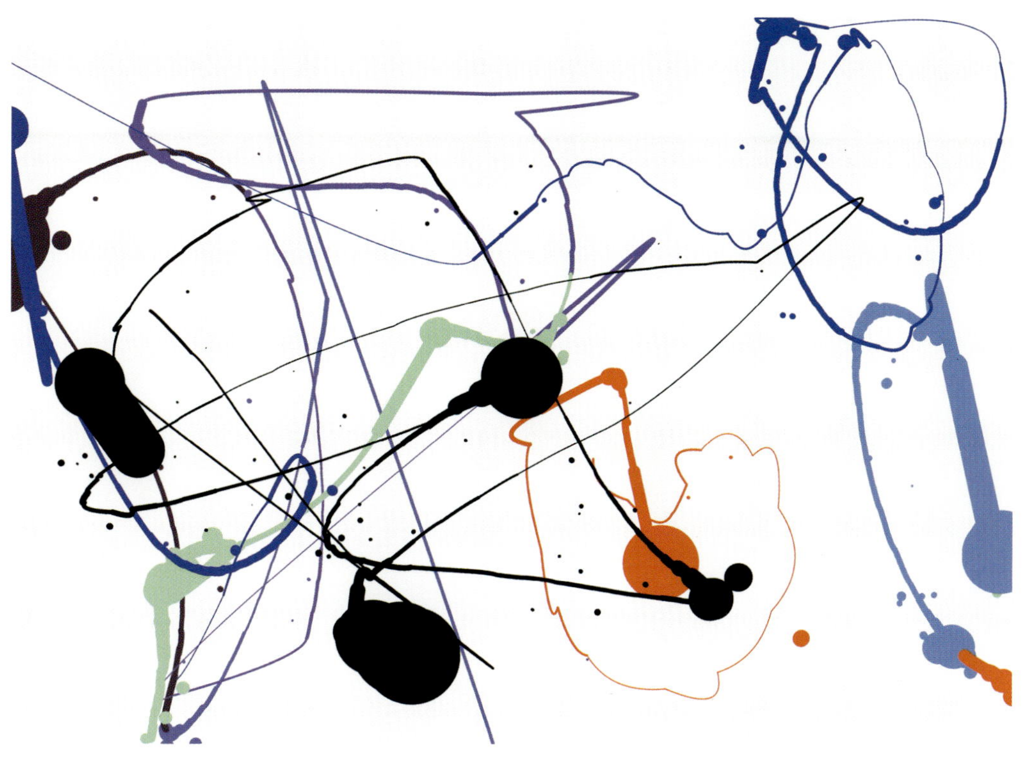

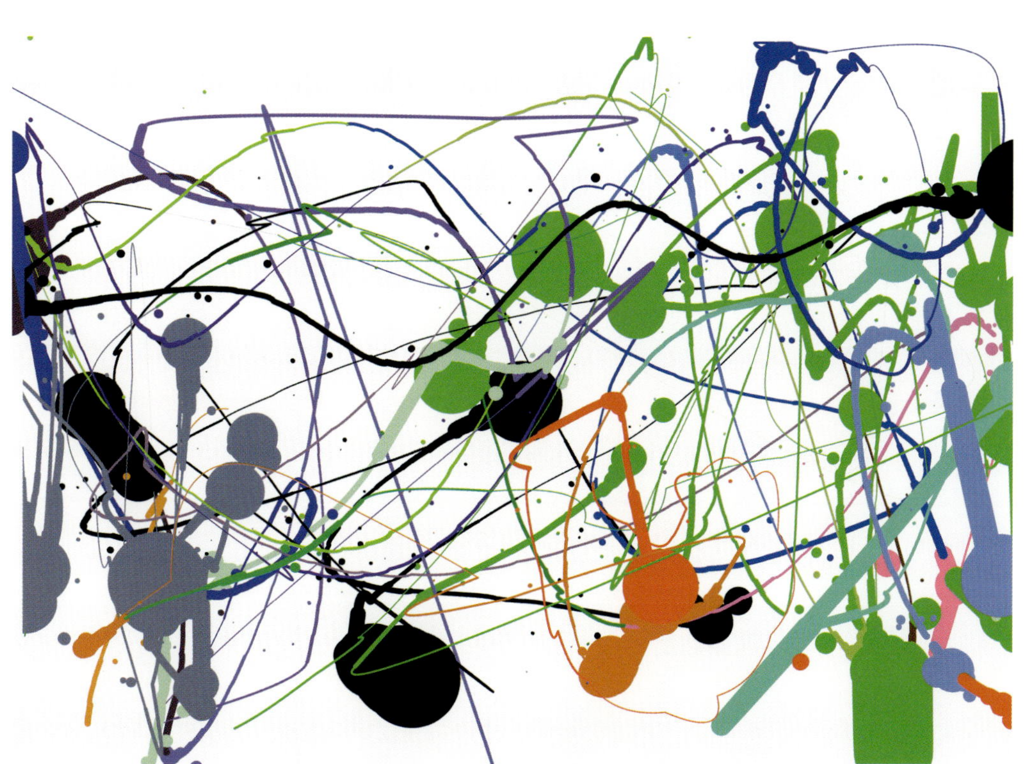

»[Jackson Pollock] war nicht jemand, der wirklich beeindru-ckende Kunst machte, sondern derjenige der einen Weg fand, beeindruckende Kunst zu machen.«[1]

In Zeiten digitaler Kunst sind Computer und Internet wohl die ulti-mativen Kunstmaschinen. Durch die (nahezu) unbeschränkte Ver-fügbarkeit und die ungeheure Bilderflut eröffnen sich ungeahnte Möglichkeiten.

Miltos Manetas, der sich als Maler bei der Suche nach einem Motiv Computern und Spielkonsolen als geradezu affektiv besetz-ten Bestandteilen des menschlichen Alltags zuwandte, hat den Readymade-Charakter der im Web verfügbaren Informationen in verschiedenen seiner Werke zum Thema gemacht. So stand am Beginn seiner Arbeit im Netz die Suche nach einem geeigneten Namen für seine Kunstbewegung, den er – ganz zeitgemäß und durchaus im Sinne seines Übervaters Duchamp – von einer Wer-beagentur kreieren ließ: »Neen« ist ein Neologismus, zusam-mengesetzt aus »net« und »screen«, und verweist auf das Grund-instrumentarium des Netzwerkers.

So ist auch die Web-Arbeit *Jacksonpollock.org* nicht seine Kreation, sondern die Schöpfung eines Webdesigners, auf die ihn ein Freund hinwies und die er durch die Betitelung appropriierte[2] – ganz gemäß der Tatsache, dass ihn bei Pollock weniger des-sen Werke selbst faszinieren, sondern seine Erfindung einer ein-fachen Malmethode, die von jedem angewandt werden und den-noch zu beachtlichen Ergebnissen führen kann.

"[Jackson Pollock] is not a person who actually made amaz-ing art, but he was the guy who has invented a way to make amazing art."[1]

In an era of digital art, the computer and the Internet are proba-bly the ultimate art machines. The (almost) unlimited accessibil-ity and the enormous flood of images open up unimagined pos-sibilities.

Miltos Manetas, who, as a painter looking for a motif, turned to computers and play stations as especially emotionally charged components of everyday human life, has taken the readymade character of the information available in the web as a theme in a number of his works. Thus, at the beginning of his work in the net stood the search for a suitable name for his art movement, which—in a very contemporary manner that would have met the approval of his artistic godfather Duchamp—he asked an advertising agency to create: "Neen" is an neologism composed of "net" and "screen" and refers to the net-workers basic toolbox.

Accordingly, the web piece *Jacksonpollock.org* is not his cre-ation, but that of a web designer recommended by a friend. He appropriated it with his title[2]—quite in accordance with the fact that he was less fascinated by Pollock's work than by Pollock's invention of a simple method of painting that anyone can apply and yet can lead to impressive results.

---

(1) Miltos Manetas, 2007, zitiert nach: http://live.focus.de/videos/detail/4482/38995/media/search/tags/manetas.

(2) Ebenda.

(1) Miltos Manetas, 2007, quoted from: http://live.focus.de/videos/detail/4482/38995/media/search/tags/manetas.

(2) Ibid.

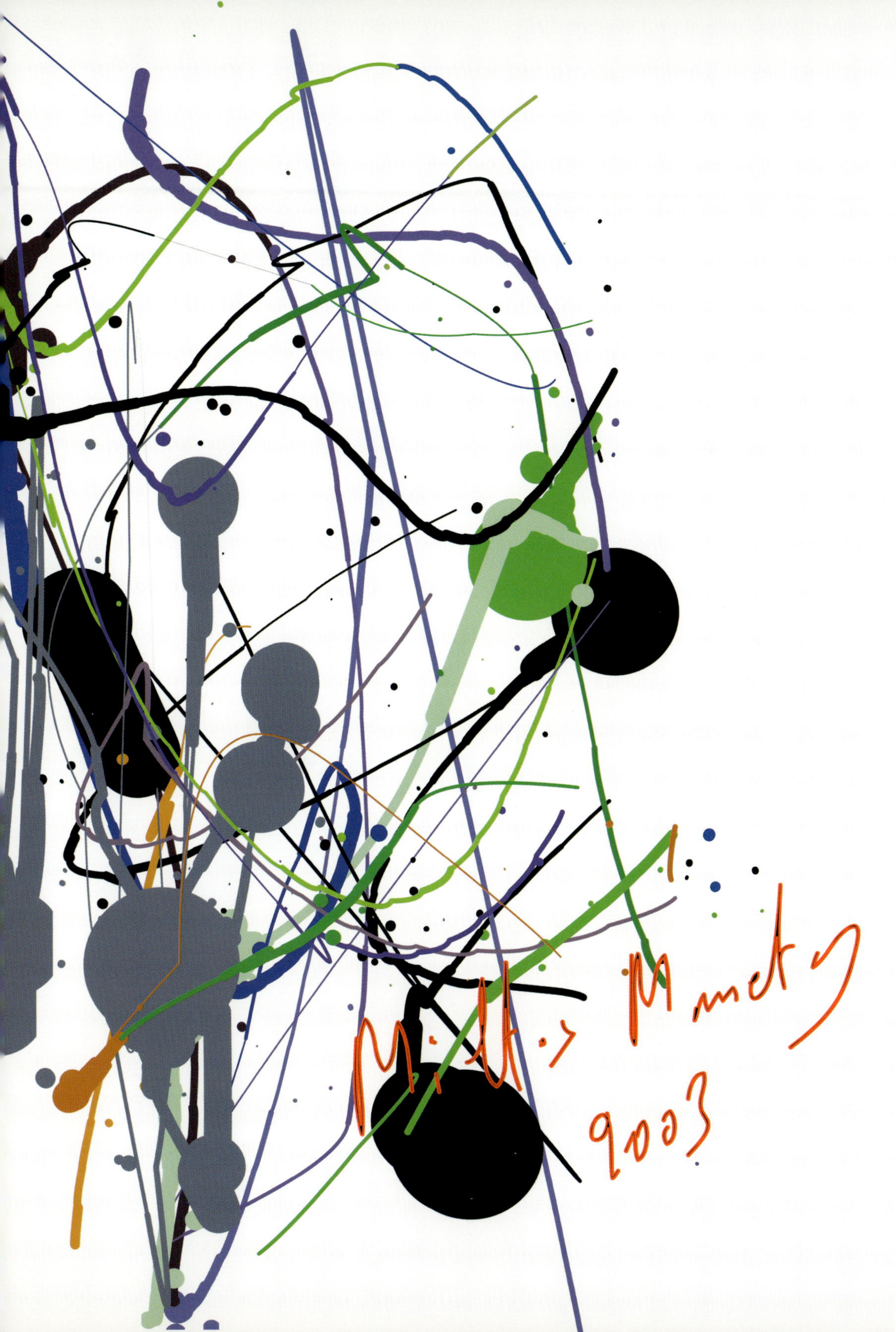

Miltos Manetas
2003

Miltos Manetas
Geboren / Born 1964 in Athína, GR.
Lebt und arbeitet / Lives and works in Los Angeles, US,
New York, US und / and Paris, FR.

Einzelausstellungen (Auswahl) / Solo Exhibitions (Selection)
2007 *The internet paintings,* Blow de la Barra Gallery, London, GB
2006 *Dogs and Cables,* Yvon Lambert Gallery, New York, US
 Feelings, Galleria Pack, Milano, IT
2005 *Manetas and Animations,* Sketch, London, GB
 Priscilla 41, Kalfayan Gallery, Thessalonica, GR
2004 *Memoirs of the devil,* Cosmic Gallery, Paris, FR
2002 *Jesusswimming,* MOCA – Museum of Contemporary Art, Tucson, US
 (www.jesusswimming.com)
2000 *NEEN,* Gagosian Gallery, New York, US
 Murakami-Manetas, Pinksummer, Genova, IT

Gruppenausstellungen (Auswahl) / Group Exhibitions (Selection)
2007 *Dazed and confused versus Andy Warhol,* Baltic Centre for
 Contemporary Art, Newcastle, GB
 Gameworld, Laboral, Gijon, ES
2006 *Mind games. The Art of Videogames,* Prince Charles Cinema, London,
 GB
 The Long Walk, Contemporary Art Museum, Athína, GR
 Untitled exhibition, Rebecca Camhi Gallery, Athína, GR
 An outing, Leonidas Beltsios Collection, Athína, GR
 Feelings, Galleria Pack, Milano, IT
2005 *Valencia Biennial,* Valencia, ES (Kat. / cat.)
 Prague Biennial, Praha, CZ (Kat. / cat.)
 The loop of Neen, Loop Art Fair, Barcelona, ES
 Electroscape, Zendai Museum, Shanghai, CN
 From Neen to sonar, Sonar Festival, Barcelona, ES
 Neen day, Sketch, London, GB
 Domus circular, San Siro, Milano, IT
 Cohabitiats, Ghislaine Hussenot Gallery, Paris, FR
2004 *Mediacity Seoul,* Seoul Museum of Art, Seoul, KR (Kat. / cat.)
 Digital Sublime. New Masters of the Universe, Taipei Museum of
 Contemporary Art, Taipei, TW
 Neentoday, MU Foundation, Eindhoven, NL
 Curious wishes, Palais de Tokyo, Paris, FR
 News from home, The Annex, New York, US
 Copy Art, ICA – Institute of Contemporary Arts, London, GB
2003 *2.Tirana Biennale,* Tirana, AL
 Nown, Wood Street Galleries, Pittsburgh, US
2002 *Whitneybiennial.com,* New York, US
 Urgent painting, Musée de l'art moderne, Paris, FR
 Mediacity Seoul, Seoul Museum of Art, Seoul, KR
 Afterneen, Casco, Utrecht, NL
2001 *Biennale.Net by the Electronicorphanage,* Deitch projects, New York, US
 My reality: The Culture of Anime and Contemporary Art, Des Moines
 Art Center, Des Moines, US; Brooklyn Museum of Art, New York, US
2000 *Presumed innocent,* Musée d'Art contemporain de Bordeaux, Bordeaux,
 FR
 Elysian fields, Centre Georges Pompidou, Paris, FR
 Synopsis 1, National Museum of Contemporary Art, Athína, GR

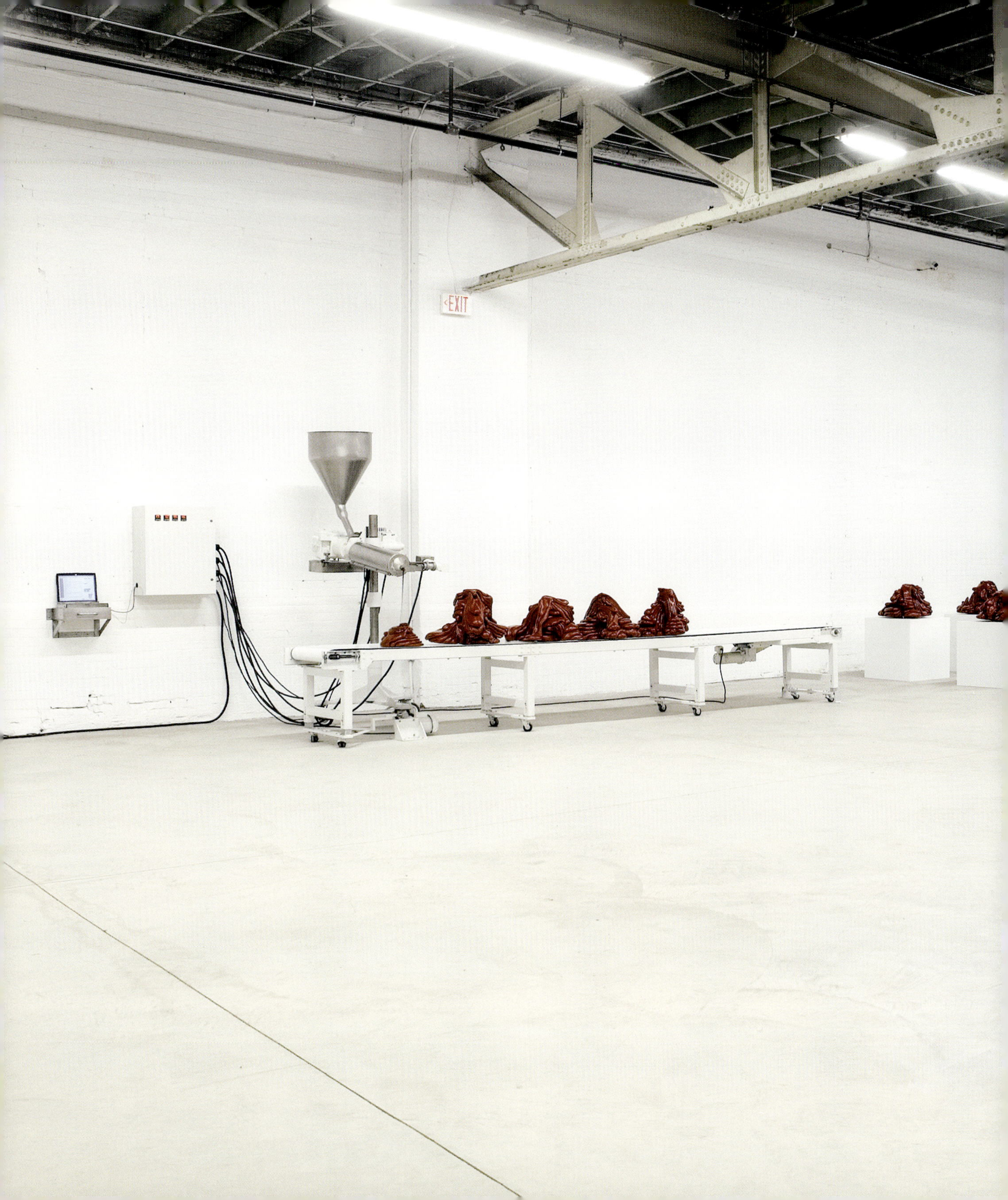

EXIT

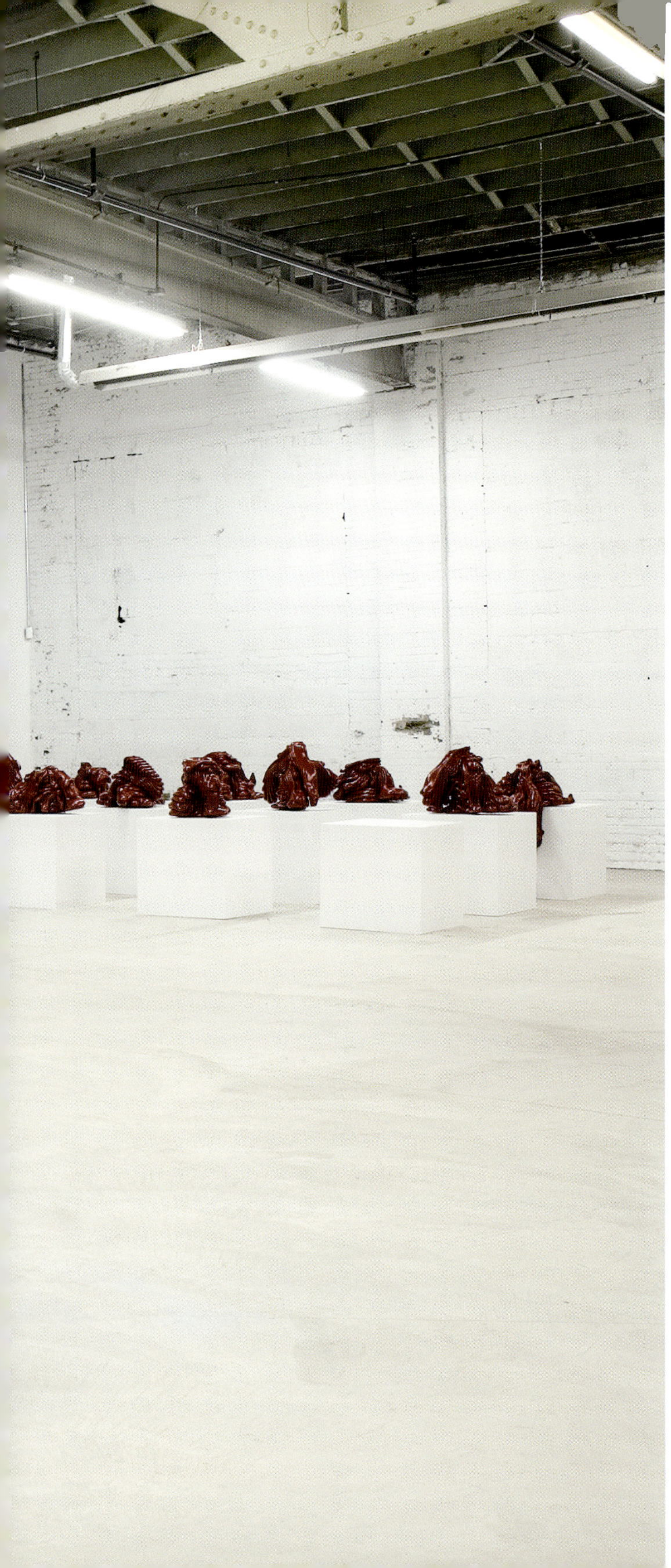

Roxy
Paine

Scumak No. 2 (Auto Sculpture Maker), 2001

Aluminium, Computer, Förderband, Elektronik, Kühlsystem,
Teflon, Extruder, rostfreier Stahl, Polyethylen
Aluminium, computer, conveyor, electronics, cooling system,
Teflon, extruder, stainless steel, polyethylene
228,6 x 701 x 185,4 cm
90 x 276 x 73 inches

Sie tragen Titel, die wie Bezeichnungen von Serienmodellen klin-
gen: *SCUMAK, PMU,* und es handelt sich dabei tatsächlich um
Maschinen, die technisch und ästhetisch den letzten Stand der
Massenproduktion widerspiegeln. Die Titel leiten sich von den
Funktionen der Maschinen ab: *SCUMAK – Auto Sculpture Maker*
– produziert Skulpturen, und *PMU – Painting Manufacturing Unit*
(2001) – fertigt Gemälde. In Roxy Paines Kunst produzierenden
Maschinen, die seit Mitte der 1990er Jahre entstehen, scheint der
Rückzug des Künstlers zugunsten einer seriellen Massenproduktion perfekt. Die Maschinen werden von einem Computerpro-
gramm gesteuert, das Paine selbst entwickelt hat.

In *Scumak No. 2* wird das Grundmaterial Polyethylen in einem
Trichter erhitzt und flüssig auf ein Fließband getropft. Nach einer
Trockenphase folgt die nächste Schicht. Dieser Vorgang wie-
derholt sich mehrmals, bis nach circa einem Tag die Skulptur
abgeschlossen ist. Obgleich die Handschrift Paines durch die
technoide Produktion völlig getilgt zu sein scheint, fungiert die
Maschine wie das Surrogat des Künstlers und das Laptop dane-
ben unterstreicht geradezu seine Abwesenheit. Anstelle von
maschinellen Einheitsprodukten entstehen einzigartige Skulpturen. Jedes Unikat wird inventarisiert, fotografiert und auf einem
Sockel präsentiert. Auch die Dauer des Herstellungsprozesses
widerspricht der Effizienz der maschinellen Massenproduktion.
Die Transformation, die verschiedenen Aggregatszustände des
Materials kann Paine durch das Festsetzen gewisser Parameter zwar lenken, aber nicht kontrollieren, z. B. wie sich die einzelnen Schichten aufeinander legen. Gerade daraus resultiert
die Einzigartigkeit der Scumaks wie auch die der Produkte der
anderen Maschinen. Diese Endprodukte stellen so für Paine
geradezu Porträts des jeweils verwendeten Materials dar: »Auf
eine Art sind sie tatsächlich Porträts des Materials, mit dem die
jeweilige Maschine arbeitet. Sie kommen an den Kern der
Essenz, was auch immer das Material ist. Wie das Polyethylen,
das die Scumaks macht: die Zähflüssigkeit, die Härte, die mole-
kulare Struktur […] das ist es, was die Formen verursacht, so
sind sie wirklich in gewisser Weise Materialporträts.«[1]

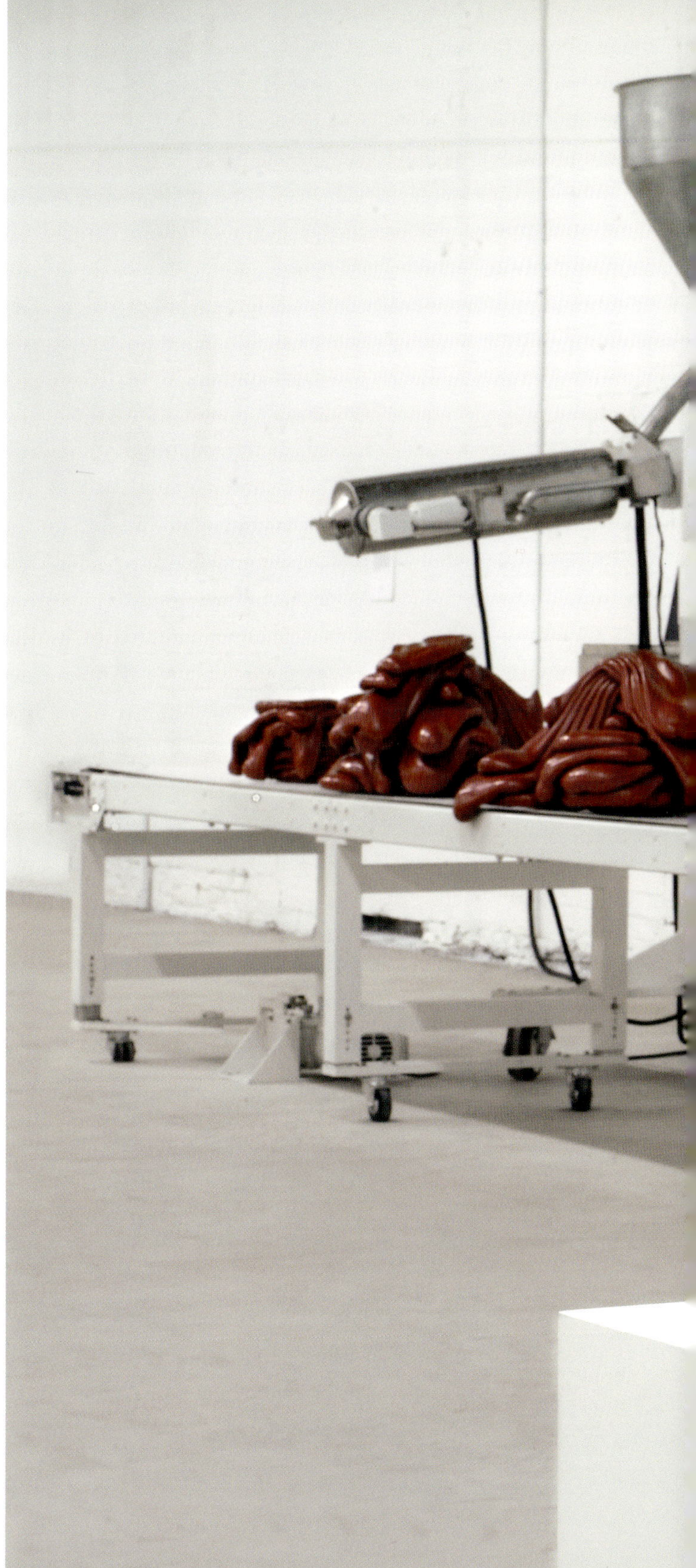

(1) Roxy Paine, zitiert nach: *Roxy Paine: Second Nature,* Aust.kat. Rose Art
Museum, Brandeis University, Waltham; Contemporary Arts Museum Houston,
Houston 2002, S. 21.

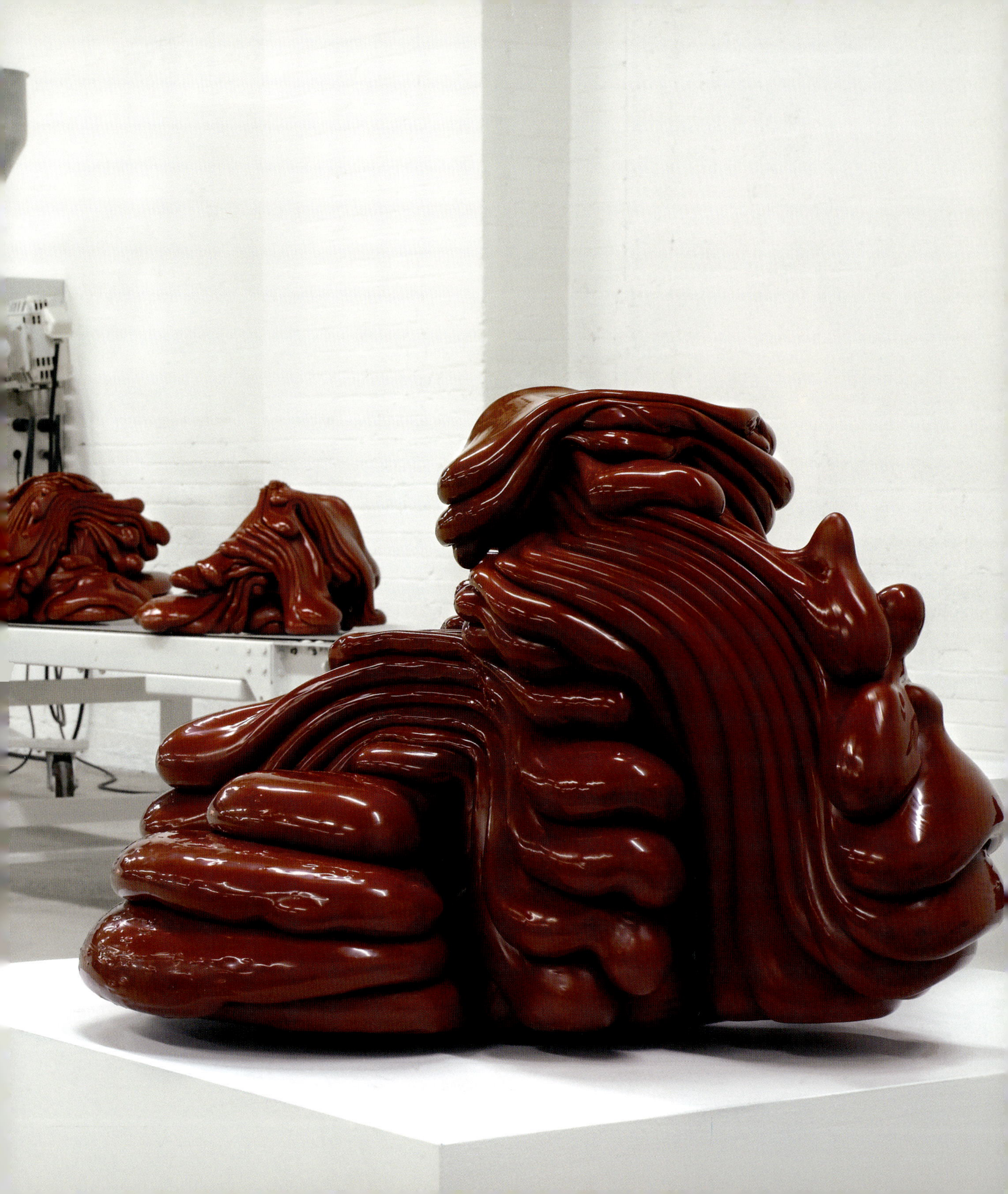

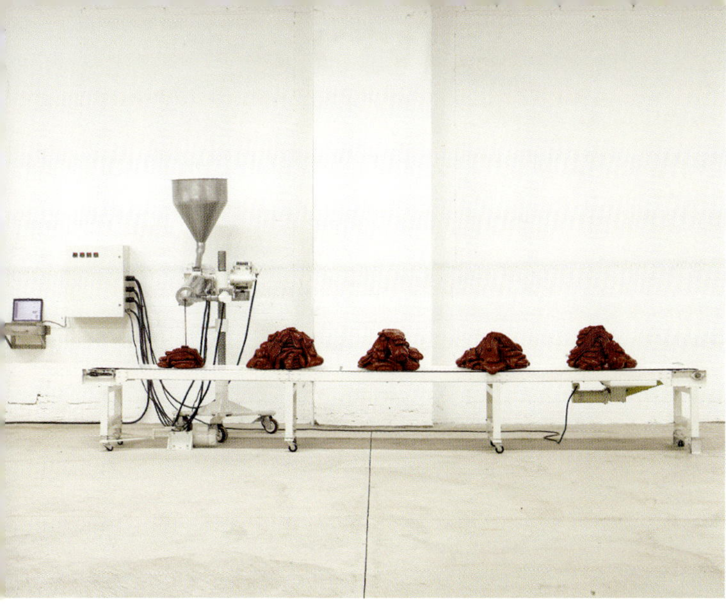

Their titles sound like the names of series models: *SCUMAK* and *PMU.* And indeed they are machines reflecting the technical and aesthetic state-of-the-art of mass production. The titles are derived from the machines' functions: *SCUMAK—Auto Sculpture Maker—* produces sculptures and *PMU—Painting Manufacturing Unit* (2001)—makes paintings. In Roxy Paine's art-producing machines that he has created since the mid-1990s, the artist's withdrawal in favor of serial mass production seems complete. The machines are controlled by a computer program that Paine developed himself.

In *Scumak No. 2,* the raw material polyethylene is heated in a funnel and dripped onto a conveyer belt. After drying, the next layer follows. The process is repeated until, after about a day, the sculpture is finished. Although Paine's personal handwriting seems completely eliminated from the technoid production, the machine functions as a surrogate for the artist, and the laptop beside it underscores his absence. Instead of a mechanical, uniform product, the process results in unique sculptures. Each unique piece is inventoried, photographed, and presented on a pedestal. The time taken in the production process contradicts the efficiency of mechanical mass production. By setting certain parameters, Paine can affect, but not control the transformation and various aggregate states of the material, for example how the individual layers lie upon each other. Precisely this results in the uniqueness of the Scumaks and the products of the other machines. Paine thus views these final products as portraits of the respectively used material: "In a way they're actually portraits of the materials that each machine works with. They get at the core essence of whatever material is. Like the polyethylene that makes the Scumaks: the viscosity, the hardness, the molecular structure […] that is what causes them to make these forms, so they really are in some ways material portraits."[1]

(1) Roxy Paine, quoted from: *Roxy Paine: Second Nature,* exh. cat. Rose Art Museum, Brandeis University, Waltham; Contemporary Arts Museum Houston, Houston 2002, p. 21.

Roxy Paine
Geboren / Born in 1966 in New York, US.
Lebt und arbeitet / Lives and works in Brooklyn, US und / and
Treadwell, US.

Einzelausstellungen (Auswahl) / Solo Exhibitions (Selection)
2007 *Mad. Sq. Art. Roxy Paine,* Madison Square Park, New York, US
2006 *Roxy Paine: PMU,* Portland Museum of Art, Portland, US
2005 *Roxy Paine: New Work,* James Cohan Gallery, New York, US
2004 *Defunct,* Aspen Art Museum, Aspen, US
2002 *Roxy Paine: Second Nature,* Rose Art Museum, Brandeis University,
     Waltham, US; Contemporary Arts Museum, Houston, US; SITE Santa
     Fe, New Mexico, MX; De Pont Foundation for Contemporary Art, Tilburg,
     NL (Kat. / cat.)
     James Cohan Gallery, New York, US
2001 Museum of Contemporary Art, North Miami, US
     Galerie Thomas Schulte, Berlin, DE

Gruppenausstellungen (Auswahl) / Group Exhibitions (Selection)
2006 *Meditations in an Emergency,* Museum of Contemporary Art, Detroit,
     US
     Garden Paradise, The Arsenal Gallery in Central Park, New York, US
     Uneasy Nature, Weatherspoon Art Museum, The University of North
     Carolina, Greensboro, US
2005 *Ecstasy: In and About Altered States,* Museum of Contemporary Art,
     Los Angeles, US (Kat. / cat.)
     Extreme Abstraction, Albright Knox Art Gallery, Buffalo, US
     Blumenmythos. Von Vincent van Gogh bis Jeff Koons, Fondation
     Beyeler, Riehen, Basel, CH
     Material Terrain: A Sculptural Exploration of Landscape and Place,
     Laumeier Sculpture Park, St. Louis; Santa Cruz Museum of Art and
     History, Santa Cruz, US; University of Arizona Museum of Art, Tucson,
     US; Memphis Brooks Museum of Art, Memphis, US; Cheekwood
     Museum of Art, Nashville, US; Lowe Art Museum, University of Miami,
     Coral Gables, US (Kat. / cat.)
2004 *The Flower as Image,* Louisiana Museum for Moderne Kunst,
     Humlebæk, DK
     Natural Histories: Realism Revisited, Scottsdale Museum of
     Contemporary Art, Scottsdale, US
2003 *Work Ethic,* Baltimore Museum of Art, Baltimore, Maryland, US;
     Des Moines Center for the Arts, Des Moines, US
     UnNaturally, Contemporary Art Museum, University of South Florida,
     Tampa, US; H & R Block Artspace at the Kansas City Art Institute,
     Kansas City, US; Fisher Gallery, University of Southern California,
     Los Angeles, US; Copia: The American Center for Wine, Food and the
     Arts, Napa, US; Lowe Art Museum, University of Miami, Coral Gables,
     US (Kat. / cat.)
     The Great Drawing Show 1550–2003 A.D, Michael Kohn Gallery,
     Los Angeles, US
2002 *Early Acclaim: Emerging Artist Award Recipients 1997–2001,*
     The Aldrich Museum of Contemporary Art, Ridgefield, US
     Whitney Biennial in Central Park, Whitney Museum of American Art,
     New York, US
2001 *Brooklyn!,* Palm Beach Institute of Contemporary Art, US
     Arte y Naturaleza, Montenmedio Arte Contemporaneo, Cadiz, ES
     (Kat. / cat.)
     Waterworks: U.S. Akvarell 2001, Nordiska Akvarellmuseet, Skarhamn,
     SE (Kat. / cat.)

01.01.01: Art in Technological Times, San Francisco Museum of
Modern Art, San Francisco, US
All-Terrain, Contemporary Art Center of Virginia, Virginia Beach, US
Give and Take, Serpentine Gallery und / and the Victoria and Albert
Museum, GB
2000 *From a Distance: Approaching Landscape,* Institute of Contemporary
     Art, Boston, US
     Working in Brooklyn: Beyond Technology, Brooklyn Museum of Art,
     Brooklyn, US
     Sharing Exoticism, Lyon Biennale, Lyon, FR
     The Greenhouse Effect, Serpentine Gallery, London, GB
     Greater New York: New Art in New York Now, P.S.1 Contemporary Arts
     Center und / and The Museum of Modern Art, New York, US
     As Far As the Eye Can See, Atlanta College of Art Gallery, Atlanta, US
     (Kat. / cat.)

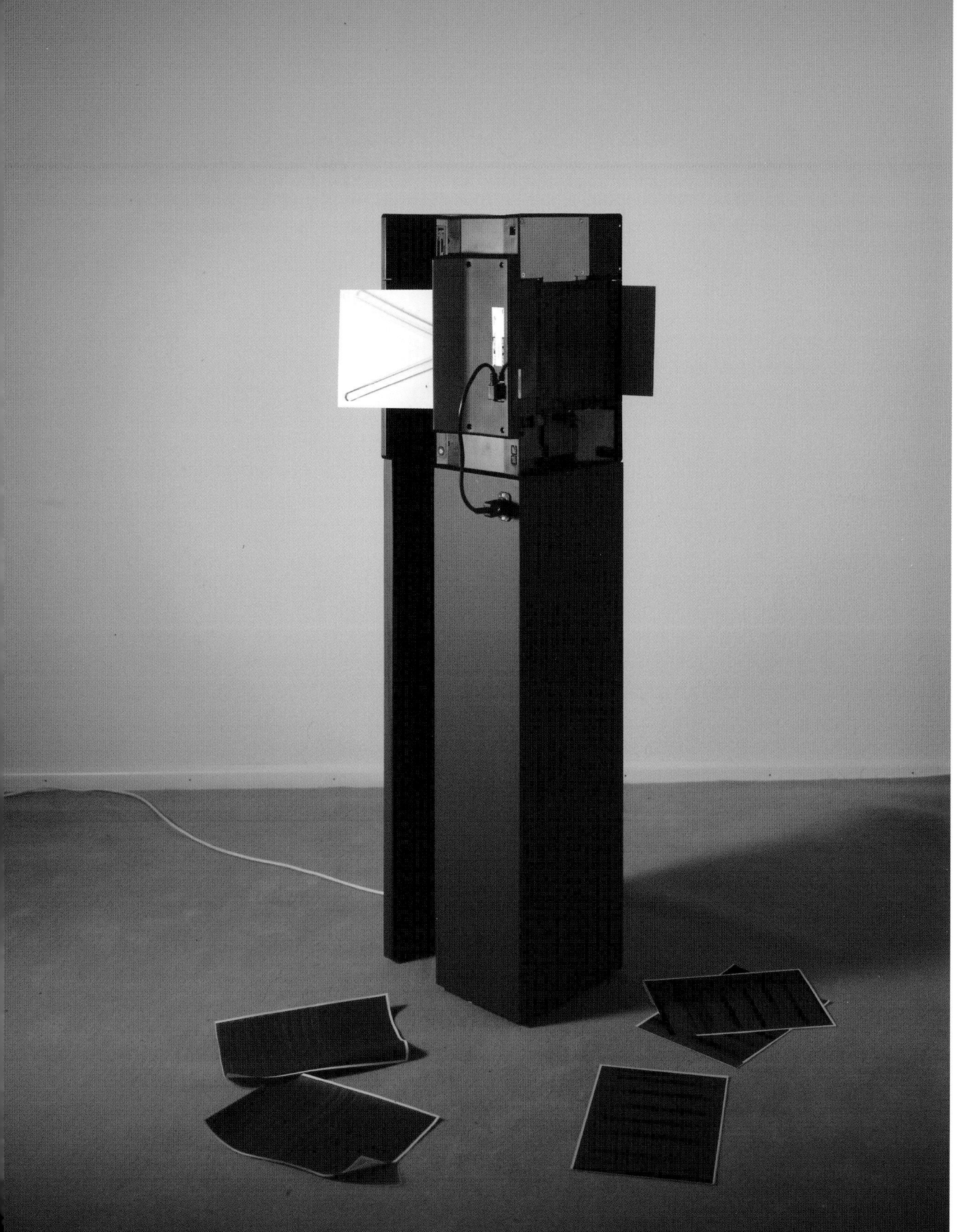

Steven Pippin

Carbon Copier (Anyway), 2007
2 Kopiergeräte, Sockel
2 copiers, pedestal
45,7 x 30,5 x 17,8 cm je Kopiergerät
94 x 27.9 x 35.6 cm Sockel
Copiers: 18 x 12 x 7 inches each
pedestal: 37 x 11 x 14 inches

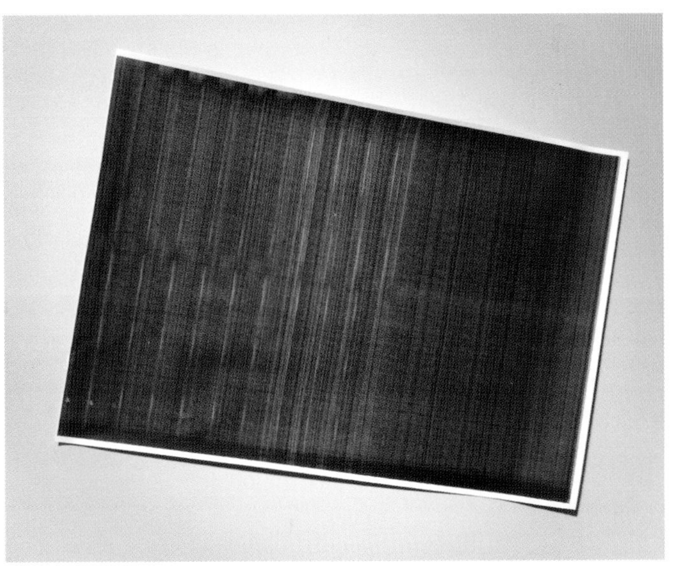

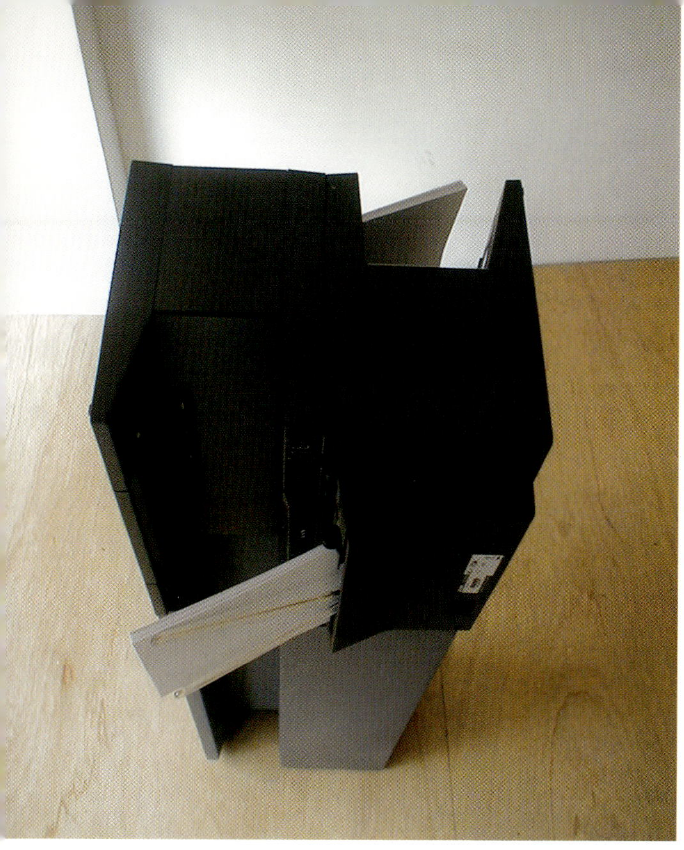

From the beginning of his career as an artist, Steven Pippin has used everyday equipment for purposes other than the original intent, namely the creation of unusual and ironic pictures. Whether he takes a self-portrait using a photo booth turned into a camera obscura or uses the drums of the washing machines in a Laundromat to make chrono-photographs, his interest has always been in fundamental artistic acts; one of the things showing this is that, in these examples, he resorts to techniques from the beginnings of photography and thus contrasts with the high-tech enthusiasm of many from his generation.

Carbon Copier (Anyway), which uses the contemporary technology of the two photocopying machines, also depicts a fundamental situation: For when the two copiers are set up with their beds facing each other and are operated simultaneously, they depict each other during the act of depiction—a tautological procedure of a closed circuit, as was presented in the early period of video technology by, for example, such important works as Steina Vasulka's *Allvision,* from 1976. In the latter, two cameras rotate around a mirror ball, thereby constantly depicting themselves and the monitors allotted to them. That—unlike in *Allvision*—the process of depiction in *Carbon Copier (Anyway)* is hidden from view gives an about-face to the older works. Such a twist is typical for Steven Pippin.

Vom Beginn seiner künstlerischen Laufbahn an hat Steven Pippin alltägliche Apparate auf ungewöhnliche und ironische Weise zur Bildherstellung zweckentfremdet: Ob er mit einer zur Camera obscura umgestalteten Fotokabine ein Selbstporträt oder mit den Trommeln der Waschmaschinen in einem Waschsalon Chronofotografien anfertigte, stets galt und gilt sein Interesse grundlegenden künstlerischen Akten; dies lässt sich unter anderem daran ablesen, dass er bei den vorgenannten Beispielen auf Techniken aus der Frühzeit der Fotografie zurückgriff und damit quer zur Hightech-Begeisterung seiner Generationsgenossen steht.

Auch *Carbon Copier (Anyway),* das sich mit den beiden Fotokopierern zeitgenössischer Technik bedient, stellt eine grundlegende Situation dar: Denn dadurch, dass die beiden Kopierer mit ihren Auflageflächen gegeneinander gesetzt sind, bilden sie sich gegenseitig beim Akt der Abbildung ab, wenn sie gleichzeitig eingeschaltet werden – ein tautologisches Verfahren des closed circuit, wie es beispielsweise in der Frühzeit der Videotechnik von so wichtigen Arbeiten wie Steina Vasulkas *Allvision,* 1976, vorgeführt wird. Dort rotieren zwei Kameras um eine verspiegelte Kugel und bilden sich und die ihnen zugeordneten Monitore durch die Spiegelung permanent selbst ab. Dass – anders als bei *Allvision* – der Vorgang der Abbildung bei *Carbon Copier (Anyway)* dem Blick entzogen wird, bildet eine für Steven Pippin typische, ironische Volte gegenüber den älteren Arbeiten.

Steven Pippin
Geboren / Born 1960 in Redhill, GB.
Lebt und arbeitet / Lives and works in London, GB.

Einzelausstellungen (Auswahl) / Solo Exhibitions (Selection)

2007 Domaine de Kerguéhennec, Centre d'art contemporain, Bignan, FR

2006 *Cosmological Convolution, Omega = 1,* Galleria Arte e Ricambi,
Verona, IT; Trudelwindkanal, Berlin-Adlershof, DE

2005 *UFO,* Klosterfelde, Berlin, DE
GeoFlatscreen Prototype, Gavin Brown's Enterprise, New York, US

2003 *Black Hole,* Gallery Side2, Tokyo, JP

2001 *Journey to the Centre of the Art World … and Back Again,*
Gavin Brown's Enterprise, New York, US
Toilet Paper Stealing Machine, H. M. Klosterfelde, Hamburg, DE

Gruppenausstellungen (Auswahl) / Group Exhibitions (Selection)

2006 *You'll Never Know,* The New Art Gallery Walsall, Walsall, GB

2005 *Lichtkunst aus Kunstlicht,* ZKM – Zentrum für Kunst und
Medientechnologie Karlsruhe, Karlsruhe, DE (Kat. / cat.)
e-flux Video Rental, KW Institute for Contemporary Art, Berlin, DE

2004 *Untitled (Vision Existence Resistance),* Franco Soffiantino arte
contemporanea, Torino, IT

2003 *Récentes acquisitions pour la collection du Frac Bretagne,* Domaine de
Kerguéhennec, Centre d'art contemporain, Bignan, FR
Helga Maria Klosterfelde Editionen (1990–2003), Klosterfelde, Berlin, DE

2002 *Self Evident,* Tate Gallery, London, GB
Tempo, MoMA – Museum of Modern Art, Queens, New York, US

2001 *Azerty. Un abécédaire autour des collections du Frac Limousin,*
Centre Georges Pompidou, Paris, FR (Kat. / cat.)
The Fantastic Recurrence of Certain Situations, Sala des Exposiciones
del Canal de Isabel II, Madrid, ES

2000 *HausSchau. Das Haus in der Kunst,* Deichtorhallen, Hamburg, DE
(Kat. / cat.)
Useless Science, Museum of Modern Art, New York, US
Projects, Gallery Side 2, Tokyo, JP

Verpackung der Kopierer mit dem Aufdruck »Anyway« /
Packing of the copiers with the imprint "Anyway"

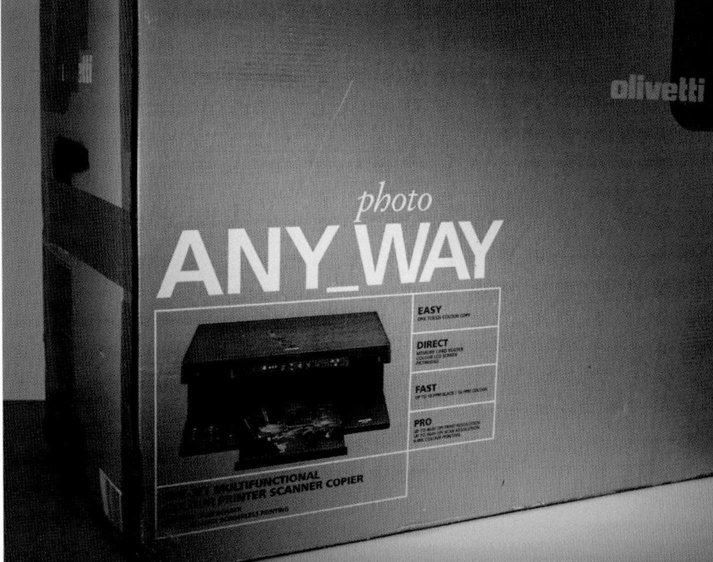

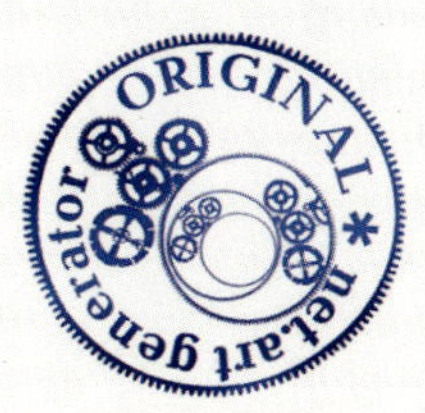
ORIGINAL
net.art generator

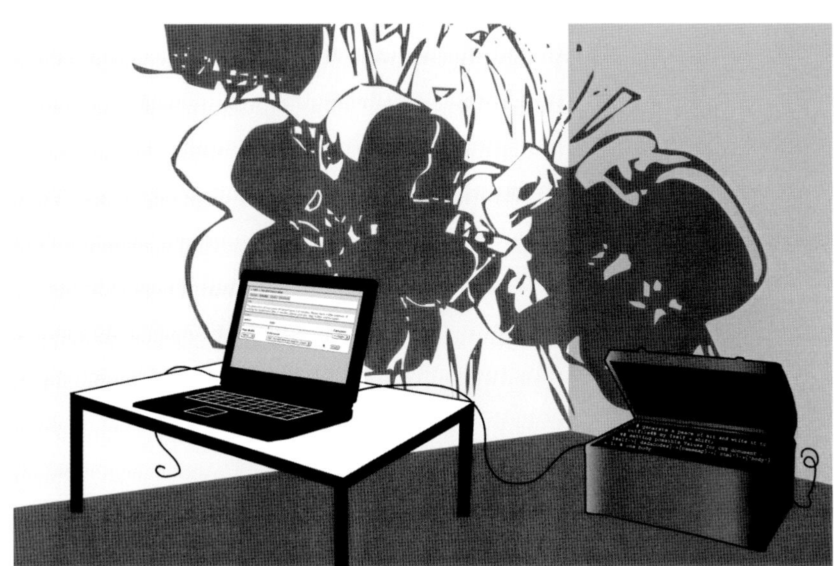

Schon zu Beginn des 20. Jahrhunderts arbeiteten Künstlerinnen und Künstler mit vorgefundenen Materialien, weshalb sie als Ahnen heutiger Netzkünstlerinnen und -künstler erscheinen können. Auch Cornelia Sollfrank arbeitet mit zufällig entdeckten Bildern. Doch offenbaren sich schnell die fundamentalen Unterschiede zwischen den durchaus verwandten Positionen. Erstens lässt die als Malerin ausgebildete Sollfrank finden: Die Besucherinnen und Besuchern von http://net.art-generator.com können den Netzkunstgenerator mit einigen Stichwörtern füttern, woraufhin dieser Bildmaterial aus dem Netz sammelt und neu kombiniert. Zweitens sind die Materialien für die so entstehenden Bilder digitale Daten und damit theoretisch unendlich reproduzierbar, während noch die Collagen des Dadaismus und Surrealismus materiell aus Papier, Karton, Stoff etc. zusammengefügt wurden. Damit war zwar die individuelle Handschrift bis zu einem gewissen Grad aus den Arbeiten eliminiert, aber sie blieben doch einzigartige, vom Künstler geschaffene Kompositionen. Die inzwischen schon nahezu ein Jahrzehnt alte Arbeit von Cornelia Sollfrank hingegen aktualisiert sich durch den steten Zugriff auf die sich ständig verändernde Bilderwelt des Web immer wieder selbst und ist damit zugleich deren Indikator.

In der Ausstellung befindet sich neben dem Computer und Monitor, auf dem die Besucherinnen und Besucher den Netzkunstgenerator bedienen können, ein Server mit Internetanschluss, auf dem das Programm installiert ist und dessen Code-Ebene über einen Screen einsehbar wird. Die mit Hilfe des Netzkunstgenerators geschaffenen Werke werden mit dem nag-Siegel versehen, dessen Text »net.art generator Original« nochmals die Idee des einzigartigen Kunstwerks aufgreift.

Diese spielerisch erscheinende »Kunstmaschine« berührt zahlreiche offene Fragen des gegenwärtigen Kunstbetriebs und erweist damit ihre konzeptuelle Subversivität: So kreist die derzeit besonders virulente Auseinandersetzung um das Urheberrecht trotz drei Jahrzehnte Appropriation Art eigentlich immer noch um Fragen von künstlerischem Genius und Original – und damit um Ideen, die ihrerseits eng mit der Fiktion des vor allem männlichen, autonomen Subjekts[1] zusammenhängen.

(1) Sigrid Schade: »Der Mythos des ganzen Körpers. Das Fragmentarische in der Kunst des 20. Jh. als Dekonstruktion bürgerlicher Totalitätskonzepte«, in: *Frauen Bilder Männer Mythen,* hg. von Ilsebill Barta u. a., Berlin 1987, S. 239-260, S. 247.

At the beginning of the 20th century, artists were already working with found materials; they can be regarded as predecessors of today's net artists. Cornelia Sollfrank, too, works with pictures discovered by chance. But the fundamental differences between these definitely related positions are soon clear. First, Sollfrank, who was trained as a painter, has others find things: the visitors to http://net.art-generator.com can feed the *net.art generator* with a few key words; the generator thereupon collects pictorial material fitting these words and combines them anew. Second, the materials for the pictures thus created are digital data, and thus theoretically endlessly reproducible, while the collages of Dada and Surrealism were physically combined from paper, cardboard, fabric, etc. This eliminated the individual handwriting from the works to a certain degree, but they remained unique compositions created by the artist. But Cornelia Sollfrank's meanwhile almost decade-old work repeatedly updates itself by means of its constant access to the constantly changing pictorial world of the web and is thereby also the latter's indicator.

Along with the computer and monitor on which the visitors can use the *net.art generator,* the exhibition also includes a server with Internet connection on which the program is installed and whose code level can be viewed on screen. The works created with the aid of the *net.art generator* are given the nag seal, whose text "net.art generator Original" again takes up the idea of the unique work of art.

This seemingly playful "art machine" touches upon many open questions of today's art business, thereby displaying its conceptual subversiveness: Thus, despite three decades of Appropriation Art, the currently especially virulent debate on copyright revolves around questions of artistic genius and the original—and thus around ideas that, in turn, are closely tied to the fiction of the primarily male, autonomous subject.[1]

(1) Sigrid Schade: "Der Mythos des ganzen Körpers. Das Fragmentarische in der Kunst des 20. Jh. als Dekonstruktion bürgerlicher Totalitätskonzepte", in: *Frauen Bilder Männer Mythen,* ed. Ilsebill Barta et al., Berlin 1987, p. 239-260, p. 247.

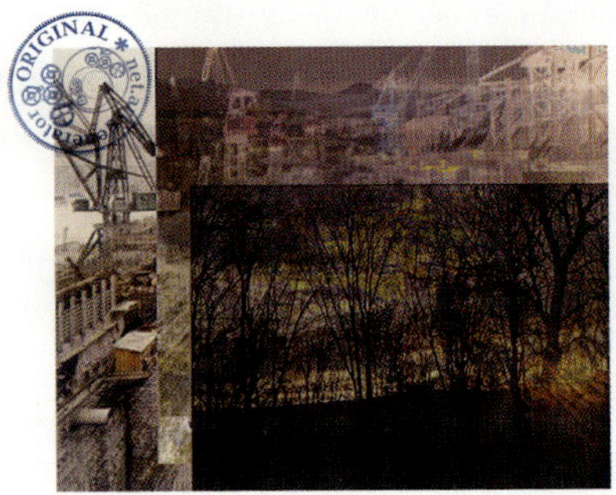

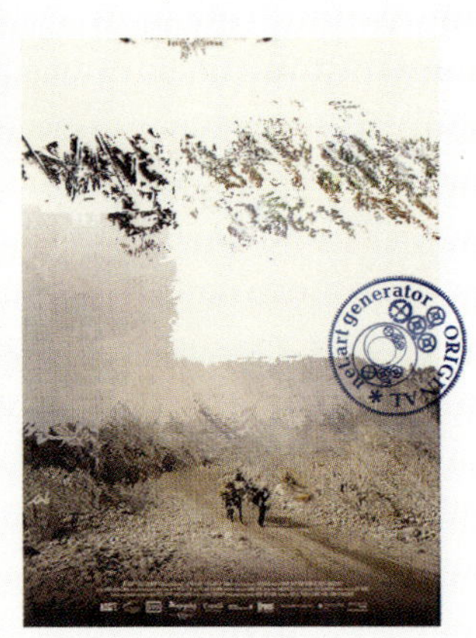

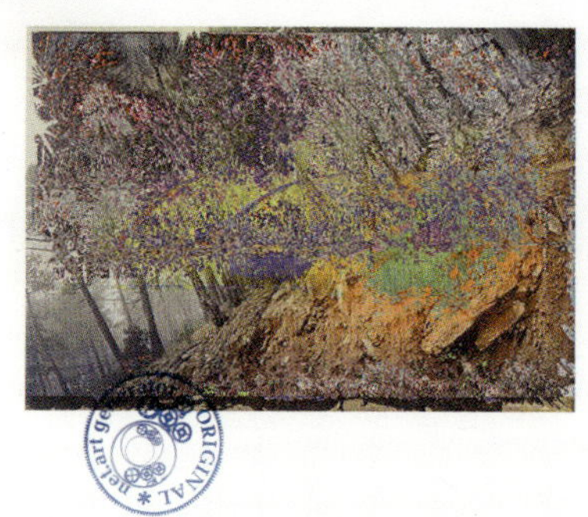

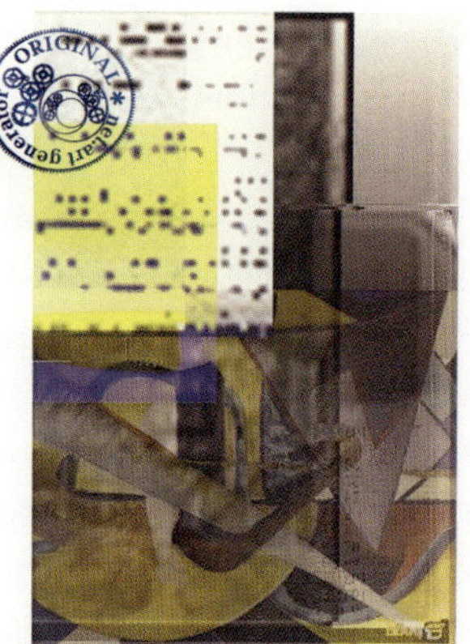

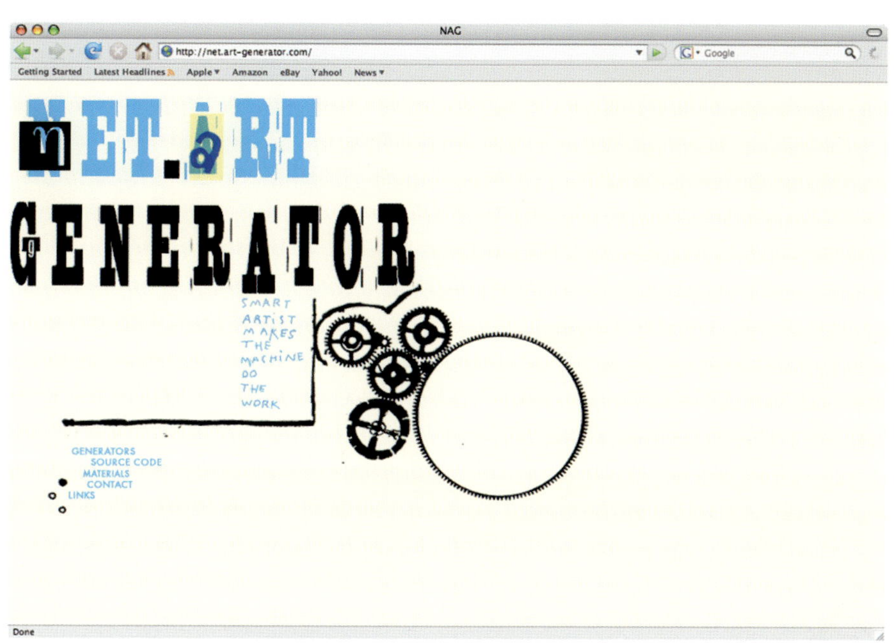

NAG
http://net.art-generator.com/
Getting Started   Latest Headlines   Apple   Amazon   eBay   Yahoo!   News
NET.ART
GENERATOR
SMART
ARTIST
MAKES
THE
MACHINE
DO
THE
WORK
GENERATORS
SOURCE CODE
MATERIALS
CONTACT
LINKS
Done

Cornelia Sollfrank
Geboren / Born 1960 in Feilershammer, DE.
Lebt und arbeitet / Lives and works in Hamburg, DE, Celle, DE
und / and Dundee, GB.

Einzelausstellungen (Auswahl) / Solo Exhibitions (Selection)
2007 *MuseumShop,* Märkisches Museum Witten, Witten, DE
2006 *This is not by me,* Kunstverein Hildesheim, Hildesheim, DE; Magnet
     Gallery, Manila, PH (Kat. / cat.)
2004 *Legal Perspective,* plug.in Medienforum, Basel, CH
2001 *Networked Reality,* Galleri 21, Malmö, SE
2000 *Liquid Hacking Laboratory,* Albrecht Dürer Gesellschaft – Kunstverein
     Nürnberg, Nürnberg, DE

Gruppenausstellungen (Auswahl) / Group Exhibitions (Selection)
2007 *Copieren und Verfälschen,* Künstlerhaus FRISE, Hamburg, DE
2006 *Cyberfem. Feminisms on the electronic landscape,* Espai d'Art
     Contemporani de Castelló, ES
     International Meeting on Feminisms and Activisms, Barcelona, ES
2005 *Tweakfest,* Hochschule für Gestaltung und Kunst Zürich, Zürich, CH
     Connessoni Leggendarie, National Library Braidense, Milano, IT
     (Kat. / cat.)
     Cut–Copy–Paste, Cultural Center ›La Vénerie‹, Bruxelles, BE
     Storyrooms – Networks Narratives and Installations, Museum of
     Science and Industry, Manchester, GB
     RHIZOME ArtBase 101, New Museum, New York, US
     Changing Territories, Knabstrup Kulturfabrik, København, DK (Kat. / cat.)
     ARBEIT,* Galerie im Taxispalais, Innsbruck, AT; Lewis Glucksman
     Gallery, Cork, IE
2004 *Subduktive Massnahmen, ZBO-SdM052004,* Bundeskunsthalle Bonn
     und / and Barbara-Stollen, Oberried im Breisgau, DE
     VIR_USERS + MIS_USERS, Museo Nacional Centro de Arte Reina
     Sofía, Madrid, ES
2003 *Habitar en (punto)net,* espai F, Barcelona, ES
2002 *Generator, Liverpool Biennal,* Liverpool, GB; Spacex Gallery, Exeter, GB;
     Minories Art Gallery, Colchester, GB
2001 *Cross Female – Metaphores of the Female,* Kunst- und Gewerbeverein
     Pforzheim, Pforzheim, DE
     Künstlerbilder, Galerie Mesaoo Wrede, Hamburg, DE
     Observatori, media art festival, Valencia, ES
     cyberfem spirit, Edith-Russ-Haus für Medienkunst, Oldenburg, DE
2000 *Tenacity – Cultural Practices in the Age of Global Information- and
     Biotechnologies,* Shedhalle, Zürich, CH; Swiss Institute, New York, US
     UFO Strategies, Medienkunsthaus Oldenburg, DE
     Real Work, Werkleitz Biennale, Werkleitz, DE (Kat. / cat.)
     CrossFemale – Metaphors of the Female, Künstlerhaus Bethanien,
     Berlin, DE (Kat. / cat.)
     terr@media – Game Patching and Hacking Sublime, FOURNOS,
     Center for Art and New Technologie, Athína, GR
     • *LA Freewaves Festival,* Los Angeles, US

Projekte (Auswahl) / Projects (Selection)
2006 *THE THING Hamburg,* Plattform für Kunst und Kritik / platform for art
     and critique, www.thing-hamburg.de
2005 *TammTamm, Künstler informieren Politiker,* www.tamm-tamm.info
1997 *Old Boys Network,* First Cyberfeminist Alliance, www.obn.org

Jean Tinguely

Machine à dessiner No. 3, 1955
Schwarz bemalte Holztafel, drehbare Metallscheibe, Draht
Rückseite: 3 Holzräder, Gummiriemen, 2 Elektromotoren
Wooden panel, painted black, rotating metal disc, wire
on back: 3 wooden wheels, rubber band, 2 electric motors
54,5 x 106 x 33 cm
21.5 x 41.7 x 13 inches

»Abstrakte Kunst ist sehr konformistisch geworden, ohne jemals populär geworden zu sein. In meinem Fall kann ich aber unumwunden sagen, dass ich populäre Kunst mache.«[1]

Die *Machine à dessiner No. 3* ist – wie die gleichartigen, mit *No. 1* und *No. 2* bezifferten Maschinen – das Scharnier zwischen Tinguelys frühen abstrakten Arbeiten wie den »Méta-Malewitsch« oder den »Reliefs polychromes« und seinen interaktiven Maschinen: Sie besteht aus geometrischen Grundformen wie Kreis und Linie vor schwarzem Grund, hinter dem der Motor verborgen ist, so dass er die reduzierte, konstruktive Ästhetik nicht stört. Der Benutzer kann nun ein Blatt Papier auf der Scheibe und einen Stift in der Klammer am beweglichen Arm befestigen. Durch die Rotation der Scheibe und das Auf und Ab des Armes zeichnet der Stift zittrige Kreise und andere unregelmäßige Figuren. Mit dem Auswechseln des Stifts lassen sie sich in unterschiedlichen Farben ausführen. So funktionierte Tinguely die Formensprache der akademisch gewordenen Abstraktion zum Mittel der Betrachterbeteiligung um.

(1) »L'art abstrait est devenu très conformiste sans jamais devenir populaire. Mais, dans mon cas, je puis dire honnêtement que je fais de l'art populaire.« Jean Tinguely, 1964, in: *Gazette de Lausanne,* 4./5. Jan. 1964, S. 16.

"Abstract art has become very conformist, without ever having become popular. In my case, I can say straight out that I make popular art."[1]

The *Machine à dessiner No. 3*—like the eponymous machines *No. 1* and *No. 2*—is the hinge between Tinguely's early abstract works like the "Méta-Malevich" and the "Reliefs polychromes" and his interactive machines: It consists of basic geometric forms like the circle and line against a black background behind which the motor is hidden, so that it does not disturb the reduced, constructive aesthetic. The user can fasten a piece of paper on the disc and a drawing implement in the clamp on the movable arm. The rotation of the disc and the up and down of the arm lets the drawing implement draw jittery circles and other irregular figures. These can be carried out in various colors by exchanging the drawing implement. In this way, Tinguely transformed the form language of abstraction, which had become academic, into a means of viewer participation.

(1) Original French quotation in: *Gazette de Lausanne,* Jan. 4/5, 1964, p. 16.

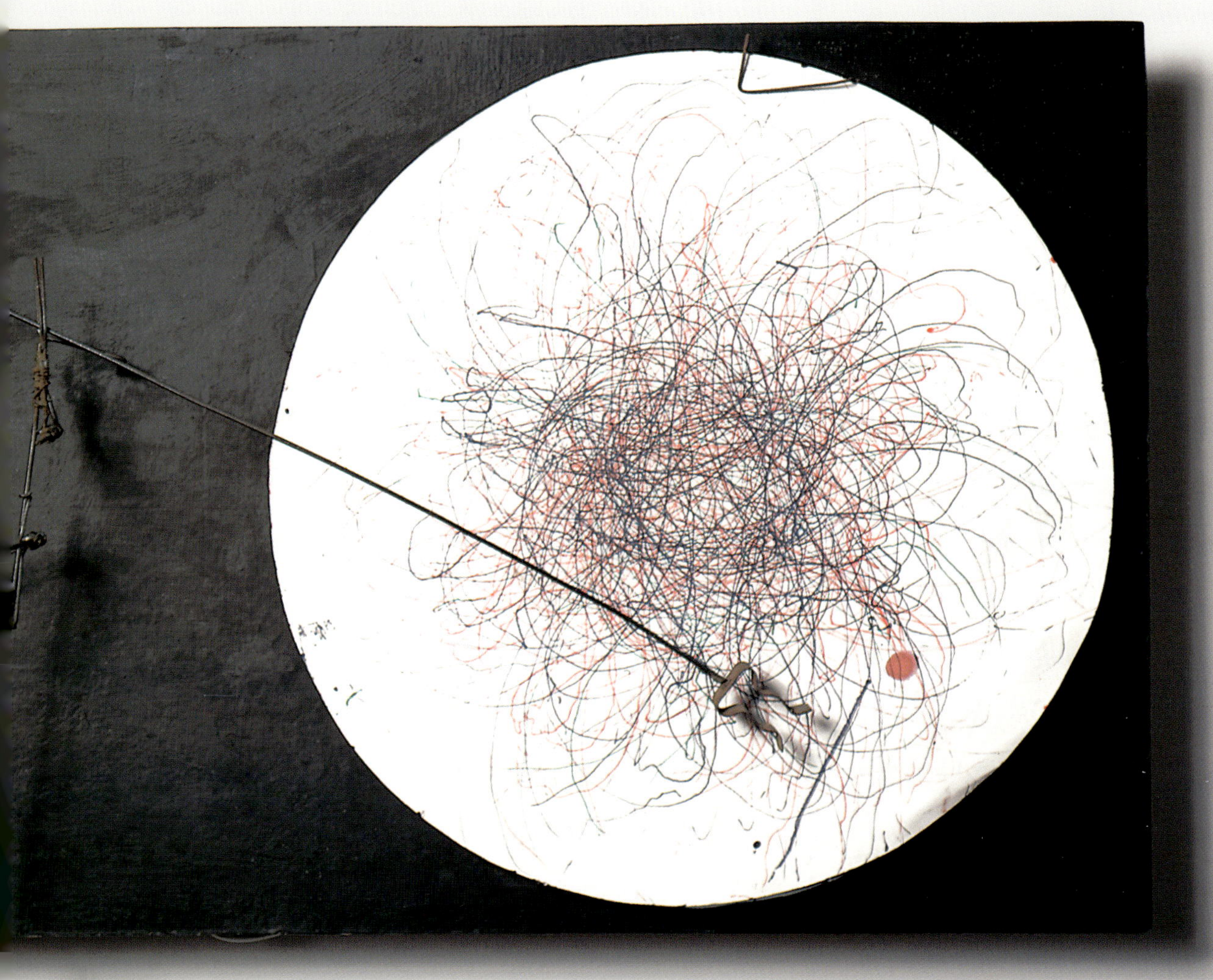

Jean Tinguely
Méta-Matic No. 6, 1959
Dreifuß aus Eisen, Holzräder, geformtes Blattmetall,
Gummiriemen, Metallstäbe, Elektromotor, alles schwarz bemalt
Iron tripod, wooden wheels, sculpted metal plates, rubber band,
metal sticks, electric motor, completely painted black
50 x 70 x 30 cm
19.7 x 27.6 x 11.8 inches

»Eine meiner Schöpfungen: die Malmaschine. Man wirft eine
Münze ein und erhält ein richtiges abstraktes Gemälde. […]
Der Mann von der Straße kann meine Maschinen stunden-
lang anschauen. Und die Stunden, die er damit verbringt, sie
zu betrachten, verbringt er fröhlich, und er fühlt sich glücklich.
[…] Ist das nicht genug?«[1]

Im Dezember 1959 betonte Tinguely, dass es ihm mit seinen Malmaschinen darum gehe, dem Kunstpublikum Vergnügen zu berei-
ten – auf dem Höhepunkt von Tachismus und Informel ein noch
eher ungewöhnlicher Vorsatz, schrieb doch die zeitgenössische
Kunsttheorie diesen eine unmittelbare Visualisierung der tragi-
schen Konflikte des Künstlerindividuums zu. Das Ergebnis war für
den Betrachter nicht unbedingt erheiternd, stand doch dahinter
noch immer der traditionelle Begriff von Kunst als moralischer
Anstalt, die den Menschen qua Katharsis zu formen habe.

Dieser selbstbezogenen und zu diesem Zeitpunkt längst akademisch gewordenen Kunst stellte Tinguely mit seinen Apparaten auf mehrfacher Ebene die lustvolle Beteiligung des vormals
bloßen Betrachters entgegen. Denn der Benutzer konnte nicht
nur mit der Maschine selbst Kunstwerke schaffen, sondern im
Fall der verschiedentlich bei seinen Aktionen verwandten *Méta-
Matic No. 14* ging Tinguely sogar so weit, sie zum Patent anzu-
melden und damit theoretisch der massenhaften Produktion
zugänglich zu machen.

[1] »L'une de mes créations: la machine à peindre. Vous introduisez une pièce
de monnaie dans la fente et vous obtenez un véritable tableau abstrait. […]
L'homme de la rue peut regarder mes machines pendant des heures. Et ces heures qu'il passe à les regarder, il les passe gaiement, et il se sent heureux. […]
N'est-ce pas suffisant?« Jean Tinguely, 1959, in: *Panorama,* Nr. 49, 1.–7. Dez.
1959, o.S.

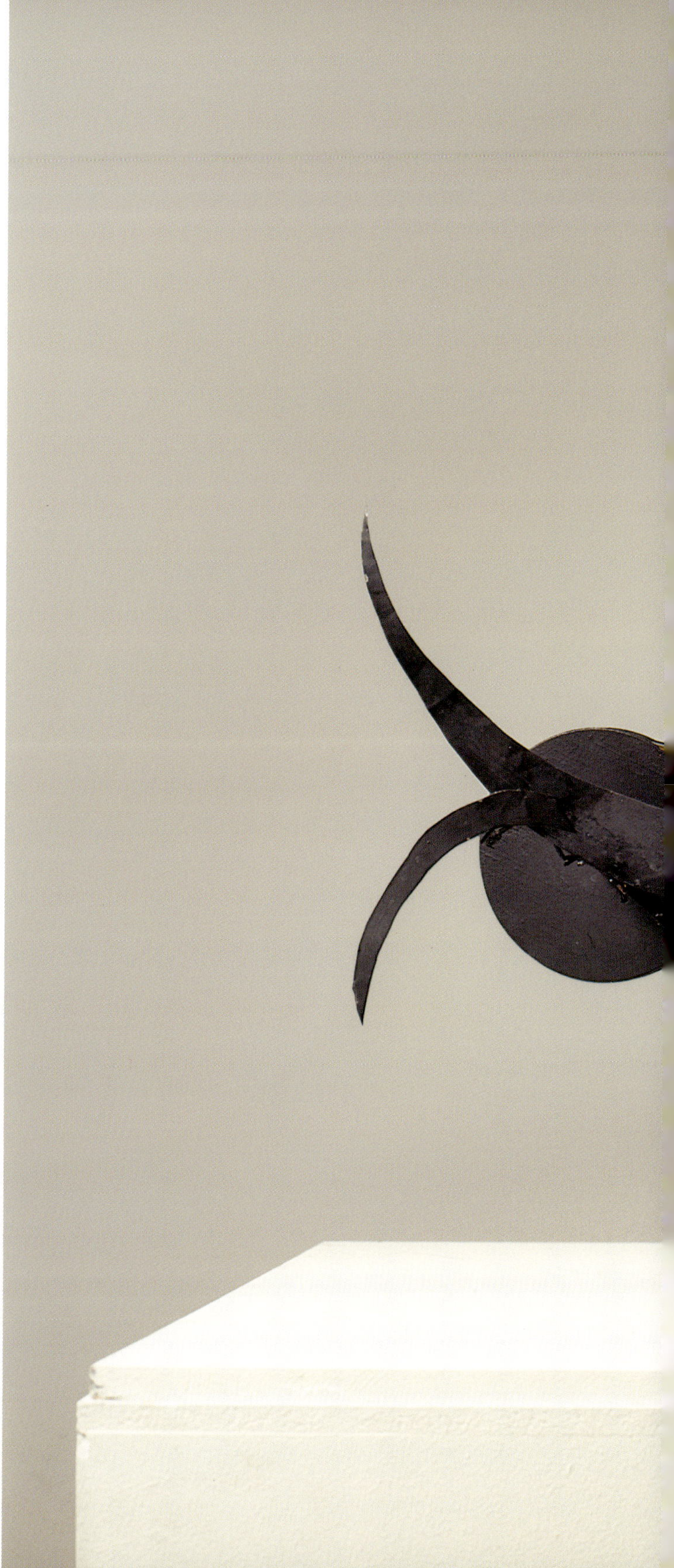

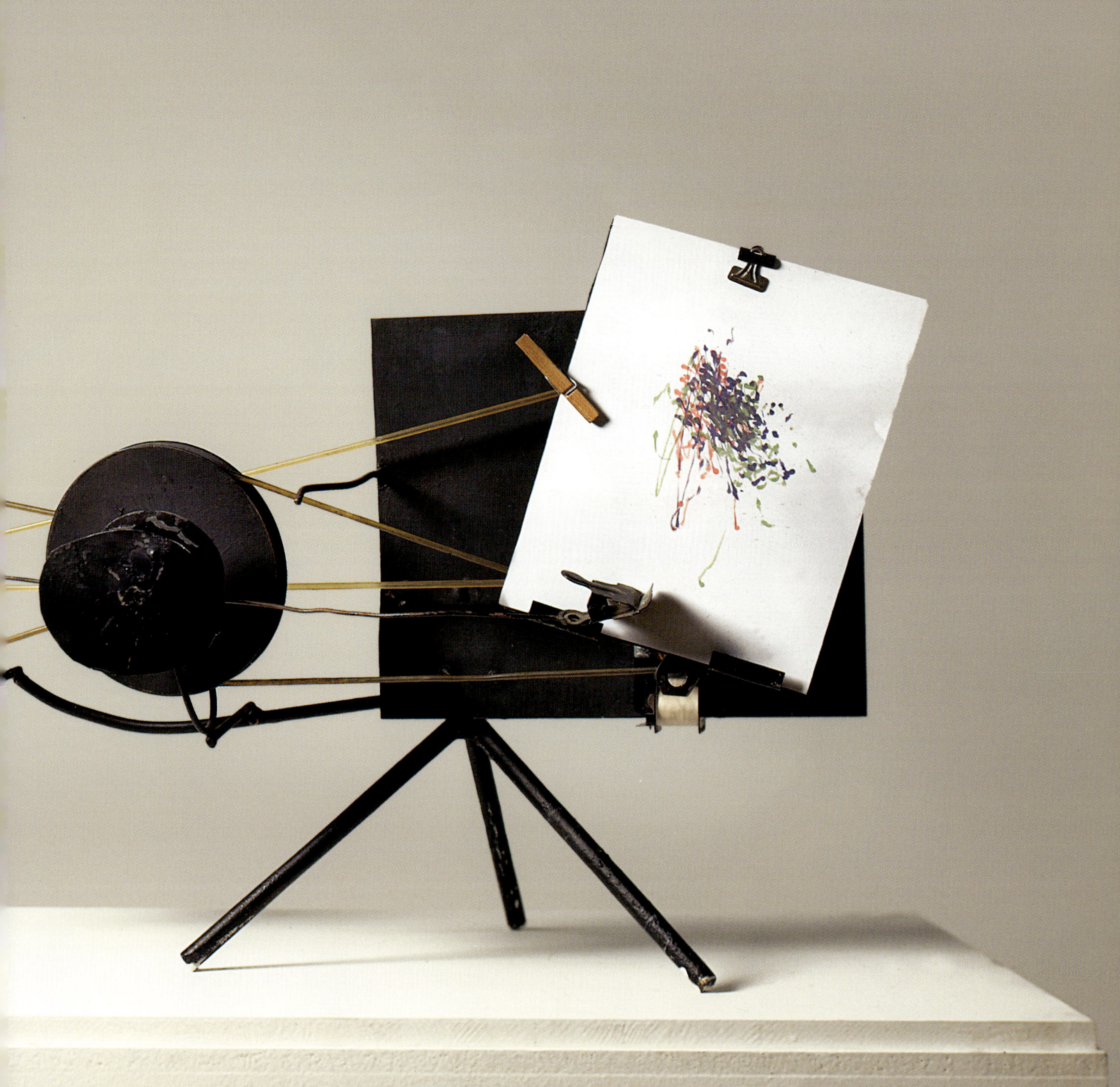

Jean Tinguely
Méta-Matic No.10, 1959
Dreifuß aus Eisen, Holzräder, geformtes Blattmetall,
Gummiriemen, Metallstäbe, Elektromotor, alles schwarz bemalt
Iron tripod, wooden wheels, sculpted metal plates, rubber band,
metal sticks, electric motor, completely painted black
101 x 142 x 66 cm
39.8 x 55.9 x 26 inches

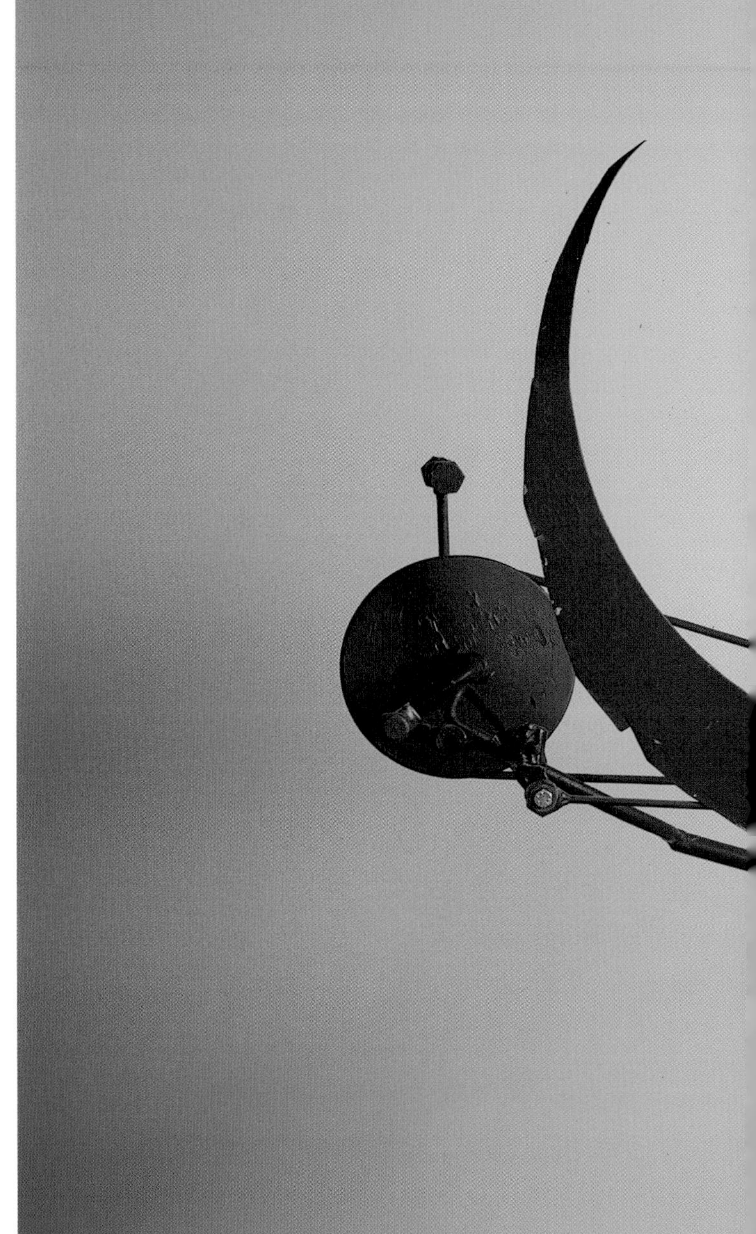

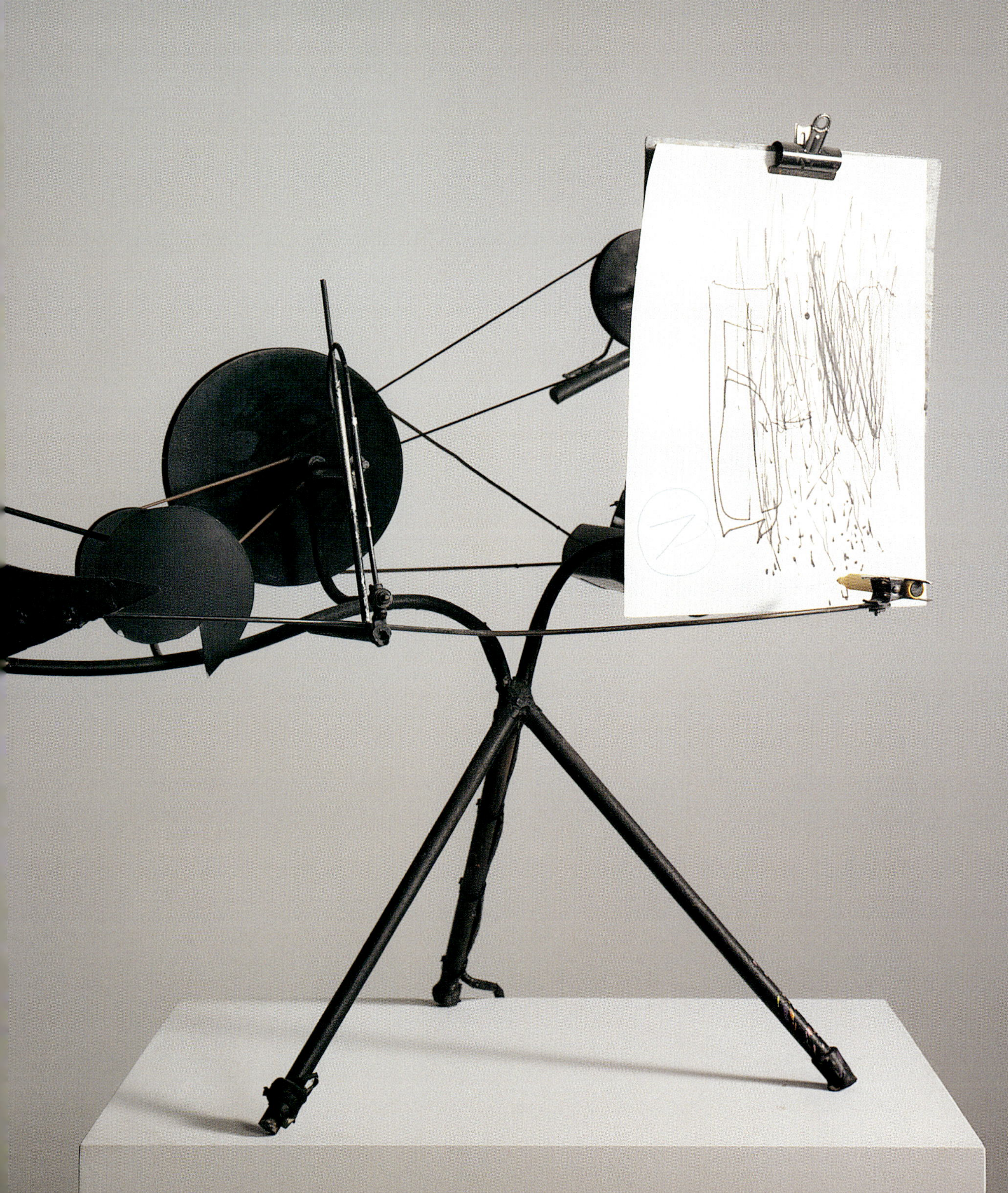

Jean Tinguely
Méta-Matic No.14, 1959
Tragbare Skulptur: Metall, Holz, Drähte, Gummiriemen,
schwarz bemalt
Portable sculpture: metal, wood, wires, rubber band,
painted black
38 x 69 x 41 cm
15 x 27.2 x 16.1 inches

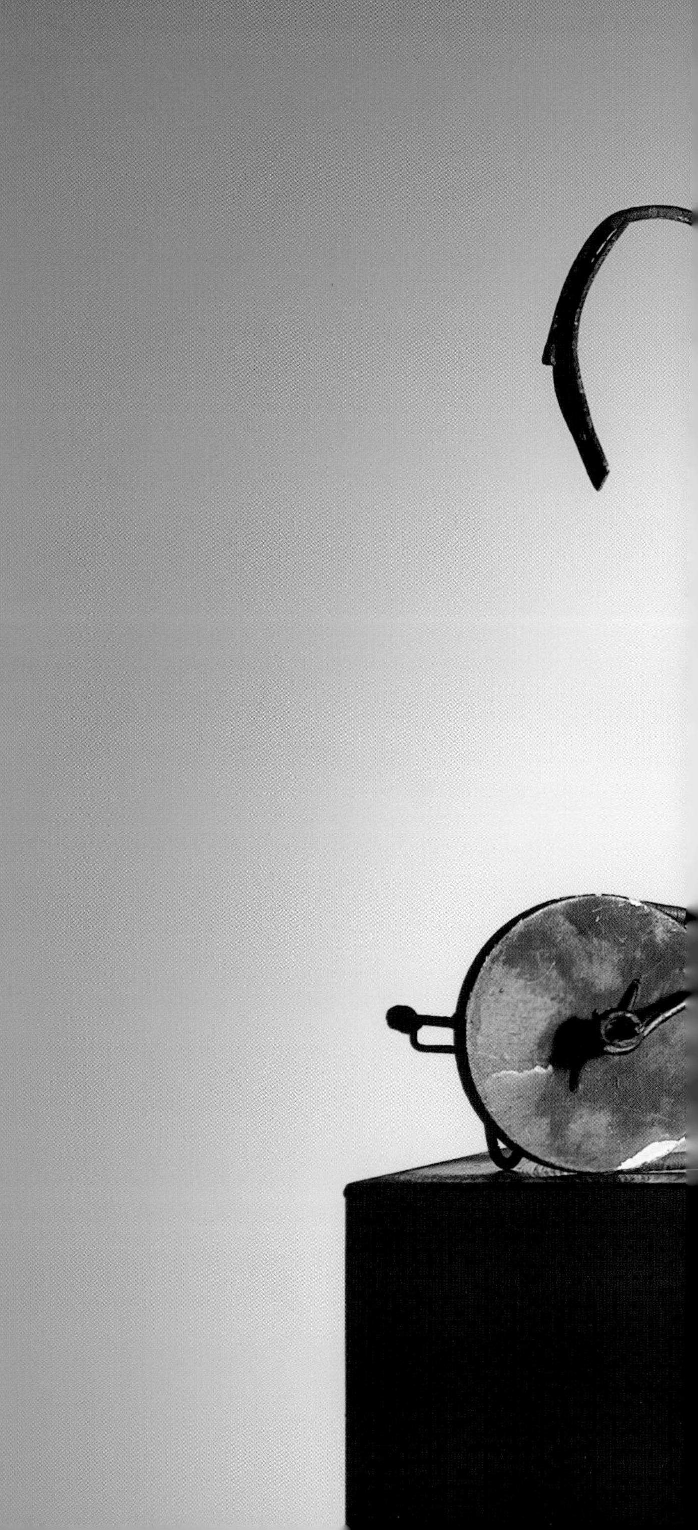

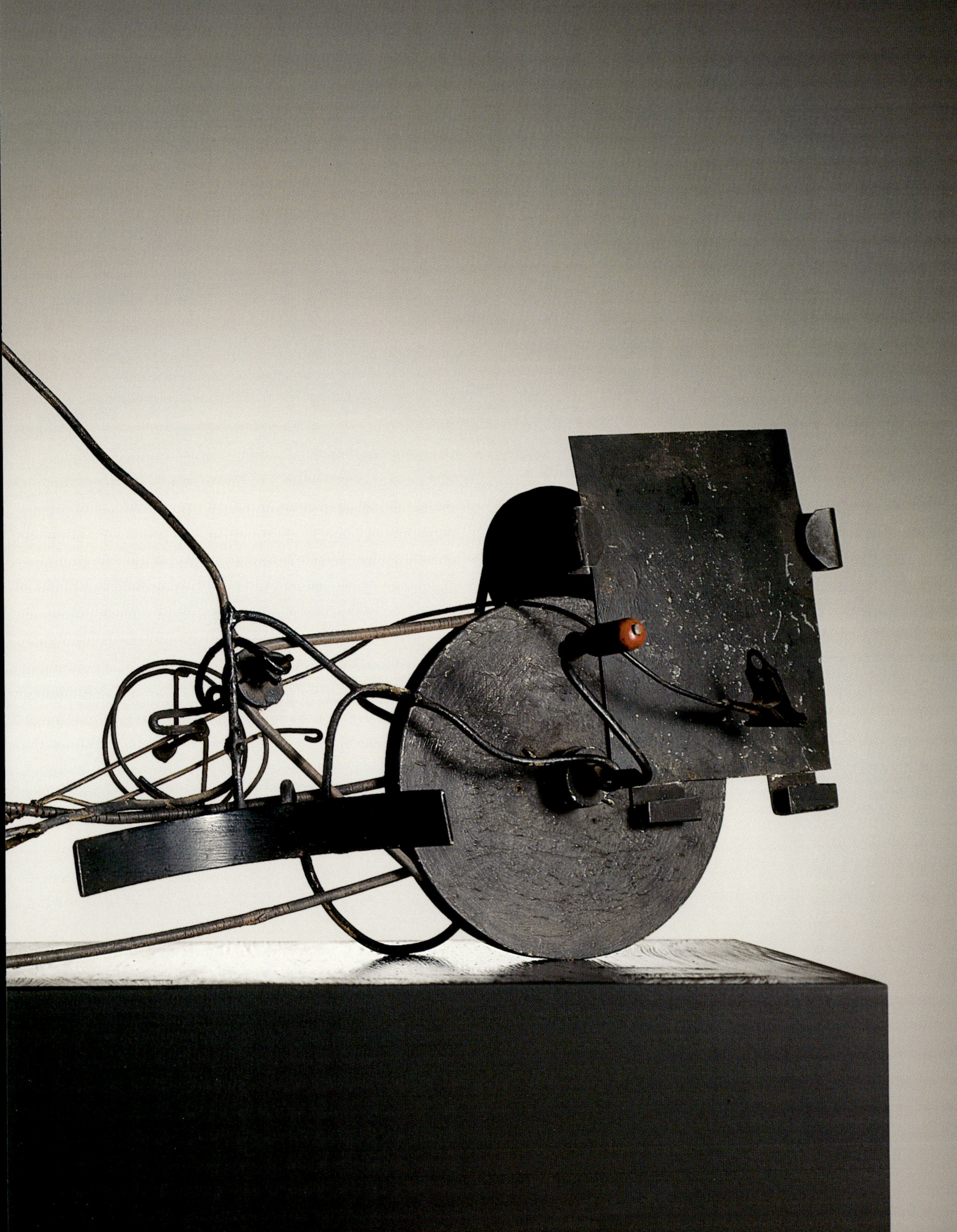

Patent – P.V. No 798.710 – No 1.237.934
Internationale Einstufung / International Classification: B 43 h – B 44 d
Republik Frankreich: Zeichen- und Mal-Apparat von Jean Tinguely /
French Republic: Drawing and Painting Machine by Jean Tinguely,
1959/1960
Museum Tinguely, Basel

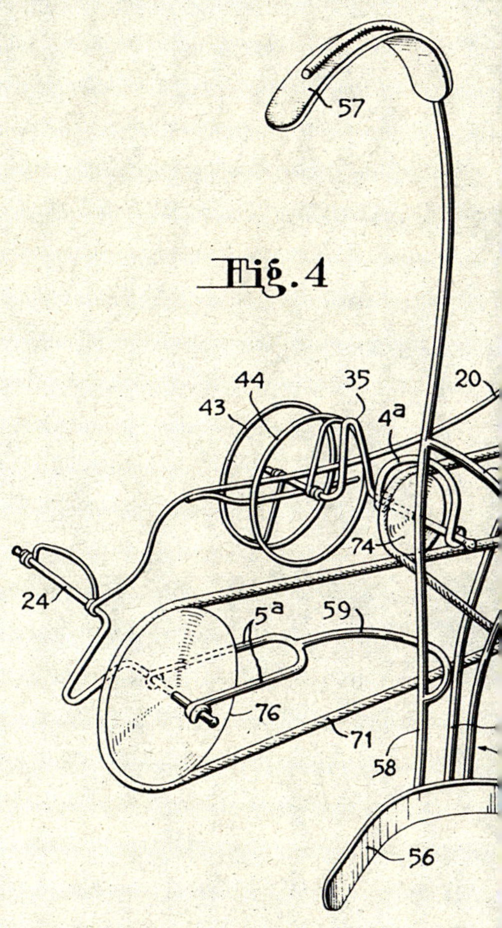

"One of my creations: a painting machine. You simply insert a coin and obtain a true abstract painting. […] The man in the street can watch my machines for hours. And the time he spends watching them, is spent merrily and he feels happy. […] Isn't that enough?"[1]

In December 1959, Tinguely underscored that his aim with his painting machines was to give pleasure to the art public; at the zenith of Tachism and Informal Painting, this was a rather unusual intent, since the contemporary theory attributed to art a direct visualization of the tragic conflicts of the artistic individual. The result was not necessarily cheering for the viewer, since behind this credo still stood the traditional concept of art as a moral authority whose purpose was to shape people via catharsis.

With his apparatus, Tinguely confronted this self-referential and, at this point in time, long since academic art on many levels with the pleasurable participation of the previously mere viewer. For not only could the viewer create his own works of art with the machine; in the case of the *Méta-Matic No.14,* which Tinguely used in various performances, he even went so far as to apply for a patent, thereby theoretically making it accessible to mass production.

(1) »L'une de mes créations: la machine à peindre. Vous introduisez une pièce de monnaie dans la fente et vous obtenez un véritable tableau abstrait. […] L'homme de la rue peut regarder mes machines pendant des heures. Et ces heures qu'il passe à les regarder, il les passe gaiement, et il se sent heureux. […] N'est-ce pas suffisant?« Jean Tinguely, 1959, in: *Panorama,* Nr. 49, Dec. 1–7, 1959, n.p.

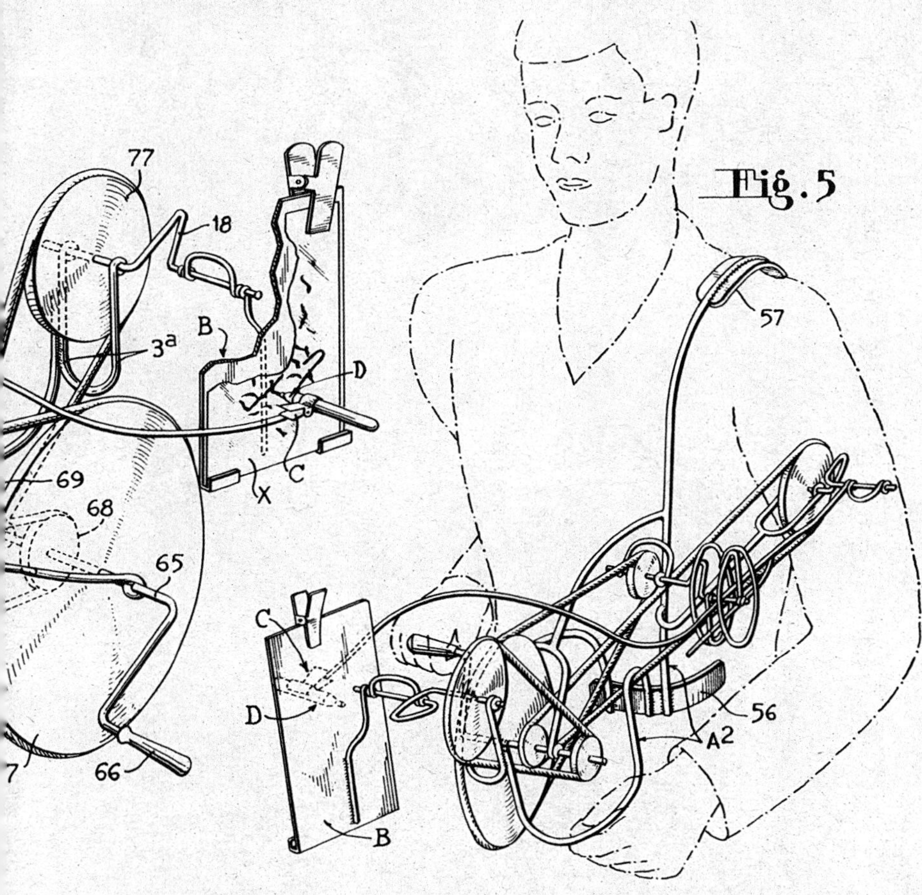
77
18
3ª
B
D
C
X
69
68
65
66
57
Fig. 5
C
D
A
B
56
A2

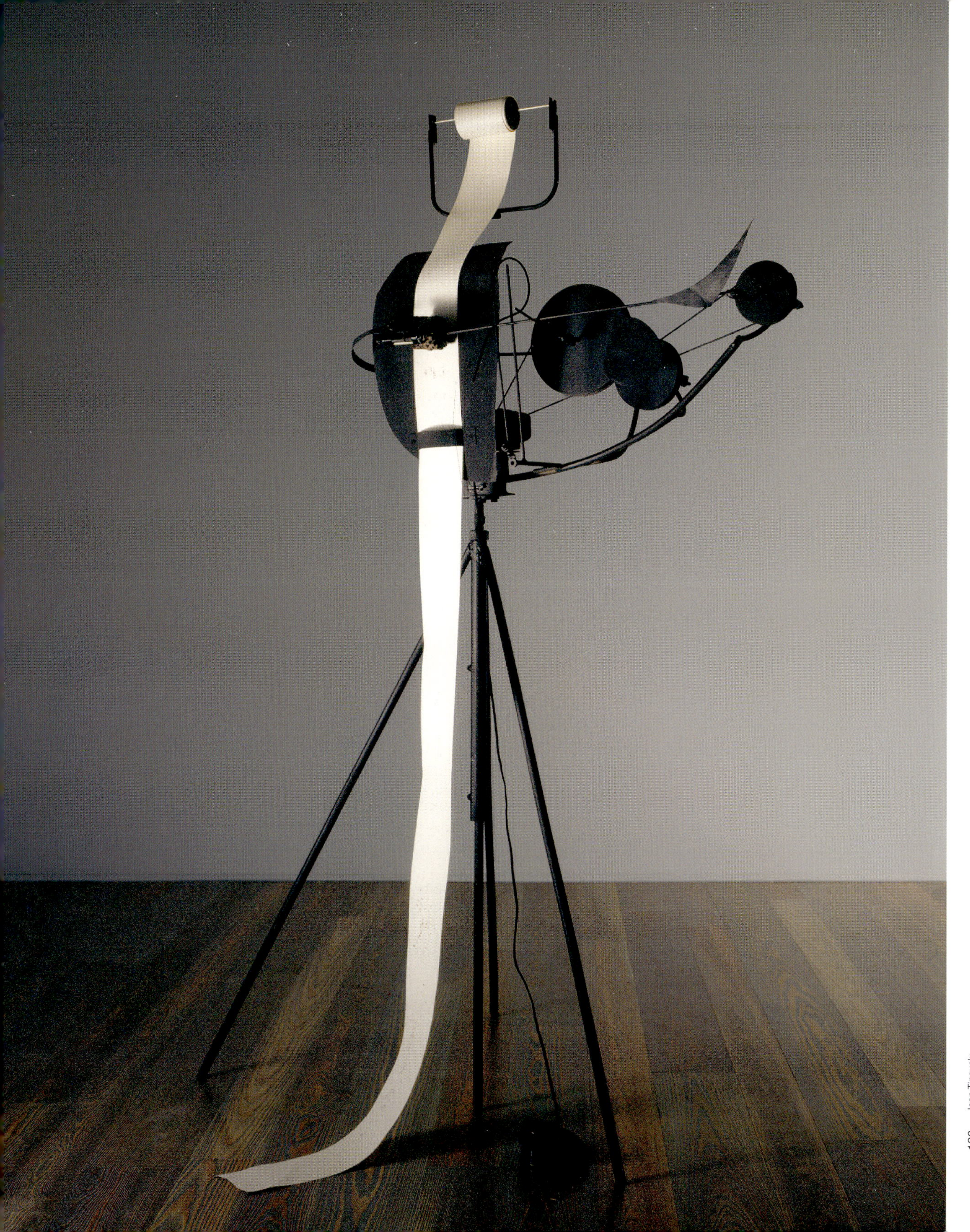

Jean Tinguely
Méta-Matic, 1959
Dreifuß aus Eisen, Holzräder, geformtes Blattmetall,
Gummiriemen, Metallstäbe, Stempelblock, Elektromotor, alles
schwarz bemalt,
Iron tripod, wooden wheels, sculpted metal plates, rubber band,
metal sticks, stamp, electric motor, completely painted black
212 x 142 x 100 cm
83.5 x 55.9 x 39.4 inches

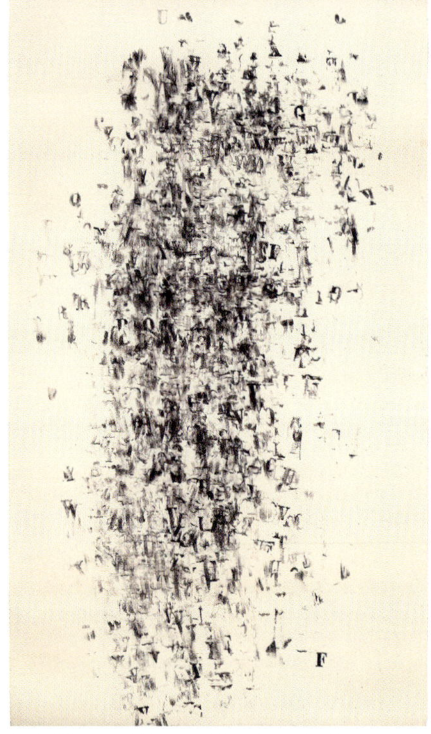

1 Rolle Méta-Matic-Zeichnung mit Stempeldruck / 1 roll
of Méta-Matic drawing with stamp, 1960, Museum Tinguely, Basel

Von den anderen Malmaschinen hebt sich die vorliegende dadurch ab, dass sie wie nur noch zwei andere »Méta-Matics« auf einen Papierstreifen »zeichnet«, der von einer Rolle abläuft. Diese Entscheidung ist ein weiterer Schritt weg vom traditionellen Kunstbegriff. Denn während die Zeichnungen auf Einzelblättern aus den anderen «Méta-Matics« immer noch die Kategorie des autonomen, unverwechselbaren Werks bedienen, wird durch die Zeichnung auf den Papierrollen das Kunstwerk inflationär, wie es kurz zuvor Giuseppe Pinot-Gallizio (1902-1964) mit seinen bis zu siebzig Meter langen »Pitture industriale« vorexerziert hatte. Überdies ließen sich die »Méta-Matics« mit Papierrollen besser bei Aktionen einsetzen, wie Tinguelys Auftritt mit der *Méta-Matic No. 17* im Innenhof des Palais de Tokyo während der *Première Biennale de Paris* im Oktober 1959 belegt.

Von allen übrigen Zeichenmaschinen unterscheidet sich die vorliegende darüber hinaus, dass sie ihre Kunstproduktion mittels eines Rollstempels vollzieht, der quasi abstrakte Gedichte auf das Papier druckt. Dadurch werden Schöpfungsakt und Ergebnis noch weiter vom herkömmlichen Kunstbegriff distanziert. Denn während bei den übrigen »Méta-Matics« der Arm mit dem Stift den nervösen Malgestus von Tachismus und Informel wenn auch ironisch nachahmt, schafft hier ein Readymade einen immer gleichen Abdruck, der nur durch den von jeder künstlerischen Entscheidung unabhängigen Zufall deformiert wird.

This machine is distinguished from the other painting machines in that it "draws" on a paper strip running off from a roll like only two other "Méta-Matics". This decision is another step away from the traditional concept of art. For while the drawings that the other "Méta-Matics" make on individual sheets still fit the category of the autonomous, distinctive work, here drawing on paper rolls has an inflationary effect on the work of art, as Giuseppe Pinot-Gallizio (1902-1964) shortly beforehand had also shown with his up to seventy meter "Pitture industriale". In addition, the "Méta-Matics" with paper rolls were better suited to using in performances, as Tinguely's appearance with the *Méta-Matic No. 17* in the inner courtyard of the Palais de Tokyo during the *Première Biennale de Paris* in October 1959 demonstrates.

This drawing machine also distinguishes itself from all others in that it conducts its art production by means of a rolling stamp that prints quasi-abstract poems onto the paper. The act of creation and the result are thereby removed even further from the conventional concept of art. For while in the other "Méta-Matics" the arm with the drawing implement ironically imitates the nervous painting gesture of Tachism and Informal Painting, here a readymade always produces the same print, whose form varies only by coincidence that has nothing to do with any artistic decision.

Jean Tinguely

Cyclograveur, 1960

Geschweißtes Altmetall, Fahrradteile, Blechteile, Trommel,
Zimbel, Buch

Welded scrap metal, bicycle parts, sheet metal, drums, cymbal,
book

225 x 410 x 110 cm

88.6 x 161.4 x 43.3 inches

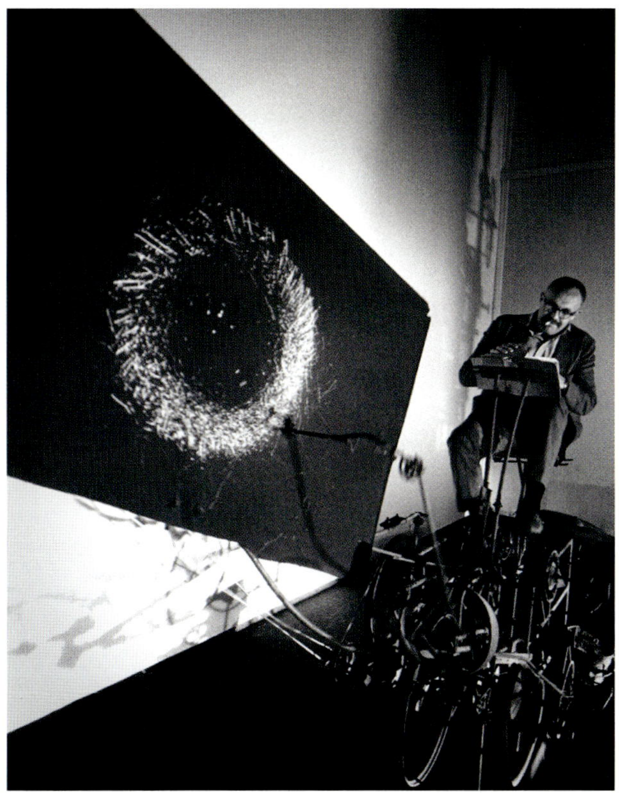

K. G. Pontus Hultén auf dem *Cyclograveur* in der / K. G. Pontus Hultén
on the *Cyclograveur* at the »Galerie des 4 saisons«, Paris 1960

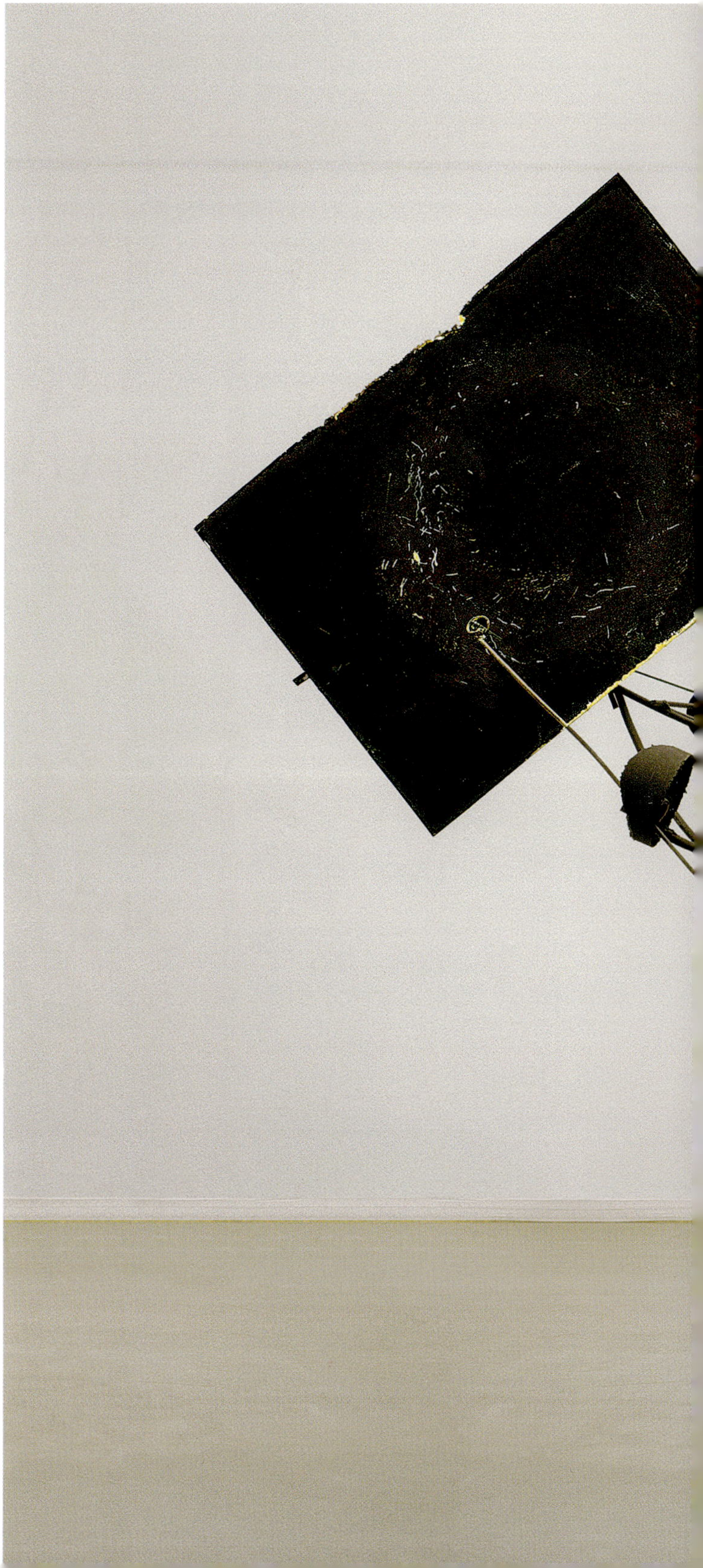

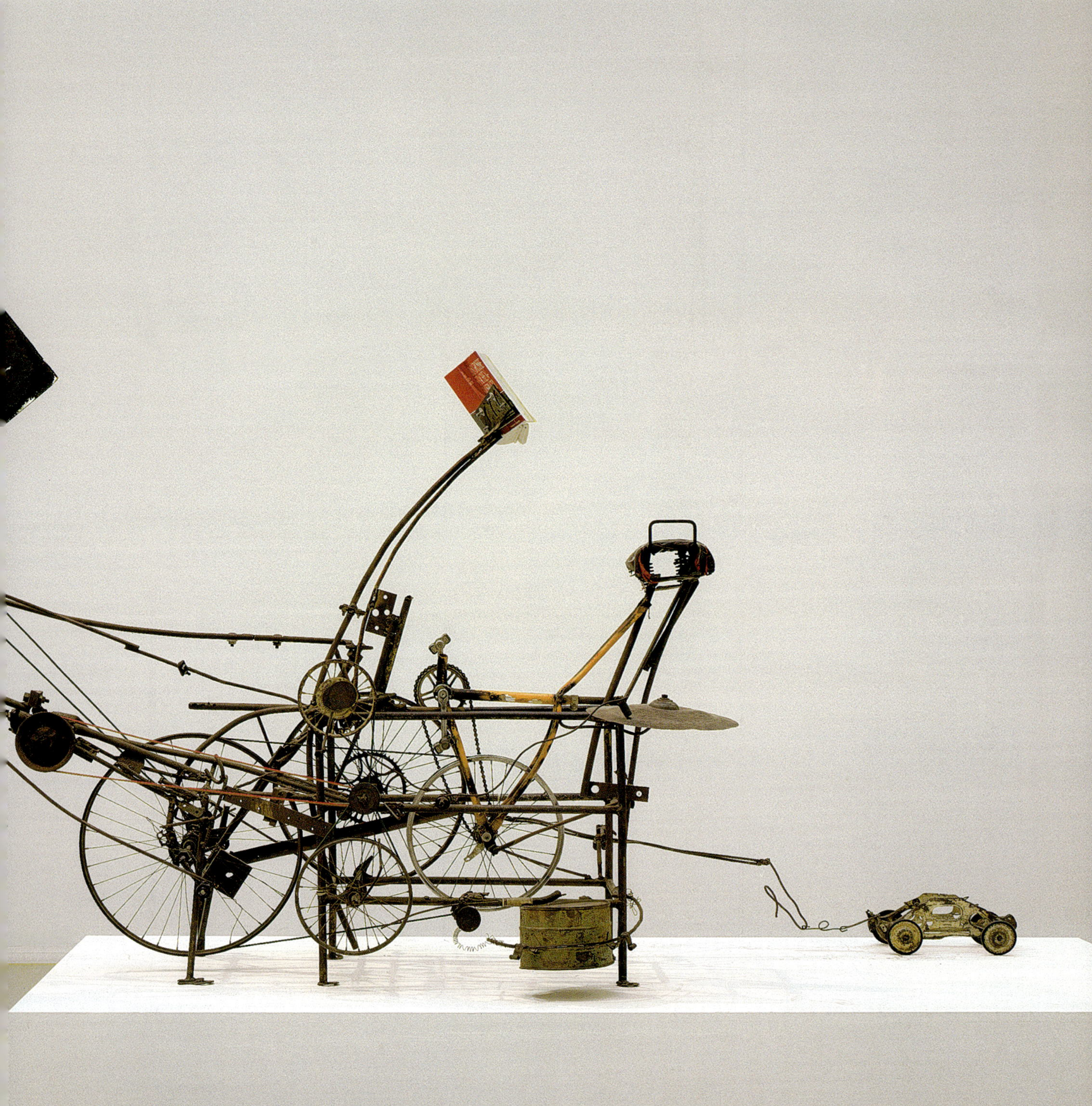

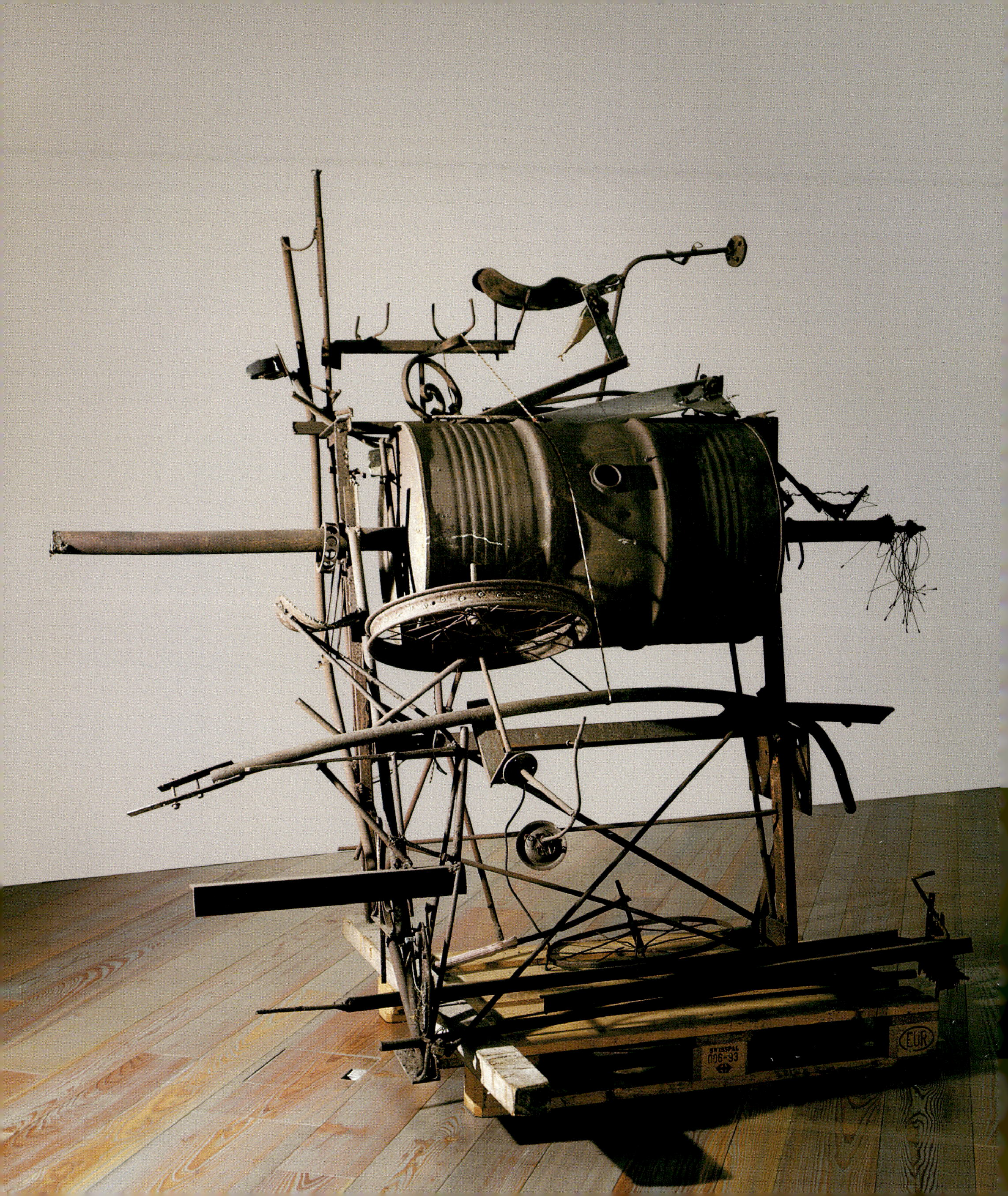

Jean Tinguely
L'appareil à faire des sculptures (Banc des amoureux), 1960
Eisen, Tonne u. a.
Iron, barrel, ect.
220 x 240 x 240 cm
86.6 x 94.5 x 94.5 inches

Die beiden Plastiken, *Cyclograveur* und *L'appareil à faire des sculptures,* gehören neben einer (nicht erhaltenen) *Machine à casser les sculptures,* einer unbetitelten und einer *Gismo* genannten Arbeit zu einer Gruppe großformatiger Werke, in denen Tinguely erstmals sichtbar rostigen und schmutzigen Schrott einsetzte. Die Titel der drei zuerst genannten Arbeiten offenbaren deren Bestimmung zur Produktion (bzw. Destruktion) von Kunstwerken: Mit dem – den »Méta-Matics« verwandten – *Cyclograveur* ließen sich durch Pedaltreten abstrakte Zeichnungen erzeugen – ein Vorgang, den sich Tinguely bei seiner Aktion im Institute for Contemporary Arts (ICA) in London im Jahr zuvor zu Nutze gemacht hatte, bei der zwei Rennradfahrer gegeneinander antraten und auf Papierrollen kilometerlange Zeichnungen produzierten. Und während bei *L'appareil à faire des sculptures* das Drehen eines Fasses mit den Füßen einen Hammer in Bewegung setzte, der einen kleinen, rotierenden Gipsblock zerbröselte, zerstörte die dritte Maschine offenbar bestehende Skulpturen. Die Beteiligung des Betrachters wird bei den genannten Maschinen noch weitergetrieben als bei den »Méta-Matics«, da er selbst durch ein skurriles Vorgehen die Maschinen bewegt. Darüber hinaus suchte Tinguely gerade bei dieser Gruppe Kunst und Leben noch näher zusammenzubringen, als er die Plastiken mit Hilfe einiger Freunde in einem karnevalesken Zug durch die Straßen von Paris von seinem Atelier zur »Galerie 4 saisons« transportierte.

The two sculptures, *Cyclograveur* and *L'appareil à faire des sculptures,* a (no longer existing) *Machine à casser les sculpture,* an untitled work, and one titled *Gismo* are all part of a group of large-format works in which Tinguely used visibly rusty and dirty scrap metal for the first time. The titles of the first three works named reveal their function for the production (or destruction) of works of art: with the *Cyclograveur*—related to the "Méta-Matics"—pumping the pedals produced abstract drawings, a procedure Tinguely had already used the year before in his performance at the Institute for Contemporary Arts (ICA) in London. There, two racing bicyclists competed, producing kilometers of drawings on rolls of paper. And whereas, in *L'appareil à faire des sculptures,* turning a barrel with one's feet set a hammer in motion that crumbled a rotating block of plaster, the third machine destroyed apparently existing sculptures. The viewer's participation is taken even further in these machines than in the "Méta-Matics", because here he moves the machines himself by means of an odd procedure. Beyond that, precisely in this group, Tinguely sought to bring art and life closer together by transporting the sculptures with the help of some friends in a Carnival-like parade from his studio through the streets of Paris to the "Galerie 4 saisons".

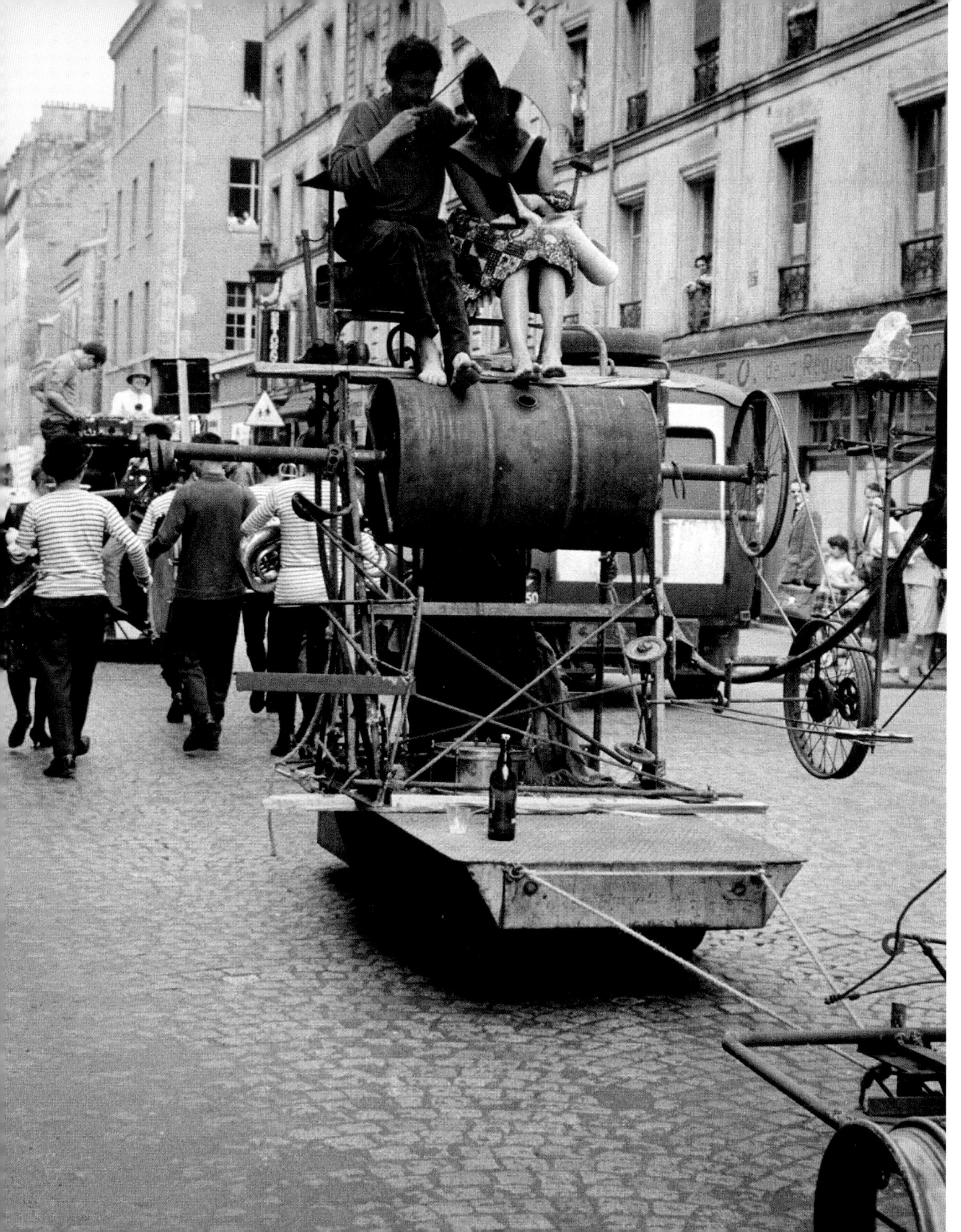

Jean Tinguely

Jean Tinguely
Geboren / Born 1925 in Fribourg, CH.
Gestorben / Died 1991 in Bern, CH.

Einzelausstellungen (Auswahl) / Solo Exhibitions (Selection)

2007 Kunsthal, Rotterdam, NL
»*Cher Pierre*«. *Lettres de Jean Tinguely à Pierre Restany,*
Institut national d'histoire de l'art, Paris, FR (Kat. / cat.)

2006 *Tinguely: sculptures 1960–1990,* Paris, FR

2005 *TINGUELYABC – »Jean Tinguely und seine wundersame Welt«,*
Internationale Tage, Ingelheim, DE (Kat. / cat.)

2004 *Jeannot an Franz: Briefe und Zeichnungen von Jean Tinguely an*
Franz Meyer, Museum Tinguely, Basel, CH (Kat. / cat.)

2003 *Jean Tinguely: Was sich bewegt – hält besser,* Stadtgalerie Klagenfurt,
Klagenfurt, AT (Kat. / cat.)
Leonardo Bezzola: Jean Tinguely, Museum Tinguely, Basel, CH

2002 *Jean le Jeune,* Museum Tinguely, Basel, CH (Kat. / cat.)
Jean Tinguely: Stillstand gibt es nicht, Kunsthalle Mannheim,
Mannheim, DE; Kunsthalle Emden, Emden, DE (Kat. / cat.)

2001 *O-Ton Tinguely,* Museum Jean Tinguely, Basel, CH

2000 *In Basel lebte ich mit dem Totentanz,* Museum Jean Tinguely, Basel, CH
(Kat. / cat.)
L'Esprit de Tinguely, Kunstmuseum Wolfsburg, Wolfsburg, DE
(Kat. / cat.)

Gruppenausstellungen (Auswahl) / Group Exhibitions (Selection)

2007 *WACK! Art and the Feminist Revolution,* Museum of Contemporary Art,
Los Angeles, US (Kat. / cat.)
Nouveau Réalisme, Grand Palais, Paris, FR; Sprengel Museum,
Hannover, DE (Kat. / cat.)
Lo(s) Cinetico(s), Museo Nacional Centro de Arte Reina Sofia,
Madrid, ES (Kat. / cat.)

2006 *ZERO. Internationale Künstler-Avantgarde der 50er/60er Jahre,*
museum kunst palast, Düsseldorf, DE; Musée d'Art Moderne de
Saint-Etienne, St. Etienne, FR (Kat. / cat.)
Modern Time. Work, machineries and automation in the Arts of 1900,
Palazzo Ducale, Genova, IT (Kat. / cat.)
Und es bewegt sich doch!, Kunstmuseum Bochum, Bochum, DE
(Kat. / cat.)

2005 *Faites vos Jeux,* Kunstmuseum Liechtenstein, Vaduz, LI (Kat. / cat.)
Les Grands Spectacles: 120 Jahre Kunst und Massenkultur, Museum
der Moderne, Salzburg, AT
Niki & Jean, L'Art et L'Amour, Sprengel Museum, Hannover, DE;
Museum Tinguely, Basel, CH (Kat. / cat.)

2004 *Algorithmische Revolution,* ZKM – Zentrum für Kunst und
Medientechnologie Karlsruhe, Karlsruhe, DE (Kat. / cat.)
Mirrorical Returns: Marcel Duchamp an the 20th Century Art, The
National Museum of Art, Osaka, JP; Yokohama Museum of Art,
Yokohama, JP (Kat. / cat.)
Tinguely – Munari. Opere in azione, Centro per l'Arte Moderna e
Contemporanea di La Spezia, La Spezia, IT (Kat. / cat.)
Bewegliche Teile – Formen des Kinetischen, Kunsthaus Graz, Graz, AT;
Museum Tinguely, Basel, CH (Kat. / cat.)

2003 *L'Arte del gioco,* Museo Archeologico Regionale, Aosta, IT
Work Ethic, Museum of Art, Baltimore, US (Kat. / cat.)

2002 *La conquête de l'air,* Les Abattoirs, Toulouse, FR; State Museum of
Contemporary Art, Thessaloniki, GR (Kat. / cat.)
Marcel Duchamp, Museum Jean Tinguely, Basel, CH (Kat. / cat.)

2001 *Niki de Saint Phalle,* Sprengel Museum, Hannover, DE;
Museum Jean Tinguely, Basel, CH (Kat. / cat.)
Les années POP, Centre Georges Pompidou, Paris, FR (Kat. / cat.)
Maschinentheater. Positionen figurativer Kinetik seit Tinguely, Städti-
sche Museen Heilbronn, Heilbronn, DE; Kloster Unserer Lieben Frauen,
Magdeburg, DE (Kat. / cat.)

2000 *Force fields: phases of the kinetic,* Museu d'Art Contemporani de
Barcelona, Barcelona, ES; Hayward Gallery, London, GB (Kat. / cat.)

Transport von Skulpturen Jean Tinguelys vom Atelier Impasse
Ronsin zur / Transport of Jean Tinguely's sculptures from his studio
Impasse Rosin to »Galerie des 4 saisons«, Paris, 14. Mai 1960;
im Bild / in the picture: *L'appareil à faire des sculptures*

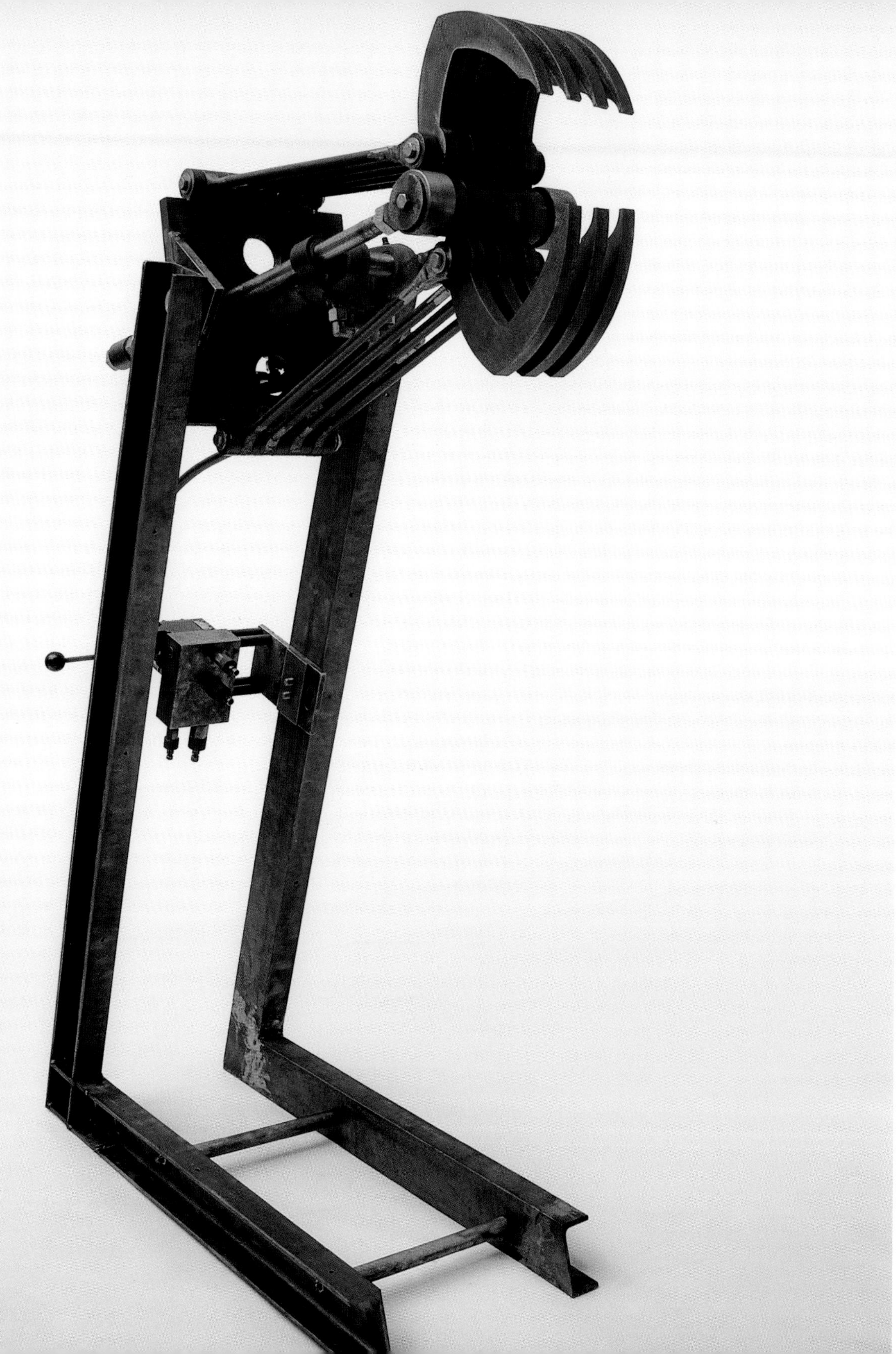

Antoine Zgraggen

Die Zerquetscherin, 2005

Metall, Hydraulik

Metal, hydraulic system

160 x 95 x 40 cm

63 x 37.4 x 15.7 inches

Seit Jahrhunderten entwerfen Menschen Maschinen, die die Welt mit immer mehr Dingen bevölkern. Antoine Zgraggen dagegen entwickelt mit einer erstaunlichen Erfindungsgabe Maschinen, die zerstören. Für den Betrachter ist es ein besonderer Genuss, sich anhand von Zgraggens Erfindungen die schier unerschöpflichen Möglichkeiten der Destruktion zu vergegenwärtigen: Da wird zerstochen, zerhauen, zertrümmert, überfahren, verbrannt, zerhackt usw.

Mit dieser kreativen Zerstörungswut – ein Paradoxon, das den besonderen Reiz von Zgraggens Arbeit ausmacht – verfolgt der Künstler ein Konzept, das ihn schon länger und auch in anderen Zusammenhängen beschäftigt hat: Kunst als Dienstleistung. Wollte die Klassische Avantgarde die Kluft zwischen Kunst und Leben dadurch schließen, dass sie das Leben vollständig ästhetisch durchzugestalten suchte, so verbindet die nachmoderne Kunst sich dadurch mit dem Alltag, dass Künstlerinnen und Künstler dem Publikum ihre je nach Standpunkt mehr oder weniger nutzbringenden Dienste anbieten.[1]

Zgraggen wagt sich dabei bewusst auf heikles Terrain: Jeder von uns hat Dinge, die er eigentlich nicht wegwerfen, aber dennoch loswerden möchte. Maschinen wie *Der große Hammer* und *Die Zerquetscherin* bieten da eine durchaus mögliche Alternative zur üblichen Abfallentsorgung. Sie bieten mit der spektakulären Zerstörung zugleich auch die Gelegenheit zu Trauerarbeit oder Aggressionsabbau – je nachdem, welche Affekte uns mit dem zu zerstörenden Objekt verbinden.

(1) *Das Ende der Avantgarde – Kunst als Dienstleistung. Sammlung Schürmann,* hrsg. von Katharina Hegewisch, Ausst. kat. Kunsthalle der Hypo-Kulturstiftung, München, Düsseldorf 1995.

Antoine Zgraggen
Der große Hammer, 2005
Metall, Holz, Pneumatik
Metal, wood, pneumatics
160 x 95 x 40 cm
63 x 37.4 x 15.7 inches

For centuries, people have been designing machines that populate the world with ever more things. By contrast, with astonishing inventiveness, Antoine Zgraggen develops machines that destroy. For the viewer, it is a special pleasure to take Zgraggen's inventions as a reminder of the inexhaustible possibilities of destruction: here we see stabbing, slashing, smashing, running over, burning, chopping, etc.

With this creative rage of destruction—a paradox that makes up the special fascination of Zgraggen's work—the artist follows a concept that has long interested him, also in other contexts: art as a service. If the classical avant-garde sought to close the gap between art and life by subjecting life to a complete aesthetic redesigning, postmodern art connects with everyday life in that artists offer the public their services, whose usefulness is a question of standpoint.[1]

Zgraggen thereby consciously ventures onto touchy terrain: All of us have things we don't throw away, but would like to get rid of. Machines like *Der große Hammer* and *Die Zerquetscherin* offer a viable alternative to conventional waste disposal. With their spectacular destruction, they also offer an opportunity for working through the mourning process or working off aggression—depending on what feelings tie us to the object that is to be destroyed.

(1)   *Das Ende der Avantgarde: Kunst als Dienstleistung: Sammlung Schürmann,* ed. Katharina Hegewisch, exh. cat. Kunsthalle der Hypo-Kulturstiftung, Munich, Düsseldorf 1995.

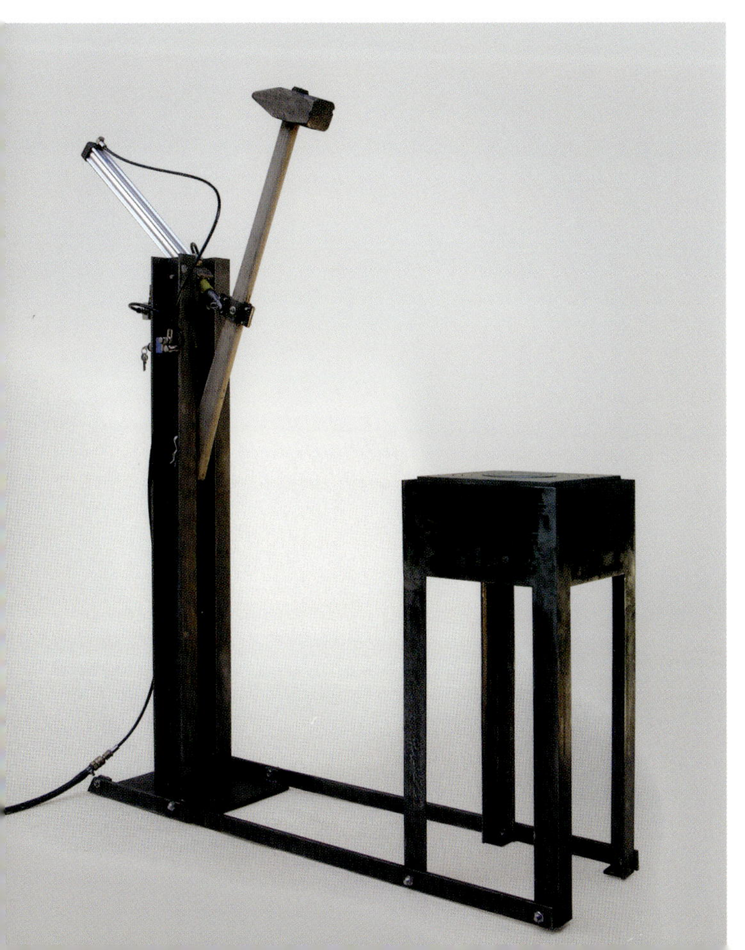

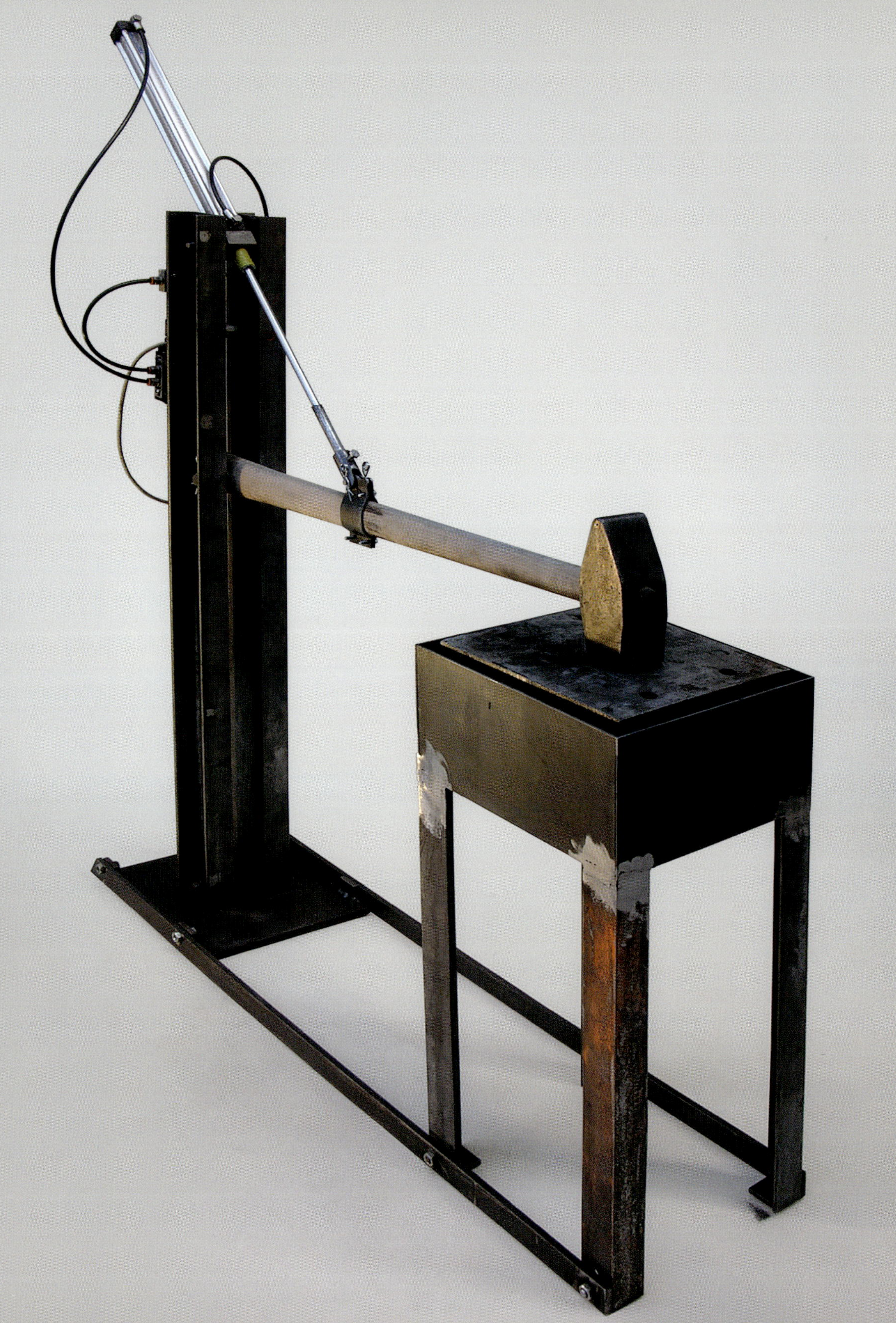

Marie Antoinette, 2005

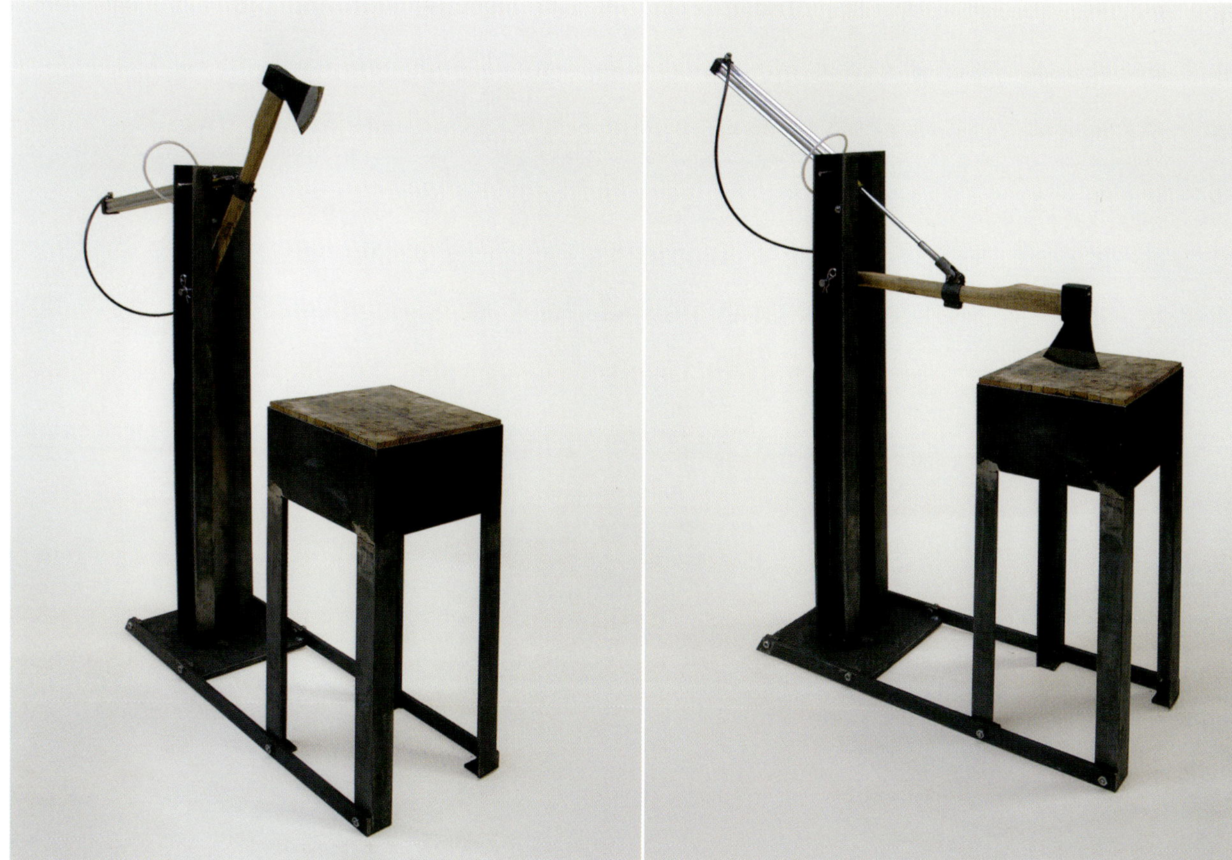

Antoine Zgraggen
Geboren / Born 1953 in Liestal, CH.
Lebt und arbeitet / Lives and works in Charmoille, CH.

Einzelausstellungen (Auswahl) / Solo Exhibitions (Selection)
2006 *Antoine Zgraggen. Macchine caste,* Galleria l'Affiche, Milano, IT
2000 *Tubi e Vesciche,* Galleria l'Affiche, Milano, IT

Projekte (Auswahl) / Projects (Selection)
2006 Lichtobelisk / Luminous obelisk, Weil am Rhein, DE
2005 Skulpturenweg / sculpture path, Oltingen, CH
2004 Brunnen / Fountain, Liestal, CH
2003 Interaktive Skulpturen / Interactive sculptures, Therwil, CH
2002 *Moving,* Artplace, Magglingen, CH

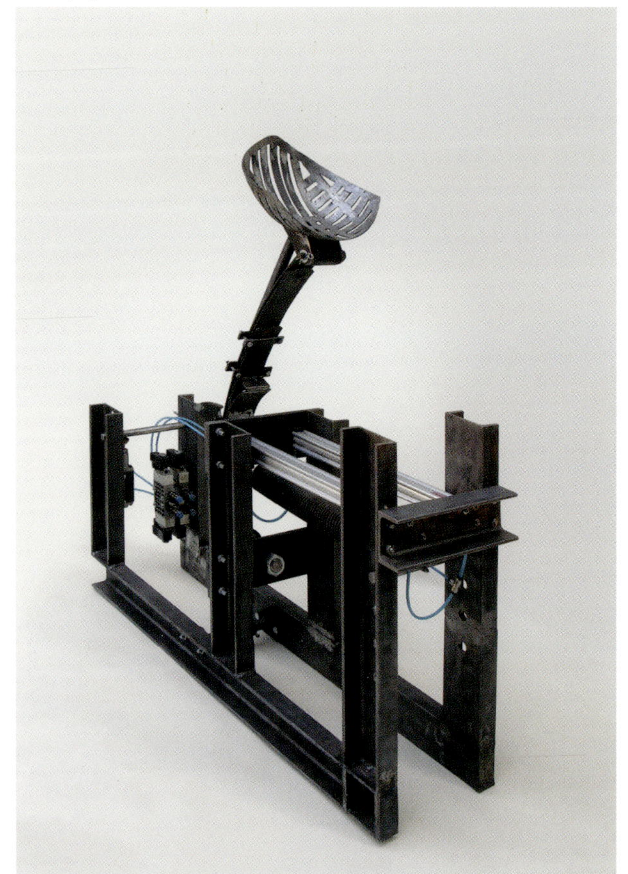

Das Katapult, 2006

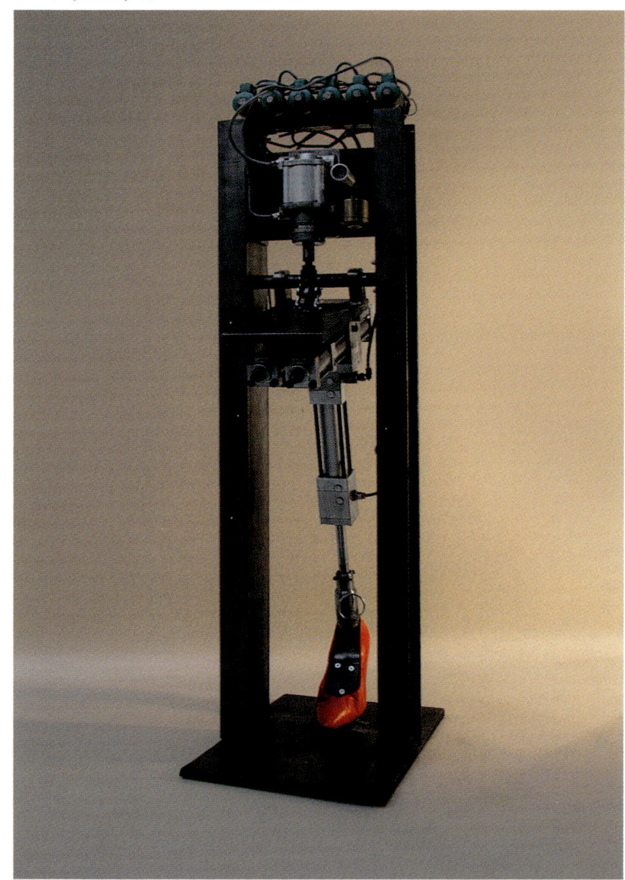

Der Treter, feminin, 2005

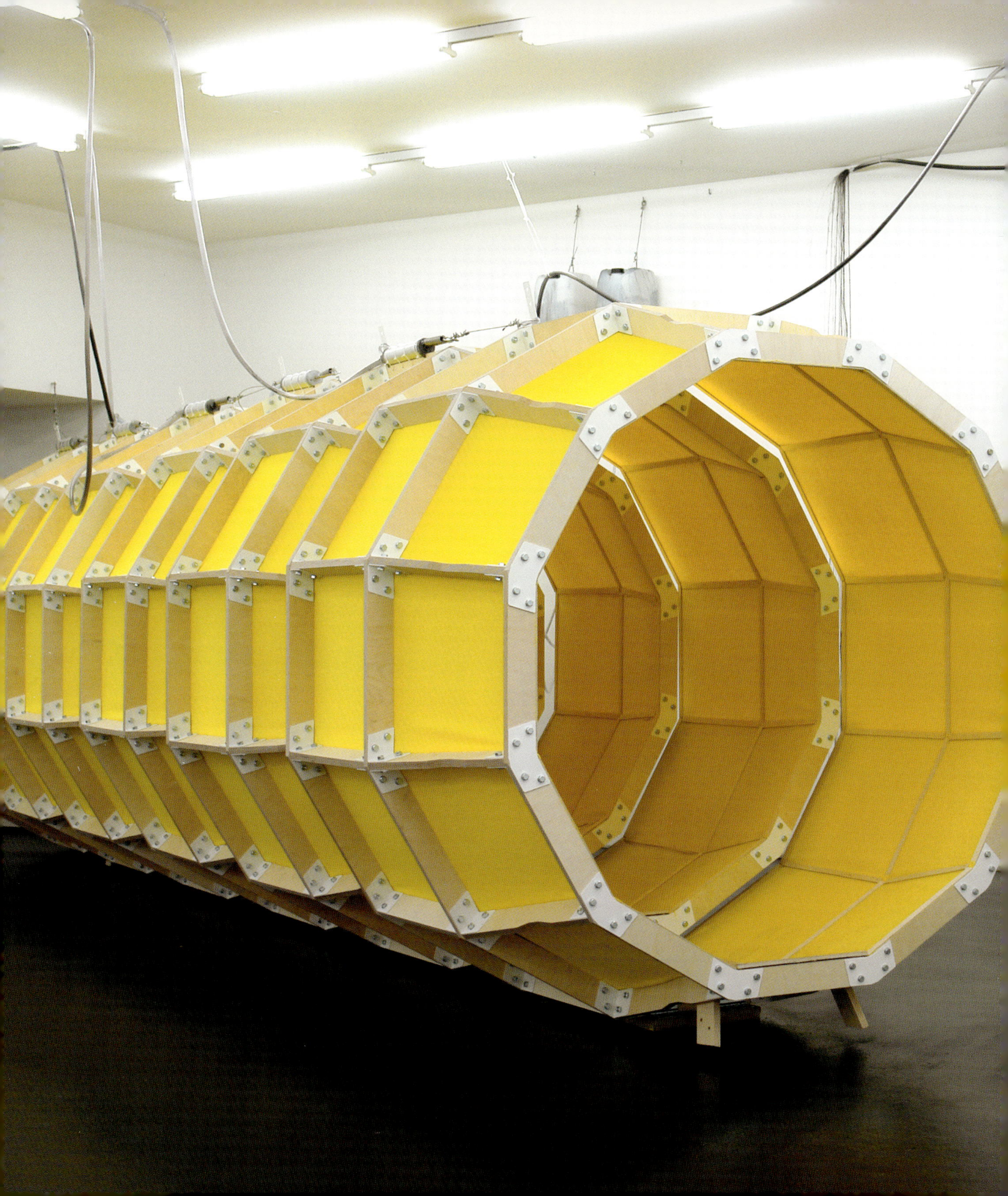

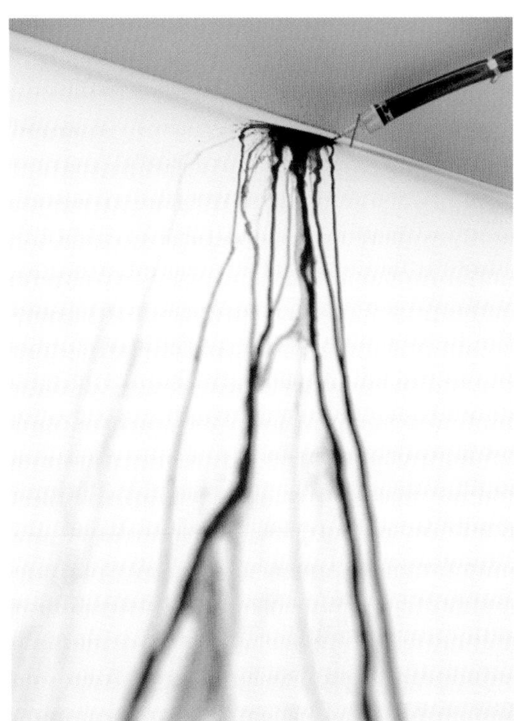

Andreas Zybach

0-6,5 PS, 2007

Sperrholz, Seidenstoff, Pumpen, Schläuche, Kanister, Ventile, Farbe

Plywood, silk, air pumps, tubes, canister, stopcocks, gouache

700 x 220 cm

275.6 x 86.6 inches

Installationsansicht / installation view, Aargauer Kunsthaus, Aarau, 2007

»Die Herstellung von Dingen wird durch Standardisierung auf
eine Vielzahl von Autoren, Arbeiter oder Firmen aufteilbar. Aus
dieser Situation ergibt sich ein starker Druck […] auch auf
Künstler, weiterverwertbare ›Zwischenstücke‹ zu produzieren.«[1]

Die Arbeiten von Andreas Zybach sind Verbindungsstücke – zwischen verschiedenen Räumen, zwischen unterschiedlichen his-
torischen Situationen, zwischen dem Schaffen des Künstlers und
seiner Rezeption durch die Betrachterinnen und Betrachter.

So nimmt die schlauchartige Installation *0-6,5 PS,* die für
Zybachs Ausstellung im Aargauer Kunsthaus 2007 entstand, Be-
zug auf ein lange Zeit unbekanntes, unterirdisches Stollensys-
tem, das ein Tuchfabrikant im 19. Jahrhundert im Aargau errich-
ten ließ, um mit dem darin gesammelten Wasser Energie für die
Produktion von Stoffen zu erzeugen. Die textile Bespannung der
Passage verweist auf die für Aargau wichtige Textilproduktion im
Allgemeinen und den erfinderischen Tuchfabrikanten im Besonderen. Dessen Erfindung, »mit einem Tunnel Wasser zu sammeln,
[versuchte Zybach] auf den Kopf zu stellen und mit den Besuchern zusammen eine Art Regen zu produzieren.«[2] Dies
geschieht dadurch, dass die Tunnelelemente bei Betreten des
Tunnels nachgeben, und diese Bewegung wiederum Pumpen in
Gang setzt, die Farbe aus Behältern ansaugen und an verschiedenen Stellen an den Wänden des Raumes wieder ausstoßen.
So produzieren die Besucherinnen und Besucher unwillkürlich ein
Wandgemälde – ähnlich wie sie beim Betreten des *Sich selbst
reproduzierenden Sockels,* dessen Zusammensetzung strikt auf
dem für Zybachs Arbeiten zentralen modularen Prinzip beruht,
unwillkürlich und allmählich einen Luftballon aufpumpen, der als
weiterer »Baustein« des Sockels dienen kann. Dass der von den
Besuchern gemeinschaftlich und anonym geschaffene Sockel –
eigentlich bloß der Unterbau einer Skulptur oder Plastik – hier
zum eigentlichen Kunstwerk mutiert und so die traditionelle Hie-
rarchie umgekehrt wird, verweist einmal mehr auf die durchaus
politische und soziale Stoßrichtung von Zybachs Schaffen.

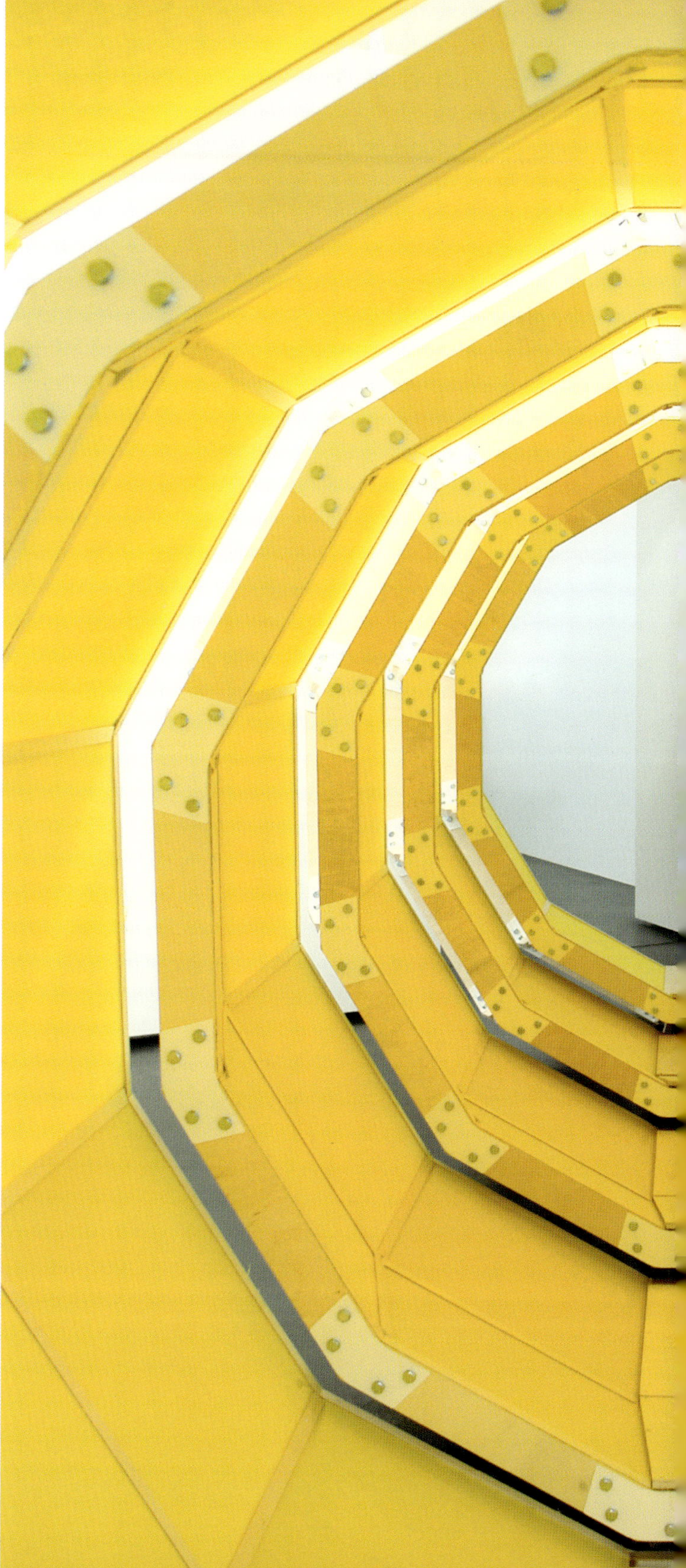

(1)   Andreas Zybach, zitiert nach: Daniel Baumann: »Historienbild. Andreas
Zybach und Daniel Baumann im Gespräch«, in: *Andreas Zybach: 0-6,5 PS Manor-
Kunstpreis,* Ausst. Kat. Aargauer Kunsthaus, Aarau, Köln 2007, o. S.

(2)   Ebenda.

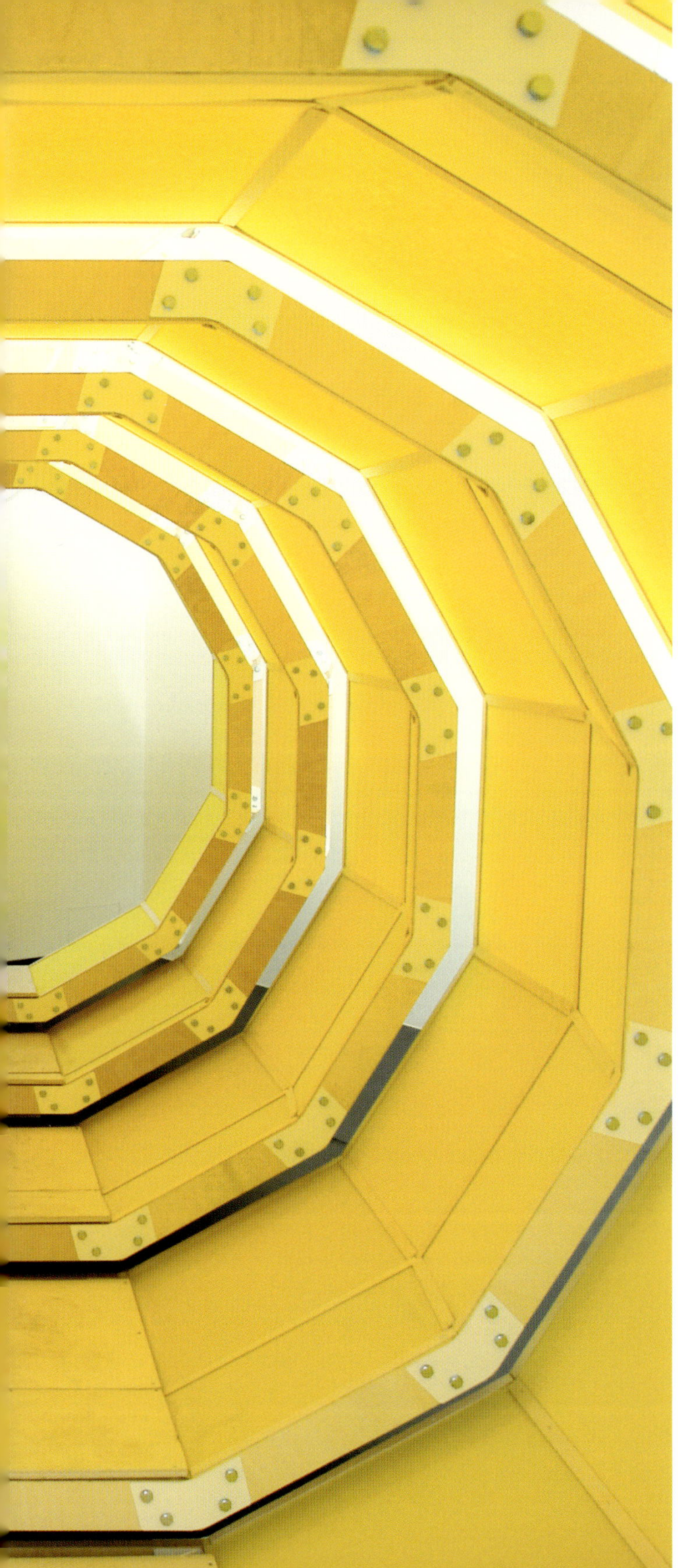

"As a result of standardizations, the production of things can be divided up amongst a multitude of authors, workers or firms. A strong pressure to produce 'intermediate pieces' that can further be utilized results from this situation […] as for artists."[1]

Andreas Zybach's works are connecting elements—between different spaces, between different historical situations, between the artist's work and its reception by the viewers.

Thus, the tubular installation *0-6.5 PS,* which Zybach created for his exhibition in the Aargauer Kunsthaus in 2007, refers to a long-forgotten, underground tunnel system that a cloth manufacturer built in the Aargau in the 19th century so that he could use the accumulated water to generate energy for the production of fabrics. The textile lining of the passageway alludes in general to the textile production so important for Aargau and specifically to the inventive cloth manufacturer. His invention "of collecting water with a tunnel, [Zybach tried] to turn […] upside down and to produce a kind of rain together with the visitors."[2] This comes about in that the tunnel elements give way when a visitor enters the tunnel, this motion in turn triggering pumps that suck paint out of containers and press it out again onto various points on the room's walls. The visitors thereby involuntarily produce a mural—in a manner resembling the *Sich selbst reproduzierenden Sockel,* whose construction is strictly based on the modular principle central to Zybach's works: here, the visitors' entry involuntarily and gradually pumps up a balloon that can serve as an additional "building block" of the pedestal. The visitors jointly and anonymously create a pedestal—normally only the substructure for a sculpture—that mutates here into the actual work of art, thereby reversing the traditional hierarchy. This indicates once more the clearly political and social concerns of Zybach's work.

(1)   Andreas Zybach, quoted from: Daniel Baumann: "Historienbild. Andreas Zybach und Daniel Baumann im Gespräch", in: *Andreas Zybach: 0-6,5 PS Manor-Kunstpreis,* exh. cat. Aargauer Kunsthaus, Aarau, Cologne 2007, n. p.
(2)   Ibid.

Andreas Zybach

Sich selbst reproduzierender Sockel, 2005/2008
Pneumatische Körper (Luftballons), Sperrholzelemente,
pneumatische Pumpe, Kabelbinder
Pneumatic bodies (balloons), plywood lattices, air pump,
wire slings
Maße variabel; einzelnes Sperrholzelement: 98 x 98 x 30 cm
Dimensions variable; each plywood lattice:
38.6 x 38.6 x 11.8 inches

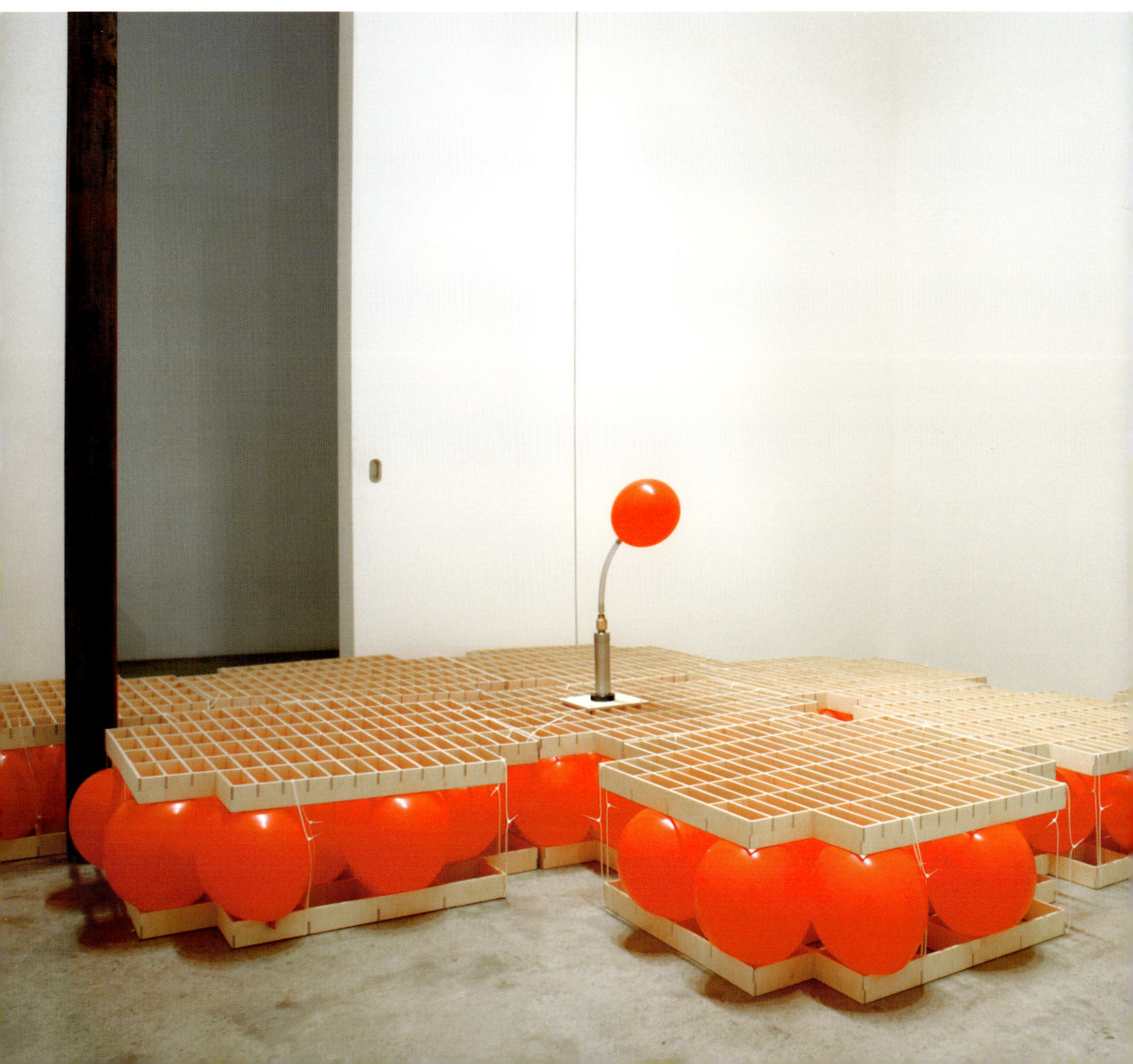

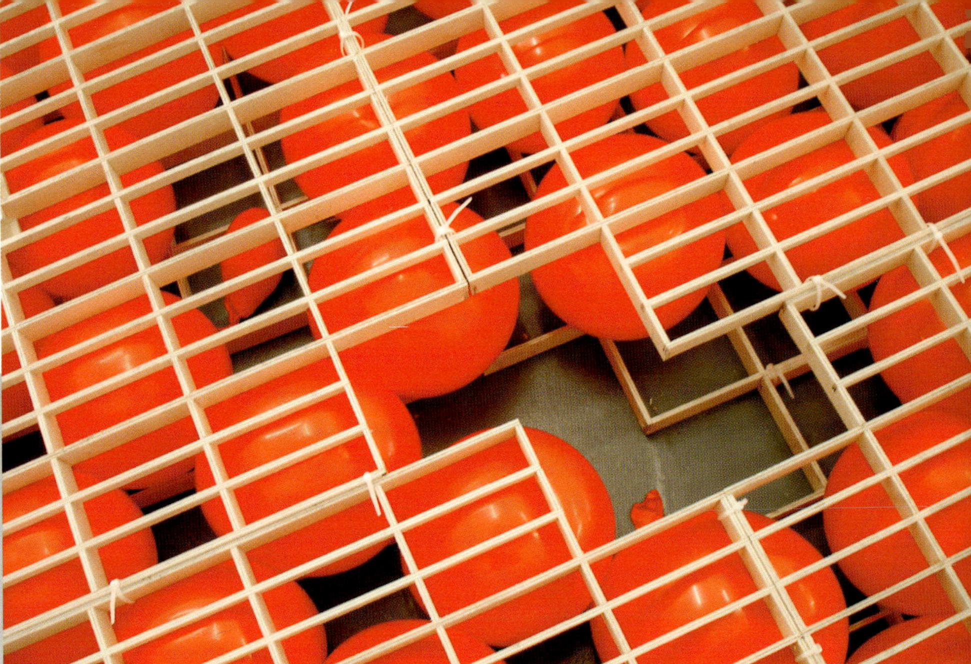

Andreas Zybach
Geboren / Born 1975 in Olten, CH.
Lebt und arbeitet / lives and works in Berlin, DE und der
Schweiz / and in Switzerland.

Einzelausstellungen (Auswahl) / Solo Exhibitions (Selection)
2007 *Andreas Zybach: 0-6.5 PS Manor-Kunstpreis,* Aargauer Kunsthaus,
     Aarau, CH (Kat. / cat.)
2006 Johann König, Berlin, DE
2005 *Sich selbst reproduzierender Sockel,* Schnittraum, Köln, DE
2004 *Rotating Space,* Botanischer Garten, Nymphenburg, München, DE
2003 *Repetition of things to come,* Johann König, Berlin, DE
2002 *dontmiss,* Frankfurt am Main, DE

Gruppenausstellungen (Auswahl) / Group Exhibitions (Selection)
2007 *Quantity as Quality,* Kunsthalle Exnergasse, Wien, AT
     Absent without Leave, Victoria Miro Gallery, London, GB
2006 *72 to 83 percent of chance,* Galerie Frank Elbaz, Paris, FR
     Busan Biennale, Busan, KR
2005 *90 Minuten,* Rohrbachstraße 51, Frankfurt am Main, DE
     Swiss Art Awards, Basel, CH
     ArchiSkulptur, Guggenheim Museum, Bilbao, ES; Kunstmuseum
     Wolfsburg, Wolfsburg, DE
     Wednesday calls the future, Arts Interdisciplinary Research Laboratory,
     Tbilisi, GE
2004 *Abstrakter Expressionismus in der zeitgenössischen figurativen
     Skulptur,* Johann König, Berlin, DE
2003 *Bayrle / Greenfort / Zybach,* Galerie Francesca Pia, Bern, CH
     The state of the upper floor: Panorama / Total motiviert, Kunstverein
     München, München, DE
     Recycling the Future, Vivere Venezia 2, La Biennale di Venezia,
     Venezia, IT
2002 *With an Open Mind – Tolerance and Diversity,* Museum in Progress,
     Wien, AT

Werkliste

Werkliste

38
Pawel Althamer
Extrusion Machine
(Bottle Machine), 1992/2007
Stahl, Polyethylan HDPE, Kabel u. a.
160 x 200 x 80 cm
Courtesy neugerriemschneider,
Berlin & Foksal Gallery Foundation,
Warschau

44
Michael Beutler
Proper en Droog, 2004/2007
Plastiktüten, Draht, Holz, Karton
Maße variabel
Courtesy der Künstler,
dépendance, Bruxelles und NEFF,
Frankfurt am Main

50
Angela Bulloch
Blue Horizon, 1990
Metallkonstruktion, Bewegungs-
melder, Motor, Tinte
Maße variabel
Privatsammlung,
Courtesy Esther Schipper, Berlin

56
Olafur Eliasson
The endless study, 2005
(Ausstellungskopie, 2007)
Holz, Metall, Spiegel, Papier,
Kugelschreiber, Stempel
235 x 130 x 130 cm
Colecção Madeira Corporate
Services, Madeira, PT; Courtesy
neugerriemschneider, Berlin

64
Tue Greenfort
Mobile Trinkglaswerkstatt,
2003/2007
Holz, Schleifer, Bohrmaschine,
Gummischläuche
ca. 120 x 90 x 120 cm
Courtesy Johann König, Berlin

70
Damien Hirst
Making Beautiful Drawings, 2007
Drehmaschine, 24 Zeichnungen,
Zeichenutensilien (Papier, Bleistifte,
Kreide, Tinte u. a.)
Maße variabel
Sammlung Hirst

(Seite 72, von links nach rechts,
Zeile für Zeile)
*Beautiful Tangled Streamers
Drawing,* 2007
Ölkreide, Graphitstift, Acryltinte und
Pastellfarbe auf Karton
21 x 30 cm

*Beautiful Slithering Moss
Drawing,* 2007
Filzstift, Acryltinte, Graphitstift
und Ölkreide auf Papier
37,5 x 23 cm

*Beautiful Broken Spinning Wheel
of Death Drawing,* 2007
Ölkreide, Filzstift, Kreidestift
und Acryltinte auf Papier
36 x 34 cm

*Beautiful Spinning Plates
Drawing,* 2007
Kreidestift, Filzstift, Ölkreide,
Acryltinte und Graphitstift auf
Karton
25,5 x 20 cm

Beautiful Sparks Flying Drawing,
2007
Graphitstift auf Papier
29,7 x 21 cm

*Beautiful Whirling Metropolis
Drawing,* 2007
Kreidestift und Graphitstift auf
Karton
10,5 x 15 cm

Beautiful Meltdown Drawing, 2007
Acryltinte, Ölkreide, Graphitstift und
Filzstift auf Papier und
Karton
22,2 x 15,2 cm

*Beautiful Blast of Sunshine
Drawing,* 2007
Acryltinte und Ölkreide auf Karton
29 x 30 cm

*Beautiful Whirling Parachute
Drawing,* 2007
Ölkreide, Filzstift und Kreidestift
auf Papier
29,7 x 20 cm

(Seite 74 von links nach rechts,
Zeile für Zeile)
*Beautiful Firework Explosion
Drawing,* 2007
Filzstift und Ölkreide auf Papier
11 x 22 cm

Beautiful Spinning Top Drawing,
2007
Ölkreide und Kreidestift auf Papier
20,5 x 29,7 cm

*Beautiful Flying in the Forest
Drawing,* 2007
Kreidestift, Ölkreide, Filzstift und
Acryltinte auf Papier
29 x 24 cm

*Beautiful Shimmering Vortex
Drawing,* 2007
Kreidestift, Ölkreide und Acryltinte
auf Karton
21,1 x 14,7 cm

*Beautiful Yo-Yo-ing Lollipop
Drawing,* 2007
Ölkreide, Acryltinte und Filzstift
auf Karton
28,7 x 30 cm

*Beautiful Spinning Out of Control
Drawing,* 2007
Kreidestift, Acryltinte und Filzstift
auf Karton
25,5 x 20,1 cm

*Beautiful Fluttering Spirograph
Drawing,* 2007
Acryltinte, Ölkreide und Kreidestift
auf Karton und Papier
33 x 23 cm

*Beautiful Organised Chaos
Drawing,* 2007
Filzstift und Ölkreide auf Karton
34 x 30 cm

Beautiful Fertilisation Drawing, 2007
Kreidestift und Acryltinte auf
Karton
47,5 x 29,7 cm

(Ohne Abbildung)
Beautiful Aztec Carnival Drawing,
2007
Ölkreide und Acryltinte auf Papier
24,5 x 23 cm

*Beautiful Mindbending Cosmos
Drawing,* 2007
Kreidestift, Ölkreide und Graphitstift
auf Karton
21,1 x 29,5 cm

*Beautiful Positive Negative
Drawing,* 2007
Ölkreide und Kreidestift auf
Karton
15 x 42 cm

Beautiful Sunny Side Up Drawing,
2002
Buntstifte auf Papier
30 x 21,5 cm

Beautiful Tubular Painting, 2007
Ölkreide und Kreidestift auf
Karton
21,5 x 24 cm

*Beautiful Void in the Expanse
Drawing,* 2007
Kreidestift und Graphitstift auf
Karton
9,9 x 14,9 cm
(Alle Zeichnungen aus der
Sammlung Hirst)

76
Rebecca Horn
Die Preußische Brautmaschine,
1988
Preußischblau, Brautschuhe, Metall-
konstruktion, Pinsel, Motoren
350 x 120 x 50 cm
Besitz der Künstlerin

82
Jon Kessler
Desert, 2005
14 Monitore, Holz, Draht, Plexiglas,
Glühbirne, Motor, Überwachungs-
kamera u. a.
Maße variabel
Courtesy Galerie Hans Mayer,
Düsseldorf

88
Tim Lewis
Auto-Dali Prosthetic, 2000
Tisch, Metall, Papier
132 x 93 x 52 cm
Courtesy Flowers Gallery, London

94
Lia
I Said If, 2007
www.isaidif.net
Interaktive Software- und Online-
Applikationen, generativer Sound
Courtesy GIMA, Gallery for
Internet and Media Art, Berlin

100
Miltos Manetas
Jacksonpollock.org, 2001
www.jacksonpollock.org
Webseite
Courtesy Blow de la Barra, London

106
Roxy Paine
*Scumak No. 2 (Auto Sculpture
Maker),* 2001
Aluminium, Computer, Förderband,
Elektronik, Kühlsystem,
Teflon, Extruder, rostfreier Stahl,
Polyethylen
228,6 x 701 x 185,4 cm
Besitz des Künstlers; Courtesy of
James Cohan Gallery, New York

112
Steven Pippin
Carbon Copier (Anyway), 2007
2 Kopiergeräte, Sockel
45,7 x 30,5 x 17,8 cm je
Kopiergerät; 94 x 27,9 x 35,6 cm
Sockel
Besitz des Künstlers; Courtesy
Klosterfelde, Berlin, und Gavin
Brown's enterprise, New York

116
Cornelia Sollfrank
net.art generator, 1997/2007
http://net.art-generator.com

122
Jean Tinguely
Machine à dessiner No. 3, 1955
Schwarz bemalte Holztafel,
drehbare Metallscheibe, Draht.
Rückseite: 3 Holzräder, Gummirie-
men, 2 Elektromotoren
54,5 x 106 x 33 cm
Museum Tinguely, Basel

Méta-Matic No. 6, 1959
Dreifuß aus Eisen, Holzräder,
geformtes Blattmetall, Gummiriemen, Metallstäbe, Elektromotor
220 V, alles schwarz bemalt
50 x 70 x 30 cm
Museum Tinguely, Basel

Méta-Matic No. 14, 1959
Tragbare Skulptur: Metall, Holz,
Drähte, Gummiriemen, schwarz
bemalt
38 x 69 x 41 cm
Museum Tinguely, Basel

Méta-Matic, 1959
Dreifuß aus Eisen, Holzräder,
geformtes Blattmetall, Gummiriemen, Metallstäbe, Stempelblock,
Elektromotor 220 V, alles schwarz
bemalt
212 x 142 x 100 cm
Sammlung Theo und Elsa Hotz,
Zürich

1 Rolle Méta-Matic-Zeichnung,
1960
Stempeldruck (schwarze
Buchstaben) auf Papier
300 x 19 cm
Museum Tinguely, Basel

Cyclograveur, 1960
Geschweißtes Altmetall, Fahrrad-
teile, Blechteile, Trommel und
Zimbel, Buch
225 x 410 x 110 cm
Kunsthaus Zürich, Geschenk des
Künstlers 1986

L'appareil à faire des sculptures
(auch *Banc des amoureux oder
Machine à faire des sculptures*),
1960
Eisen, Tonne u. a.
220 x 240 x 240 cm
Museum Tinguely, Basel

(Ohne Abbildung)
*»ESSAIE: SUR LA META-MATIC
NO 1 (1955) (exposition GAlerie
D. R.) de TinGuely«,* 1955
Méta-Matic-Zeichnung
Schwarzer, oranger und roter
Filzstift auf Papier
Ø 64,5 cm
Museum Tinguely, Basel

6 Méta-Matic-Zeichnungskarten mit
der *Méta-Matic No. 8,* 1959
Verschiedenfarbige Filzstifte auf
Karton
Je 21 x 16 cm
Museum Tinguely, Basel

1 Méta-Matic-Zeichnung mit der
Méta-Matic No. 10, 1959
Schwarzer Filzstift auf rotem Papier
44 x 33,8 cm
Museum Tinguely, Basel

1 Méta-Matic-Zeichnung mit der
Méta-Matic No. 10, 1959
Schwarzer Filzstift auf Papier
44 x 31,5 cm
Museum Tinguely, Basel

1 Rolle Méta-Matic-Zeichnung
vom Happening *Art, machines and
movement* im Institute of Contemporary Arts, London, 12. November
1959
Filzstift auf Papier
1000 x 27 cm
Museum Tinguely, Basel

5 Méta-Matic-Zeichnungen mit den
Méta-Matics No. 18 und *20,* 1972
Verschiedenfarbige Filzstifte auf
Papier
Je 29,5 x 19,5 cm
Museum Tinguely, Basel

Méta-Matic No. 10, 1990
(Ausstellungskopie)
Dreifuß aus Eisen, Holzräder,
geformtes Blattmetall, Gummirie-
men, Metallstäbe, Elektromotor
220 V, alles schwarz bemalt.
Vom Künstler für die Ausstellung in
Moskau 1990 ausgeführte Replik
101 x 142 x 66 cm
Museum Tinguely, Basel,
Schenkung Christina und
Bruno Bischofberger

138
Antoine Zgraggen
Die Zerquetscherin, 2005
Metall, Hydraulik
160 x 95 x 40 cm
Besitz des Künstlers

Der große Hammer, 2005
Metall, Holz, Pneumatik
160 x 95 x 40 cm
Besitz des Künstlers

144
Andreas Zybach
0-6,5 PS, 2007
Sperrholz, Seidenstoff, Pumpen,
Schläuche, Kanister, Ventile, Farbe
700 x 220 cm
Courtesy Johann König, Berlin
(nur in Frankfurt am Main)

*Sich selbst reproduzierender
Sockel,* 2005/2008
Pneumatische Körper (Luftballons),
Sperrholzelemente, pneumatische
Pumpe, Kabelbinder
Maße variabel; einzelnes Sperrholz-
element: 98 x 98 x 30 cm
Courtesy Johann König, Berlin
(nur in Basel)

List of Works

38
Pawel Althamer
Extrusion Machine
(Bottle Machine), 1992/2007
Steel, polyethylan HDPE, wire, etc.
63 x 78.7 x 31.5 inches
Courtesy neugerriemschneider,
Berlin & Foksal Gallery Foundation,
Warsaw

44
Michael Beutler
Proper en Droog, 2004/2007
Plastic bags, wire, wood,
cardboard
Dimensions variable
Courtesy the artist, dépendance,
Bruxelles and NEFF, Frankfurt
am Main

50
Angela Bulloch
Blue Horizon, 1990
Metal construction, passive infrared
detector, motor, ink
Dimensions variable
Private collection, Courtesy Esther
Schipper, Berlin

56
Olafur Eliasson
The endless study, 2005
(Exhibition copy, 2007)
Wood, metal, mirror, paper,
pen, stamp
92.5 x 51.2 x 51.2 inches
Colecção Madeira Corporate
Services, Madeira, PT; Courtesy
neugerriemschneider, Berlin

64
Tue Greenfort
Mobile Trinkglaswerkstatt,
2003/2007
Wood, grinder, drill, rubber tubes
c. 47.2 x 35.4 x 47.2 inch
Courtesy Johann König, Berlin

70
Damien Hirst
Making Beautiful Drawings, 2007
Spin machine, 24 drawings,
drawing materials (paper, pencils,
crayons, inks, etc.)
Dimensions variable
Collection Hirst

(Page 72, from left to right,
line by line)
*Beautiful Tangled Streamers
Drawing,* 2007
Oil pastel, graphite pencil, acrylic
ink, and soft pastel on card
8.27 x 11.81 inches

*Beautiful Slithering Moss
Drawing,* 2007
Felt tip pen, acrylic ink, graphite
pencil, and oil pastel on paper
14.76 x 9.06 inches

*Beautiful Broken Spinning Wheel of
Death Drawing,* 2007
Oil pastel, felt tip pen, pencil crayon,
and acrylic ink on paper
14.17 x 13.39 inches

*Beautiful Spinning Plates
Drawing,* 2007
Pencil crayon, felt tip pen, oil pastel,
acrylic ink, and graphite pencil on
card
10.04 x 7.87 inches

Beautiful Sparks Flying Drawing,
2007
Graphite pencil on paper
11.69 x 8.27 inches

*Beautiful Whirling Metropolis
Drawing,* 2007
Pencil crayon and graphite pencil on
card
4.13 x 5.91 inches

Beautiful Meltdown Drawing, 2007
Acrylic ink, oil pastel, graphite
pencil, and felt tip pen on card
and paper
8.74 x 5.98 inches

*Beautiful Blast of Sunshine
Drawing,* 2007
Acrylic ink and oil pastel on card
11.42 x 11.81 inches

*Beautiful Whirling Parachute
Drawing,* 2007
Oil pastel, felt tip pen, and pencil
crayon on paper
11.69 x 7.87 inches

(Page 74, from left to right,
line by line)
*Beautiful Firework Explosion
Drawing,* 2007
Felt tip pen and oil pastel on paper
4.33 x 8.66 inches

Beautiful Spinning Top Drawing,
2007
Oil pastel and pencil crayon on
paper
8.07 x 11.69 inches

*Beautiful Flying in the Forest
Drawing,* 2007
Pencil crayon, oil pastel, felt tip pen,
and acrylic ink on paper
11.42 x 9.45 inches

*Beautiful Shimmering Vortex
Drawing,* 2007
Pencil crayon, oil pastel, and acrylic
ink on card
8.31 x 5.79 inches

*Beautiful Yo-Yo-ing Lollipop
Drawing,* 2007
Oil pastel, acrylic ink, and felt tip
pen on card
11.3 x 11.81 inches

*Beautiful Spinning Out of Control
Drawing,* 2007
Pencil crayon, acrylic ink, and felt
tip pen on card
10.04 x 7.91 inches

*Beautiful Fluttering Spirograph
Drawing,* 2007
Acrylic ink, oil pastel, and pencil
crayon on card and paper
12.99 x 9.06 inches

*Beautiful Organised Chaos
Drawing,* 2007
Felt tip pen and oil pastel on card
13.39 x 11.81 inches

Beautiful Fertilisation Drawing, 2007
Pencil crayon and acrylic ink on
card
18.7 x 11.69 inches

(Without illustration)
Beautiful Aztec Carnival Drawing,
2007
Oil pastel and acrylic ink on card
9.65 x 9.06 inches

*Beautiful Mindbending Cosmos
Drawing,* 2007
Pencil crayon, oil pastel, and
graphite pencil on card
8.31 x 11.61 inches

*Beautiful Positive Negative
Drawing,* 2007
Oil pastel and pencil crayon on card
5.91 x 16.54 inches

Beautiful Sunny Side Up Drawing,
2002
Colored pencils on paper
11.81 x 8.46 inches

Beautiful Tubular Painting, 2007
Oil pastel and pencil crayon
on card
8.46 x 9.45 inches

*Beautiful Void in the Expanse
Drawing,* 2007
Pencil crayon and graphite pencil
on card
3.9 x 5.87 inches
(All drawings from the
Collection Hirst)

76
Rebecca Horn
Die Preußische Brautmaschine,
1988
Prussian blue, bridal shoes, metal
construction, brushes, motors
137.8 x 47.2 x 19.7 inches
Property of the artist

82
Jon Kessler
Desert, 2005
14 monitors, wood, wire,
plexiglass, light bulb, motor,
surveillance camera, etc.
Dimensions variable
Courtesy Galerie Hans Mayer,
Dusseldorf

88
Tim Lewis
Auto-Dali Prosthetic, 2000
Table, metal, paper
52 x 36.6 x 20.5 inches
Courtesy Flowers Gallery, London

94
Lia
I Said If, 2007
www.isaidif.net
Interactive software- and
online-applications, generative
sound
Courtesy GIMA, Gallery for
Internet and Media Art, Berlin

100
Miltos Manetas
Jacksonpollock.org, 2001
www.jacksonpollock.org
Website
Courtesy Blow de la Barra,
London

106
Roxy Paine
*Scumak No. 2 (Auto Sculpture
Maker),* 2001
Aluminium, computer, conveyor,
electronics, cooling system,
Teflon, extruder, stainless steel,
polyethylene
90 x 276 x 73 inches
Property of the artist; Courtesy of
James Cohan Gallery, New York

112
Steven Pippin
Carbon Copier (Anyway), 2007
2 copiers, pedestal
Copiers: 18 x 12 x 7 inches each;
pedestal: 37 x 11 x 14 inches
Property of the artist; Courtesy
Klosterfelde, Berlin, and Gavin
Brown's enterprise, New York

116
Cornelia Sollfrank
net.art generator, 1997/2007
http://net.art-generator.com

122
Jean Tinguely
Machine à dessiner No. 3, 1955
Wooden panel, painted black,
rotating metal disk, wire. On back:
3 wooden wheels, rubber band,
2 electric motors
21.5 x 41.7 x 13 inches
Museum Tinguely, Basel

Méta-Matic No. 6, 1959
Iron tripod, wooden wheels,
sculpted metal plates, rubber band,
metal sticks, electric motor 220 V,
completely painted black
19.7 x 27.6 x 11.8 inches
Museum Tinguely, Basel

Méta-Matic No. 14, 1959
Portable sculpture: metal, wood,
wire, rubber band, painted black
15 x 27.2 x 16.1 inches
Museum Tinguely, Basel

Méta-Matic, 1959
Iron tripod, wooden wheels,
sculpted metal plates, rubber band,
metal sticks, stamp, electric motor
220 V, completely painted black
83.5 x 55.9 x 39.4 inches
Collection Theo and Elsa Hotz,
Zurich

1 roll Méta-Matic-drawing, 1960
Stamp (black letters) on paper
118.1 x 7.5 inches
Museum Tinguely, Basel

Cyclograveur, 1960
Welded scrap metal, bicycle parts,
sheet metal, drum and cymbal,
book
88.6 x 161.4 x 43.3 inches
Kunsthaus Zurich, Gift of the artist
1986

L'appareil à faire des sculptures
(also *Banc des amoureux* or
Machine à faire des sculptures),
1960
Iron, barrel, etc.
86.6 x 94.5 x 94.5 inches
Museum Tinguely, Basel

(Without illustration)
*"ESSAIE: SUR LA META-MATIC
NO 1* (1955) (exposition GAlerie
D. R.) de TinGuely", 1955
Méta-Matic-drawing
Black, orange, and red felt tip pen
on paper
Ø 25.4 inches
Museum Tinguely, Basel

6 Méta-Matic-drawing cards done
with *Méta-Matic No. 8,* 1959
Felt tip pen of different colors on
card board
Each 8.3 x 6.3 inches
Museum Tinguely, Basel

1 Méta-Matic-drawing done with
Méta-Matic No. 10, 1959
Black felt tip pen on red paper
17.3 x 13.3 inches
Museum Tinguely, Basel

1 Méta-Matic-drawing done with
Méta-Matic No. 10, 1959
Black felt tip pen on paper
17.3 x 12.4 inches
Museum Tinguely, Basel

1 roll Méta-Matic-drawing from
the happening *Art, machines and
movement* at the Institute of
Contemporary Arts, London,
November 12, 1959
Felt tip pen on paper
393.7 x 10.6 inches
Museum Tinguely, Basel

5 Méta-Matic-drawings done with
the *Méta-Matics No. 18* and *20,*
1972
Felt tip pens of different colors on
paper
Each 11.6 x 7.7 inches
Museum Tinguely, Basel

Méta-Matic No. 10, 1990
(Exhibition copy)
Iron tripod, wooden wheels,
sculpted metal plates, rubber band,
metal sticks, electric motor 220 V,
completely painted black.
Copy created by the artist for his
exhibition in Moscow 1990
39.8 x 55.9 x 26 inches
Museum Tinguely, Basel,
Gift of Christina and
Bruno Bischofberger

138
Antoine Zgraggen
Die Zerquetscherin, 2005
Metal, hydraulic system
63 x 37.4 x 15.7 inches
Property of the artist

Der große Hammer, 2005
Metal, wood, pneumatics
63 x 37.4 x 15.7 inches
Property of the artist

144
Andreas Zybach
0–6,5 PS, 2007
Plywood, silk, air pumps, tubes,
canister, stopcocks, gouache
275.6 x 86.6 inches
Courtesy Johann König, Berlin
(only in Frankfurt am Main)

*Sich selbst reproduzierender
Sockel,* 2005/2008
Pneumatic bodies (balloons),
plywood lattices, air pump,
wire slings
Dimensions variable, each plywood
lattice: 38.6 x 38.6 x 11.8 inches
Courtesy Johann König, Berlin
(only in Basel)

Diese Publikation erscheint anlässlich der Ausstellung
Kunstmaschinen Maschinenkunst
This catalog is published on the occasion of the exhibition
Art Machines Machine Art

Schirn Kunsthalle Frankfurt Museum Tinguely, Basel
18.10.2007 – 27.01.2008 05.03.2008 – 29.06.2008

Herausgeber / Editor: Katharina Dohm, Heinz Stahlhut,
   Max Hollein, Guido Magnaguagno
Redaktion / Co-Editing: Katharina Dohm, Heinz Stahlhut
Verlagslektorat / Copyediting: Katherine Stock-Ziegler
Übersetzungen / Translations: Mitch Cohen, Katherine Stock-Ziegler
Grafische Gestaltung / Graphic Design: Christoph Steinegger, Interkool
Bildbearbeitung / Image Processing: Kehrer Design Heidelberg
   (Jürgen Hofmann)
Gesamtherstellung / Production: Kehrer Design Heidelberg

Bibliografische Information der Deutschen Nationalbibliothek: Die Deutsche
Nationalbibliothek verzeichnet diese Publikation in der Deutschen Nationalbibliografie; detaillierte bibliografische Daten sind im Internet über http://dnb.
d-nb.de abrufbar. / Bibliographic information published by the Deutsche
Nationalbibliothek: The Deutsche Nationalbibliothek lists this publication in
the Deutsche Nationalbibliografie; detailed bibliographic data are available
in the Internet at http://dnb.d-nb.de.

© 2007 die Künstler / the artists, Schirn Kunsthalle Frankfurt, Museum Tinguely,
Basel, Kehrer Verlag Heidelberg und Autoren / and authors
© 2007 für die abgebildeten Werke bei den Künstlern / for the reproduced
works by the artists und / and Olafur Eliasson, Rebecca Horn, Jean Tinguely
VG Bild-Kunst, Bonn und / and ProLitteris, Zürich

Erschienen im / Published by
Kehrer Verlag Heidelberg
www.kehrerverlag.com

Ausstellung / Exhibition
Schirn Kunsthalle Frankfurt
Direktor / Director: Max Hollein
Kuratoren / Curators: Katharina Dohm, Heinz Stahlhut
Ausstellungstour / Exhibition Tour: Inka Drögemüller
Technische Leitung / Technical Services: Ronald Kammer mit / with Christian Teltz
Organisation / Registrar: Karin Grüning, Inga Weicke
Ausstellungsleitung / Director of Exhibitions: Esther Schlicht
Presse / Press: Dorothea Apovnik, Gesa Pölert
Marketing / Sponsoring: Inka Drögemüller mit / with
   Lena Ludwig, Anna Handschuh / Julia Lange, Elisabeth Häring
Pädagogik / Education: Irmi Rauber, Katja Helpensteller, Fabian Hofmann
Leitung Hängeteam / Supervision Installation: Andreas Gundermann
Restaurator / Conservator: Stefanie Gundermann
Beleuchtung / Light: Stephan Zimmermann
Verwaltung / Administration: Klaus Burgold, Katja Weber, Selina Lehmann
Assistentin des Direktors / Assistant to the Director: Hanna Alsen
Teamassistentin / Teamassistent: Eva Stachnik
Empfang / Reception: Josef Härig, Ingrid Müller

Ausstellung / Exhibition
Museum Tinguely, Basel
Direktor / Director: Guido Magnaguagno
Kuratoren / Curators: Katharina Dohm, Heinz Stahlhut
Technische Leitung / Technical Services: Urs Biedert
Organisation / Registrar: Laurentia Leon
Restaurator / Conservator: Reinhard Bek
Presse / Press: Laurentia Leon
Sekretariat / Secretariate: Katrin Zurbrügg, Sylvia Grillon
Archiv und Bibliothek / Archives and Library: Claire Wüest
Kunstvermittlung / Education: Beat Klein, Lilian Schmidt

Fotonachweis / Photo Credits: Wir haben uns bemüht, sämtliche Rechteinhaber ausfindig zu machen.
Sollte es uns in Einzelfällen nicht gelungen sein, so bitten wir diese, sich bei der Schirn Kunsthalle Frankfurt oder beim Museum Tinguely, Basel, zu melden / We have made every effort to identify the copyright
holders. If there are any omissions, please contact Schirn Kunsthalle Frankfurt or Museum Tinguely, Basel.

Courtesy Archiv Harald Szeemann, Tegna: S. / p. 19; S. / p. 22 Foto / Photo: Albert Winkler, Bern.
Courtesy Archiv Museum Tinguely, Basel: S. / p. 6-7, 8-9, 17, 158-159 Fotos / Photos: Hans O. Rudberg,
   Sweden; S. / p. 18, 23 Fotos / Photos: Hansjörg Stoecklin, Arisdorf; S. / p. 112, 113, 115, 122-123,
   124-125, 126-127, 128-129, 132, 136 Fotos / Photos: Christian Baur, Basel; S. / p. 130-131, 133;
   S. / p. 134 Foto / Photo: André Morain, Paris; S. / p.138 Foto / Photo: Michel Martin.
Courtesy Archivio Gallizio, Torino: S. / p. 27.
Courtesy Colección del Centro Atlántico de Arte Moderno, Cabildo de Gran Canaria: S. / p. 79.
Courtesy dépendance, Bruxelles; S. / p. 44-46, 48.
Courtesy Esther Schipper, Berlin: S. / p. 50-51, 54; S. / p. 53 Foto / Photo: Lothar Schnepf.
Courtesy Flowers East, London: S. / p. 88-92.
Courtesy Galerie Hans Mayer, Düsseldorf: S. / p. 85, 86.
Courtesy Galerie Marie-José van de Loo: S. / p. 22 Foto / Photo: Richard Beer.
Courtesy GIMA, Berlin: S. / p. 94-95, 97-98.
Courtesy James Cohan Gallery: S. / p. 106-107 Foto / Photo: Mitch Cope; S. / p. 108-109
   Foto / Photo: Greg Holm; S. / p. 110.
Courtesy Johann König, Berlin: S. / p. 64-65, 67-68, 146-151.
Courtesy Kunsthaus Zürich: S. / p. 134-135.
Courtesy neugeriemschneider, Berlin: S. / p. 38-42, 56, 58-60, 62.
Rheinisches Bildarchiv, Köln: S. / p. 21.
Courtesy Sammlung Falckenberg, Hamburg und / and Galerie Hans Mayer, Düsseldorf: S. / p. 82-83.
Courtesy Science Ltd, London: S. / p. 70 Foto / Photo: Prudence Cuming Associates; S. 72, 74
   Foto / Photo: Todd-White Art Photography.
Courtesy Workshop Rebecca Horn: S. / p. 76 Foto / Photo: J. L'Hoir; S. / p. 78;
   Foto / Photo: Jon und / and Anne Abbott; S. / p. 80 Foto / Photo: Rebecca Horn.
Illustration S. / p. 117: Janine Sack.

ISBN 978-3-939 583-40-0 (Buchhandelsausgabe / Trade Edition)
ISBN 978-3-939 583-67-7 (Ausstellungsausgabe / Museum Edition)

Printed in Germany

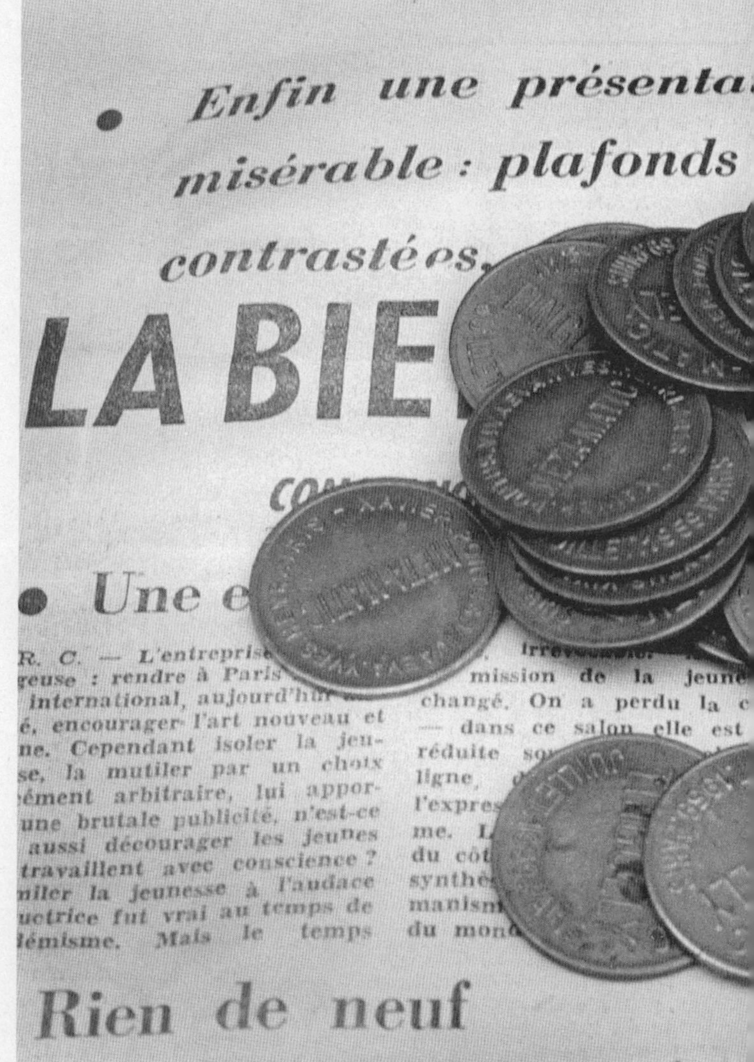
Enfin une présenta...
misérable : plafonds
contrastées.
LA BIE
COM
Une e
Rien de neuf

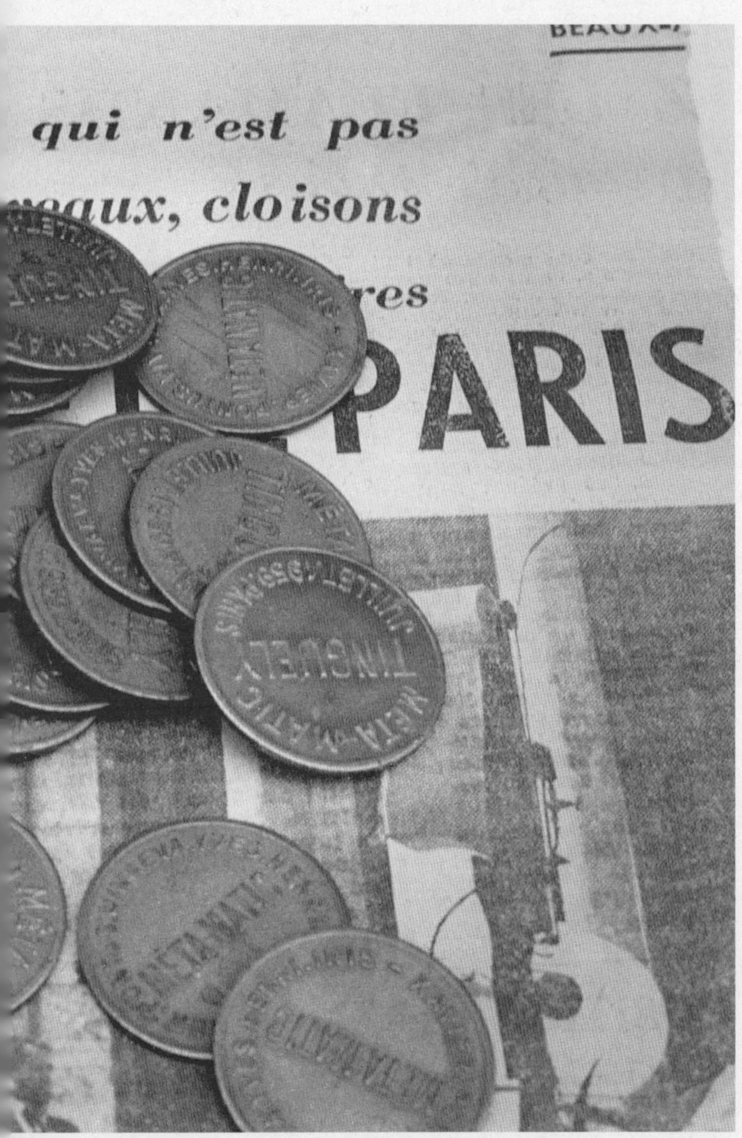

Jetons zur Inbetriebnahme der »Méta-Matics« in Jean Tinguelys
Ausstellung / Chips for activating the "Méta-Matics" at Jean Tinguely's
exhibition »méta-matics«, Galerie Iris Clert, Paris 1959

**Schirn Kunsthalle Frankfurt
Verein der Freunde der Schirn
Kunsthalle e.V. / Friends of
Schirn Kunsthalle e.V.**

Vorstand / Executive Board

Christian Strenger
  (Vorsitzender / Chairman)
Andrea von Bethmann
Max Hollein
Sylvia von Metzler
Martin Peltzer
Wolf Singer

Kuratorium / Committee

Rolf-E. Breuer
  (Vorsitzender / Chairman)
Theodor Baums
Wilhelm Bender
Uwe Bicker
Helga Budde
Uwe-Ernst Bufe
Ulrike Crespo
Karl H. Dannenbaum
Andreas Dombret
Diego Fernández-Reumann
Rudolf Ferscha
Karl-Ludwig Freiherr von Freyberg
Elisabeth Haindl
Gerhard Hess
Tessen von Heydebreck
Wilken Freiherr von Hodenberg
Marli Hoppe-Ritter
Gisela von Klot-Heydenfeldt
Salomon Korn
Renate Küchler
Stefan Lauer
Claus Löwe
Wulf Matthias
Herbert Meyer
Rolf Nonnenmacher
Claudia Oetker
Michael Peters
Lutz R. Raettig
Tobias Rehberger
Hans Herrmann Reschke
Uwe H. Reuter
Bernhard Scheuble
Florian Schilling
Nikolaus Schweickart
Eberhard Weiershäuser
Rolf Windmöller
Louis Graf von Zech
Uwe Zimpelmann
Peter Zühlsdorff

**Fördernde Firmenmitglieder /
Corporate Members**

Allianz Versicherungs AG
Bank of America
BHF Bank AG
Deutsche Bank AG
Deutsche Beteiligungs AG
Deutsche Börse AG
Doertenbach & Co
Drueker & Co
DWS Investment GmbH
Eurohypo AG
Frankfurt Performance
  Management AG
Fraport AG
Gemeinnützige Hertie-Stiftung
Landwirtschaftliche Rentenbank
Lehman Brothers
Mayer, Brown LLP
Morgan Stanley Bank AG
UBS Investment Bank
VHV Versicherung

Geschäftsführung / Management

Tamara Fürstin von Clary

**Corporate Partner /
Corporate Partners**

CineStar Metropolis
Deutsche Börse Group
Druckhaus Becker
DWS Investments
Mercure Hotel & Residenz Frankfurt
  Messe
Neue Digitale, Kreativagentur
  für digitale Markenführung
Novotel Frankfurt City
Rabbit eMarketing
SNP Schlawien · Naab
  Rechtsanwälte Steuerberater
Škoda Auto Deutschland GmbH
Ströer Deutsche Städte Medien
Verkehrsgesellschaft Frankfurt
  am Main
Wallrich Asset Management AG
wemove digital solutions GmbH

**Partner der Schirn Kunsthalle
Frankfurt, des Städel Museums
und der Liebieghaus
Skulpturensammlung /
Partners of Schirn Kunsthalle
Frankfurt, Städel Museum
and Liebieghaus Skulpturen-
sammlung**

Allianz Global Investors
Aventis Foundation
Corpus Sireo
Crespo Foundation
Ernst & Young
Gemeinnützige Hertie-Stiftung
Hardtberg Stiftung
JPMorgan
Lehman Brothers
PWC-Stiftung
  Jugend – Bildung – Kultur
Techem AG
Zumtobel

AF377686